"十三五"职业教育部委级规划教材

毛织服装电脑横机制板

邓军文　主编

邹铮毅　张延辉　副主编

中国纺织出版社有限公司

内 容 提 要

本书是"十三五"职业教育部委级规划教材。本书详细介绍了电脑横机的构造、工作原理、线圈成圈的基本原理、毛织服装程序编制软件界面功能及操作方法。在此基础上，对毛织服装常用花型组织的特点、编制原理、程序编制方法进行了案例详解。为了使读者系统地掌握毛织服装程序编制流程和相关技术，本书还以案例的形式介绍了毛织服装使用相关软件制作吓数工艺单进行花型组织编制，以及编织工艺处理的基本方法与过程。

本书涵盖的内容适合初学者学习，也可作为毛织服装从业人员进行专业技能提升的参考书。

图书在版编目（CIP）数据

毛织服装电脑横机制板／邓军文主编 . -- 北京：中国纺织出版社有限公司，2021.7

"十三五"职业教育部委级规划教材

ISBN 978-7-5180-8426-5

Ⅰ . ①毛… Ⅱ . ①邓… Ⅲ . ①毛织物—横机—职业教育—教材 Ⅳ . ① TS941.773

中国版本图书馆 CIP 数据核字（2021）第 048671 号

责任编辑：宗 静 特约编辑：朱静波
责任校对：楼旭红 责任印制：王艳丽

中国纺织出版社有限公司出版发行
地址：北京市朝阳区百子湾东里A407号楼 邮政编码：100124
销售电话：010—67004422 传真：010—87155801
http：//www.c-textilep.com
中国纺织出版社天猫旗舰店
官方微博 http：//weibo.com/2119887771
北京通天印刷有限责任公司印刷 各地新华书店经销
2021年7月第1版第1次印刷
开本：787×1092 1/16 印张：13.5
字数：205千字 定价：59.80元

"十三五"职业教育部委级规划教材毛织服装系列
编写委员会

（排名不分先后）

总　　编　江学斌

副总编　刘　亮　邓军文

编委成员　江学斌　刘　亮　邓军文　邹铮毅　刘莎妮娅

　　　　　　林　岚　张延辉　汪启东　王娅兰　黄娘生

　　　　　　庄梦辉　李思慧

前言

　　为适应毛织产业发展和专业人才培养的需要，根据高等院校纺织服装类"十三五"部委级规划教材编写精神，编写全套高职高专和中职使用的毛织服装教材，该套教材涵盖了毛织服装专业教学的全方位内容，填补了全国毛织服装专业系列教材的空白。可有效解决高职高专开设毛织服装专业遭遇无教材的困境问题。

　　本系列教材分别是《毛织服装概论》《毛织服装设计入门与拓展》《毛织服装编织工艺实务》《毛织服装电脑横机制板》《毛织服装缝制与后整工艺实务》《毛织服装跟单任务实务》，共六本新编教材。

　　本系列毛织服装教材是以工作任务为导向，以完成工作任务式课程教学为目标的技术性实操专业教材，具有创新性、实用性和实践性等特点。教材内容贴近生产，以满足现代学徒制教学需要，实现职业教育大国工匠精神的育人理念。本毛织服装系列教材共分六本编写，由江学斌为总编，刘亮、邓军文为副总编。

　　随着毛织服装产业的转型与升级，毛织服装制作设备由传统纯手工操作手摇横机发展成高度智能化的电脑横机，毛织服装工艺单的制作、花型组织的编制、编制工艺处理等可以通过相关的专业软件来完成。毛织服装生产智能化程度越来越高，对行业从业人员的专业技能以及计算机水平也提出了新的要求。

　　目前，现有毛织服装花型设计程序编制相关教材，更多停留在毛织服装常用花型程序编制方法的介绍上，而相关软件的使用方法与操作说明比较少，同时关于毛织服装成衣花型设计编制和编织工艺的处理也所涉甚微。为使初学者和行业从业人员系统地掌握毛织服装花型设计组织结构特点、线圈编织原理、吓数工艺成型原理、毛织服装编织工艺处理等，本教材以图文并茂的形式按照毛织服装花型编制的操作步骤进行了讲解。为便于读者较为容易地理解毛织服装行业的专业术语，教材中对于一些区域专业名词的叫法，参考服装领域约定俗成的定义进行了注释与说明。教材的内容结构安排由基础到实例、原理到实际应用，由浅入深，思路清晰，易学易懂，便于初学者和行业从业人员学习。

　　本教材由邓军文、邹铮毅、张延辉共同编写完成，其中邓军文编写第二、三、四、五章，邹铮毅编写第一章第一、二节，张延辉编写第一章第三节，参编人员庄梦辉、李思慧负责整理图片资料。本书的撰写得到了东莞市纺织服装学校校长江学斌的大力支持以及中国针织工艺行业协会会长林光兴在技术层面的指导，在此一并表示感谢！

　　由于编者水平有限，书中难免有所错漏和不足，诚恳接受广大读者批评指正。

编者

2020年5月

教学内容及课时安排

章/课时	课程性质/课时	节	课程内容
第一章 （10课时）	基础理论 （20课时）		电脑横机编织原理
		一	电脑横机基本构造
		二	针织物的结构及特点
第二章 （10课时）		三	电脑横机成圈基本原理
			琪利制板系统功能介绍
		一	琪利制板系统概述
		二	琪利制板系统工具介绍
		三	主绘图区及信息提示栏
		四	作图色码
		五	功能线
第三章 （20课时）	基础理论与应用实操 （40课时）		毛织服装花型设计基本组织程序编制
		一	毛织服装基本组织结构特点及程序编制
		二	毛织服装提花组织结构特点及程序编制
		三	毛织服装嵌花组织和绞花组织结构特点及程序编制
第四章 （20课时）			毛织服装生产工艺任务实操案例
		一	普通圆领衫生产工艺实操案例
		二	多花型组织毛衫生产工艺实操案例

注　各院校可根据自身的教学特色和教学计划对课时数进行调整

目录

基础理论——

电脑横机编织原理

课程名称： 电脑横机编织原理

课题内容： 1. 电脑横机基本构造
2. 针织物的结构及特点
3. 电脑横机成圈基本原理

课题时间： 10学时

教学目的： 学生通过基本原理掌握、了解毛织服装编织原理，为后续学习奠定理论基础

教学方法： 1. 观察法，了解电脑横机基本结构
2. 分析法，掌握电脑横机编织原理
3. 讲授法，熟记电脑横机基本元件名称

教学要求： 了解电脑横机基本构造，熟悉电脑横机编织基本元件，掌握电脑横机编织基本原理和毛织服装编织基本过程

课前（后）准备： 课前观察电脑横机基本结构，课后熟记电脑横机编织基本元件名称，掌握基本原理

第一章　电脑横机编织原理

第一节　电脑横机基本构造

一、电脑横机的构造

全自动电脑横机是针织行业中技术含量较高的机械，它集成了计算机数字控制、电子驱动、机械设计、电机驱动、针织工艺等技术为一体，可以编织非常复杂的手摇横机无法完成的衣片组织。电脑横机所有与编织有关的动作（机头往复横移与变速、变动程、选针、三角变换、密度调节、导纱器变换、针床横移、牵拉值调整等）都是由预先编制的程序，通过电脑控制器向各执行元件（伺服电机、步进电机、电子选针器、电磁铁等）发出动作信号，驱动有关机构与机件实现的。

如图1-1所示为典型的电脑横机的外观结构，主要元件包括起底板、开关、紧急开关、侧天线、操作面板、机头、天杆、针板、天线台、纱嘴、操纵杆、控制系统等，不同品牌和型号的电脑横机其元件的结构和布局不一样，目前市场主要的电脑横机机型包括德国的STOLL电脑横机、日本的岛精电脑横机、国产慈星电脑横机、国产龙星电脑横机、国产丰帆电脑横机等，它们的基本结构相似，但主要元件的结构和布局存在较大的差异性。

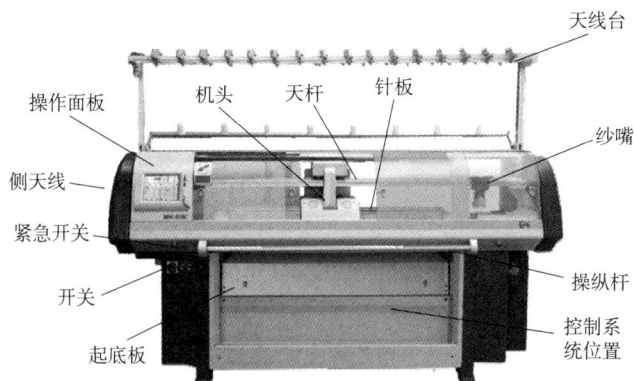

图1-1　电脑横机基本构造

二、电脑横机控制机构

电脑横机的控制机构包括电控箱、显示器、键盘以及各种监控和检测元件，它主要进行程序的输入、程序的储存和控制，程序的显示以及信号的反馈。程序的输入主要形式：键盘输入、软盘输入、U盘输入、联网输入等。

电控箱里的存储器和控制CPU分别储存已输入的程序和根据输入的程序对机器进行控制，以及对各种反馈信号进行处理，它是控制部分的核心。

机器的监视系统一般有彩色或黑白显示器、液晶显示器等方式，对程序的输入、修改、检查以及机器的编织过程进行监视。

信号反馈系统是通过光敏管、霍尔元件等各种光的、磁的检测元件提供机器所处状态或位置的各种信息，如针脉冲、牵拉张力大小、机头运行动程等信息。

机器的控制系统除了可以对机器进行控制之外，本身还可以通过机器上的键盘直接编制程序，以及对已经编制好的程序进行修改。

三、机器的编织与选针机构

机器的编织和选针机构主要指机器的三角滑座或称机头部分及针床上的织针、挺针片、选针片等，它是机器实现编织与选针动作的核心部分，也是编织时计算机控制的主要部分。因此，电脑横机的先进与否，很大程度上取决于它的编织和选针机构。

（一）成圈与选针机件及其配置

如图1-2所示为龙星RDC系列电脑横机一个针床的截面图，它反映了成圈与选针机件间的配置关系。

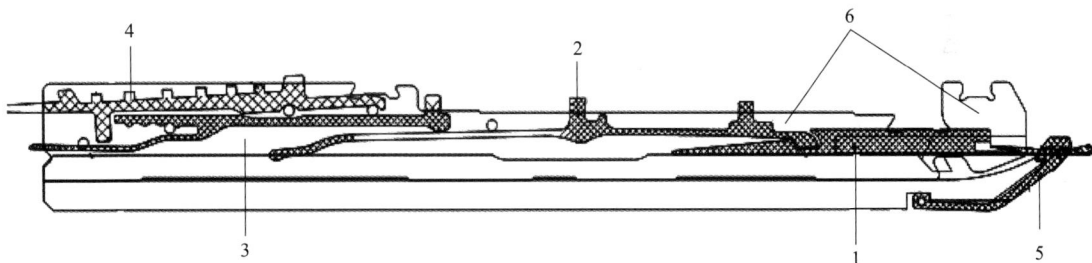

图1-2　舌针与选针机件的配置
1—织针　2—连接针脚　3—弹簧针脚　4—选针针脚　5—沉降片　6—针齿

织针1在针槽中，与手动横机一样，电脑横机的织针也为舌针。连接针脚2和织针1嵌在一起。连接针脚2的片杆有一定的弹性，当连接针脚2不受压时，片踵伸出针槽，可以沿着机头中的三角轨道运动并推动织针上升或下降；当连接针脚2受压时，片踵进入到针槽里边，不能与三角作用，其上的织针就不能做上升运动。弹簧针脚3位于连接针脚2的下部，选针针脚4有6段片齿，受选针三角的作用进行选针。5为沉降片，它配置在两枚织针中间，位于针床齿口部分的沉降片槽中。两个针床上的沉降片相对排列，由机头中的沉降片三角控制沉降片片踵使沉降片前后摆动。6为针齿。

沉降片的结构与作用原理如图1-3所示。当织针1上升退圈时，前后针床中的沉降片2闭合，握持住旧线圈的沉降弧，防止旧线圈随针上升，如图1-3（a）所示。当织针下降弯纱成圈时，前后沉降片打开，以不妨碍织针成圈，如图1-3（b）所示。和压脚相比，沉降片可以实现单个线圈的牵拉和握持，且可以作用在成圈的整个过程，效果更好，对在空针上起头、成形产品编织、连续多次集圈和局部编织十分有效。

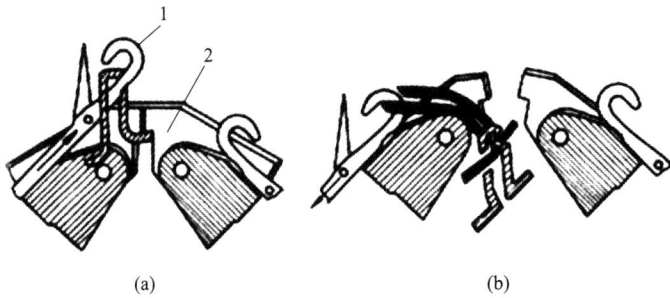

(a)   (b)

图1-3　沉降片的结构与作用原理

1—织针　2—沉降片

（二）三角系统

电脑横机的机头内可安装1至多个编织系统，现在最多可有8个系统。机头也可以分开成为两个（如一个4系统机头可分为两个2系统机头）或合并为一个，当分开时，可同时编织两片独立的衣片。每个系统的工作都是独立的，且工作与否取决于编织工艺和程序设计。下面以龙星牌RDC系列电脑横机三角系统为例说明各部件的作用及其编织与选针原理（图1-4、图1-5）。

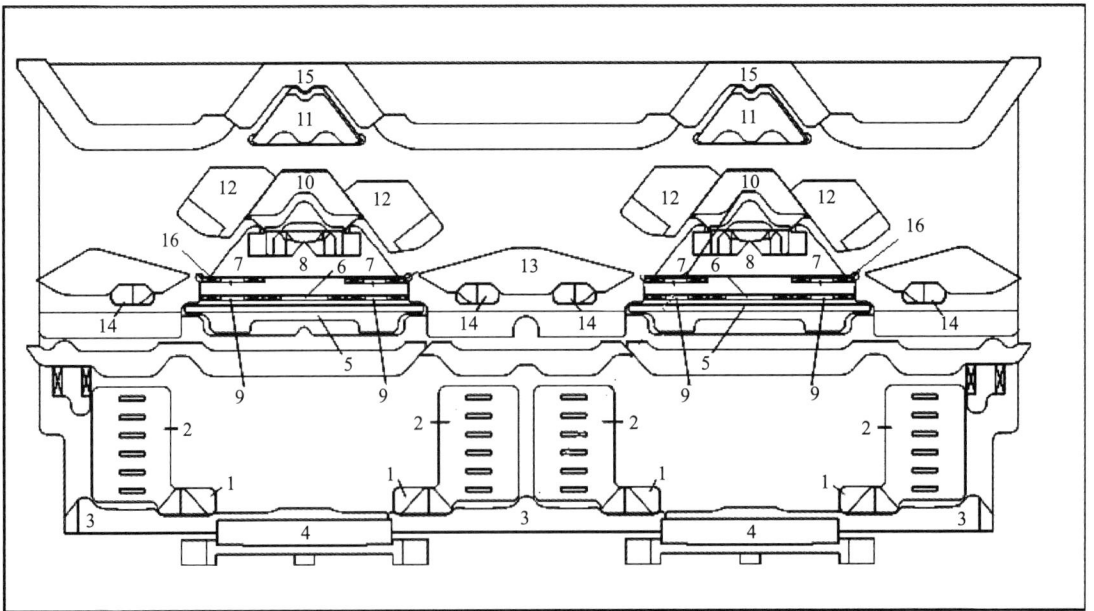

图1-4　三角系统示意图

1—选针推针三角　2—选针器　3—选针导针三角　4—选针复位三角　5—固定不织压片　6—集圈压片　7—连接针脚起针三角　8—接针三角　9—半压片　10—导向三角　11—移圈三角　12—压针三角　13—导针三角　14—选针清针三角　15—翻针导针三角

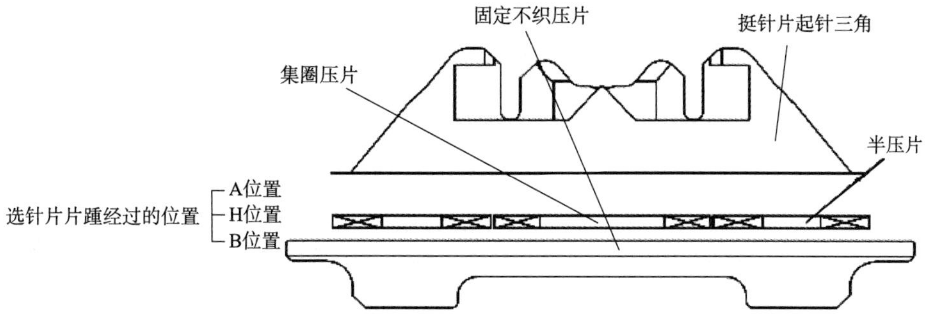

图1-5 选针片位置

如图1-4所示为一个三角系统示意图。1为选针推针三角，作用于选针针脚片踵，可将选针针脚推往A位（图1-5）。2为选针器，作用于选针片，当选针针脚被选中时，选针针脚可被推向A位或H位（图1-5）。3为选针导针三角，作用于选上的选针针脚，选针针脚被推向H位。4为选针复位三角，使那些被选针器压进去的选针片回到原来的位置。5为固定不织压片，作用于B位置（图1-5）的选针针脚，其上的织针不工作。6为集圈压片，作用于H位置（图1-5）的选针针脚，其上的织针上升到集圈高度，形成集圈。7为连接针脚起针三角，被选上的连接针脚可沿其上升到集圈高度或成圈高度。8为接针三角，翻针时其上的织针处于接圈高度。9为半压片，作用于H位置（图1-5）的选针针脚，其上的织针可进行"翻针时接针"或在"二段度目中集圈"工作。10为导向三角，起导向和收针的作用。11为移圈三角，织针沿其上平面上升到移圈高度。12为压针三角，上下移动可调整弯纱深度。13为导针三角，将A位置的选针片移到H位（图1-5）。14为选针清针三角，将处于H位置的挺针片压回到B位（图1-5）。15为翻针导针三角，与移圈三角11同时使用，使上升到移圈位置的针下降。

（三）编织与选针原理

1. **选针工作原理**

如图1-6所示，该机器为6级选针机构，选针器上各级选针三角分别与相应级别的选针针脚片齿作用进行选针。当选针器上选针三角处于直立状态时，选针三角会将相应的选针片压入针槽，其上的织针不工作；当选针三角向上摆动时，它不会压选针针脚的片齿，相应的选针针脚做上升运动，其上的织针也上升，如图1-7所示。成圈机件进行工作前需要两次选针过程，第一次为预选针。当机头从右向左（或从左向右）运行时，位于选针器左侧的选针三角进入工作，选针器经过选针针脚，若选针针脚被选中，则选针针脚片踵会沿选针推针三角1上升到H位；当第二个选针器经过选针针脚时，位于H位的选针针脚再次被选中，则选针针脚会继续上升至A位。机头换向前，后一个三角为下一行程预选针。

2. **编织工作原理**

（1）成圈编织及走针轨迹。成圈编织时的走针轨迹如图1-8所示，假设机头按照图中箭头方向移动。导向三角10和移圈三角11的工作有"跷跷板"的功能，一方进入工作，则另一方退出工作。成圈编织时，导向三角10进入工作，选针针脚经预选到达H位置，后又经选针器二次选中上升至A位置，连接针脚的针踵从针槽中露出，沿着连接针脚起针三角7上升，直至退圈最高点使得织针上升退圈，然后再沿着导向三角10和压针三角12下降，完成成圈编织。

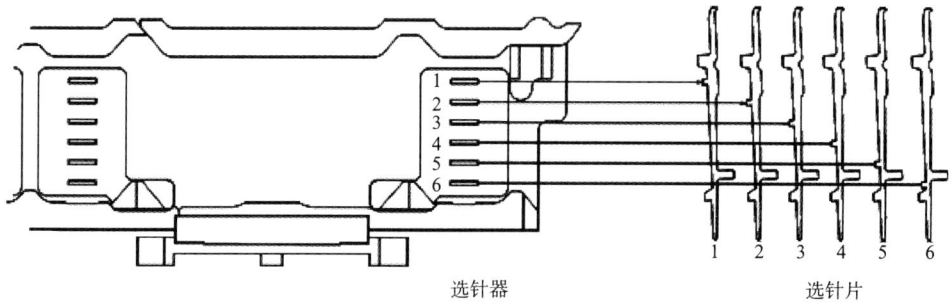

图1-6　选针器与选针片的对应关系

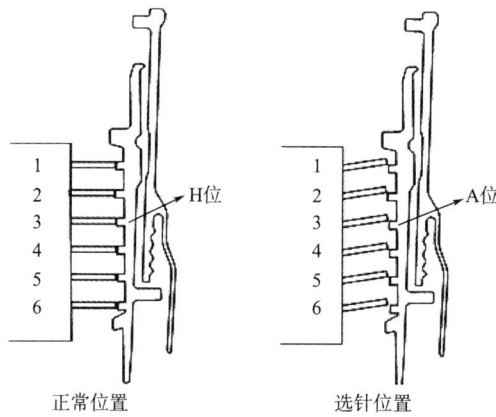

图1-7　选针原理

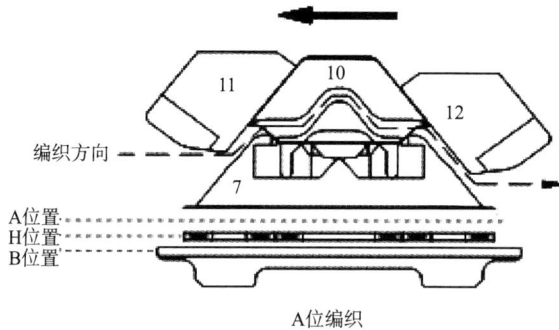

图1-8　成圈走针轨迹
7—连接针脚起针三角　10—导向三角　12—压针三角

（2）集圈编织及走针轨迹。集圈编织时的走针轨迹如图1-9所示。集圈编织时，导向三角10进入工作，选针针脚经预选到达H位置，第二次未被选中，连接针脚的针踵从针槽中露出，沿着连接针脚起针三角7上升，集圈压片6进入工作，连接针脚片踵经过集圈压片时，被集圈压片压进针槽，从而也将连接针脚片踵压进针槽，使连接针脚上升到集圈高度时就不能再沿三角上升，当经过集圈压片后，连接针脚的片踵重新露出针槽，沿压针三角12下降，完成集圈编织。

图1-9　集圈走针轨迹

6—集圈压片　7—连接针脚起针三角　8—接针三角　9—半压片　10—导向三角　12—压针三角

（3）不编织及走针轨迹。不编织的走针轨迹如图1-10所示，不编织时，选针针脚两次选针均未选中，连接针脚的针踵在针槽内，不会沿着三角上升，其上的织针不上升，在三角表面通过。

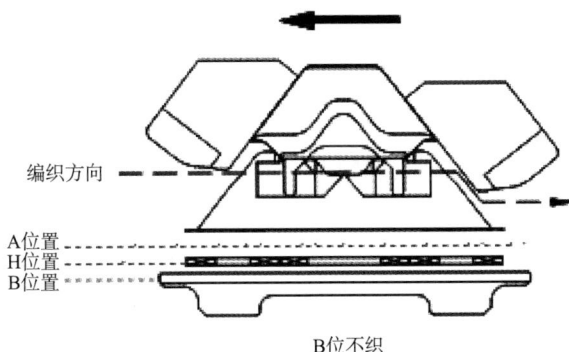

图1-10　不编织走针轨迹

3. 移圈工作原理

前后针床织针之间的线圈转移是电脑横机编织中非常重要的一个环节，也是必不可少的环节。在术语上，移圈本来是一个将一枚针上的线圈转移到另一枚针上的过程，但是在电脑横机中为了更好地说明，就把这个过程分解开来，将给出线圈称为移圈，而接受线圈称为接圈。

移圈工作原理如图1-11所示，移圈针1上的线圈3处于扩圈片的位置，以便于对面针床上的接圈针2进入扩圈片，当移圈针沿压针三角下降时，针上的线圈从针头上脱下来，转移到对面针床的接圈针上。

（1）移圈及走针轨迹。移圈走针轨迹如图1-12所示，移圈时的选针与成圈时相似，选针针脚经预选到达H位，后又经选针器二

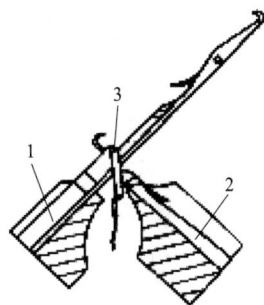

图1-11　移圈与接圈原理

1—移圈针　2—接圈针　3—线圈

次选中上升至A位置，所不同的是，此时导向三角10退出工作，移圈三角11进入工作，织针沿着移圈三角11上轨道上升到移圈位置。

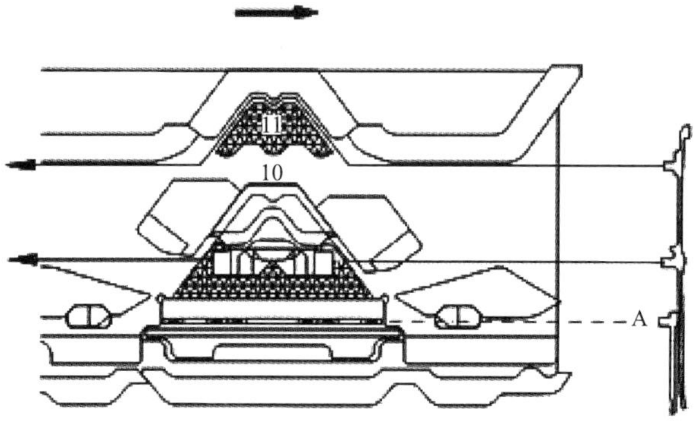

图1-12　移圈走针轨迹
10—导向三角　11—移圈三角

（2）接圈及走针轨迹。接圈走针轨迹如图1-13所示，接圈时的选针与集圈相似，选针针脚到H位，所不同的是，导向三角10退出工作，移圈三角11进入工作，织针沿着移圈三角11下轨道运行。

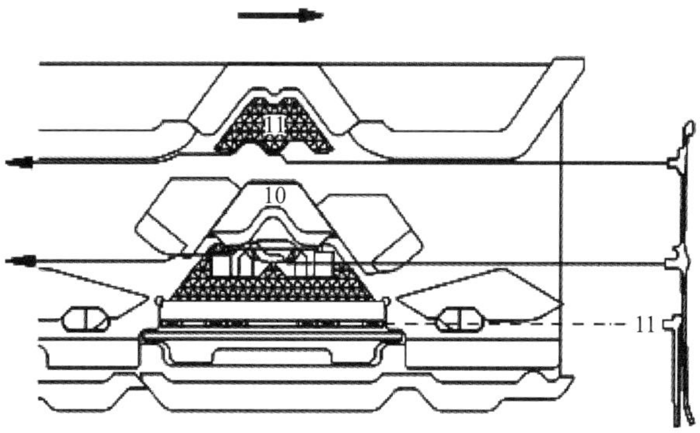

图1-13　接圈走针轨迹
10—导向三角　11—移圈三角

（四）织物密度调节

现在的电脑横机弯纱三角都是由电脑程序控制，通过步进电机来调节弯纱深度，从而改变织物密度。电脑横机的密度调节有三种形式：静态调节、动态调节和两段密度调节。静态调节是在每一横列只有一种弯纱深度，在机头运行到机器的两端时进行变换；动态调节可以使弯纱深度在一个横列中根据程序变化，即在机头运行的过程中变换。它们都是通过步进电机来改变的。但是，在机头运行时，通过步进电机改变弯纱深度不能实现相邻两针之间的突然变化，而只能是在一定针数范围里的渐变，因此很多电脑横机就采取用不同厚度的三角结构通过机械的方式实现相邻线圈之间的大小剧变。如图1-14所示，在弯纱阶段，如果某枚针被压下去，它不能进入到外层三角2，只能沿里层三角1通过，形成小线圈，如果不被压进针槽，它就会沿外层压针三角2下降，形成大线圈。两层压针三角都可以由程序控制，通过步进电机改变弯纱深度和它们之间的差值。

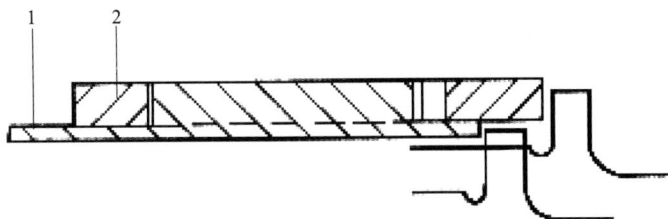

图1-14 两段密度调节
1—里层三角 2—外层三角

（五）多针床编织技术

为了便于进行双面组织的收针操作和进行特殊产品的编织，提高移圈时的生产效率，现在也出现了三个或四个针床的横机。如图1-15所示是一种4针床横机的针床结构。它是在两个编织针床的上面，又加了两个针床，但这两个针床只是移圈针床，其上安装的是移圈片3、4，而不是织针，它可以和主针床上的织针1、2进行移圈操作，即在需要时从织针上接受线圈或将所保存的线圈返回织针，但不能进行编织。也有一种四个针床都安装织针的真正的四针床横机，如图1-16所示。四针床横机可以更方便有效地进行整体服装的编织。

图1-15 带有两个移圈针床的四针床横机
1，2—织针 3，4—移圈片

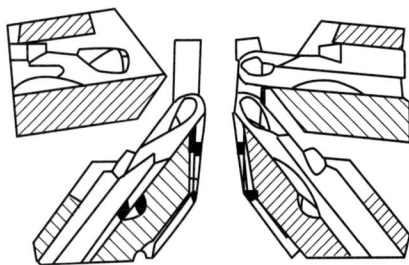

图1-16 带有四个编织针床的四针床横机

四、电脑横机的其他机构

（一）针床横移机构

针床横移是横机的一个特点，其作用主要有两个方面：一是可编织由倾斜线圈形成的具有波纹外观效果的波纹组织；二是在横机前后针床之间移圈时，通过移动针床来达到移圈针和接圈针之间的准确对位。电脑横机的针床横移是由程序控制，通过步进电机来实现。从移动针床的方式看，有的前后针床都可移动，有的是一个针床移动，RDC系列横机为前针床移动。针床横移时可以进行整针横移、半针横移和移圈横移。通过整针横移可以改变前后针床针与针之间的对应关系；半针横移用以改变两个针床针槽之间的对应关系，可以由针槽相对变为针槽相错或由针槽相错变为针槽相对；移圈横移使前后针床的针槽位置相错约四分之一针距，这时既可以进行前后针床织针之间的线圈转移，也可以使前后针床织针同时进行编织。一般针床横移都是在机头静止时进行，有的横机在机头运行时也可以进行横移。针床横移的最大距离一般为50.8mm（2英寸），最多的可为101.6mm（4英寸）。横移速度可以改变，可以根据组织结构的难易程度及纱线的状况进行调节。

（二）给纱和换梭机构

如图1-17所示为导纱器配置的断面结构图。一般电脑横机配备4根与针床长度相适应的导轨（图中A、B、C、D），每根导轨两面各有一条走梭轨道，共有8条走梭轨道，根据编织需要，每条走梭轨道上可安装一把或几把导纱器。一般情况下，每条走梭轨道左右各放置1把导纱器。

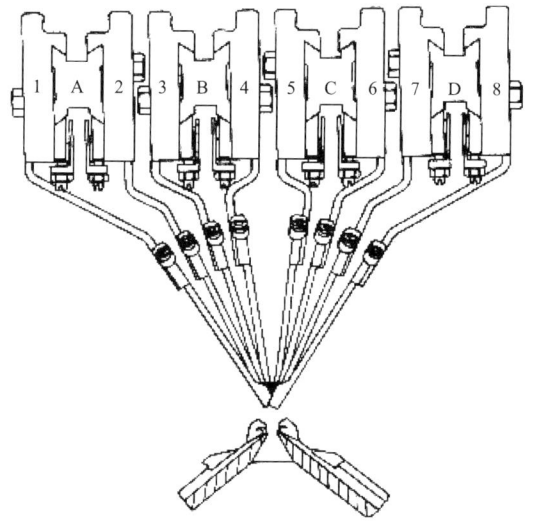

图1-17 导纱器

导纱器由安装在机头桥臂上的选梭装置来选择。如图1-18所示是一种选梭装置的结构图。其工作原理是：它由电磁铁1控制销子2，当电磁铁1吸起销子2时，销子2抬起，摆杆3的B端在弹簧5的作用下被压下，带梭触头4下降进入工作，带动相应的导纱器编织；当电磁铁1释放销子2时，销子2下降，摆杆3的A端被压下，B端向上抬起，弹簧被压缩，带梭触头4向上抬起，相应的导纱器就退出工作。在机器上的8个导纱器中的一个或几个可以被选中进入工作。现在的电脑横机导纱器不需要专门的梭子退出工作的机械装置，可以根据需要随时使任何一把导纱器进入或退出工作，而且可以停在任何位置，以适应所编织的宽度。

为了更有效地编织比较复杂的嵌花组织，大多数电脑横机还可配置专门的嵌花导纱器，如图1-19所示，该导纱器可以由程序控制向左或向右摆动。在编织嵌花组织时，当某把导纱器在编织某一色区结束后，为了不使下一色区的织针上升钩取到这把导纱器的纱线，就可

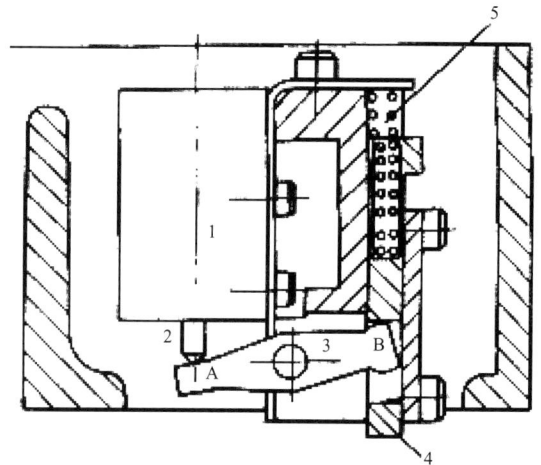

图1-18 导纱器选梭装置
1—电磁铁 2—销子 3—摆杆 4—带梭触头 5—弹簧

以使这把导纱器按照程序要求摆动一个角度。当机头从左向右运行时，导纱器向左摆到A位置；当机头从右向左运行时，导纱器向右摆到C位置。

（三）牵拉机构

电脑横机的牵拉机构如图1-20所示。它包括主牵拉辊3及其压辊4，辅助牵拉辊1、2，牵

拉针梳5。主牵拉辊起主要的牵拉作用。它由牵拉
电动机控制，通过程序控制改变电动机的转动速度
从而改变牵拉力的大小。在横机产品的编织中，合
理的牵拉力是非常重要的。因此可以根据所编织的
织物结构和织物宽度来改变机器的牵拉值。由于在
编织时，机器两端和中间的牵拉力要求有所不同，
为了使沿针床宽度方向各部段的牵拉都合适，一
般采用分段式牵拉辊，每段牵拉辊一般只有5cm左
右，各部段的压辊都可以独立调节。

辅助牵拉辊一般比主牵拉辊直径小，离针床
床口比较近。它可以由程序控制进入工作或退出工
作。主要用于在特殊结构和成形编织时协助主牵拉
辊进行工作，如多次集圈、局部编织、放针等，以
达到主牵拉辊所不能达到的牵拉作用。

图1-19 嵌花导纱器

牵拉针梳又称起底板，主要用于起头。在起头时，牵拉针梳由程序控制上升到针间，牵
拉住所形成的起口纱线，直至织物达到牵拉辊时才退出工作。如图2-20所示为一种牵拉针梳
的结构。它包括钩子1和滑槽2两部分。滑槽2可以沿箭头方向上下移动。在起口时，牵拉针梳
上升到针间，滑槽向上移动，使钩子露出，钩子钩住新喂入的起口线，如图1-21（a）所示。
当牵拉针梳越过牵拉辊作用区时，滑槽向下移动，用其头部3遮住钩子，并使钩子中的起口线
从滑槽头部脱出，牵拉针梳收回，退出工作，如图1-21（b）所示。

图1-20 牵拉机构
1—辅助牵拉辊 2—辅助牵拉辊 3—主牵拉辊 4—压辊 5—牵拉针梳

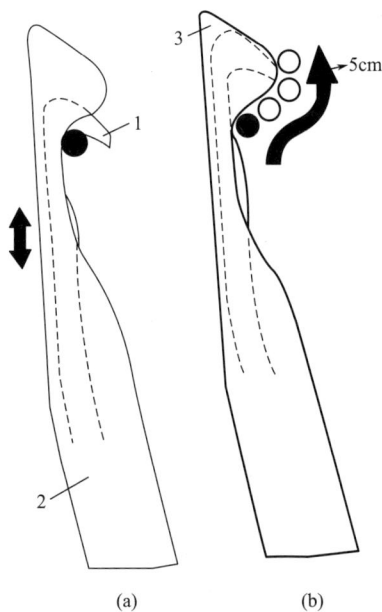

图1-21 牵拉针梳工作原理
1—钩子 2—滑槽

　　压脚（Presser Foot）也是在很多电脑横机中使用的一种辅助牵拉方式，当然它也可以用于非电脑横机。它是一种由钢丝或钢片制成的，装在机头上随机头移动，用于直接压在刚刚形成的旧线圈上，以协助织针退圈的装置。如图1-22所示为一种形式的压脚及其工作原理。此时，织针2上升退圈，钢丝压脚1压在旧线圈3上，防止旧线圈随针上升。在电脑横机中，压脚可以由程序控制进入或退出工作。

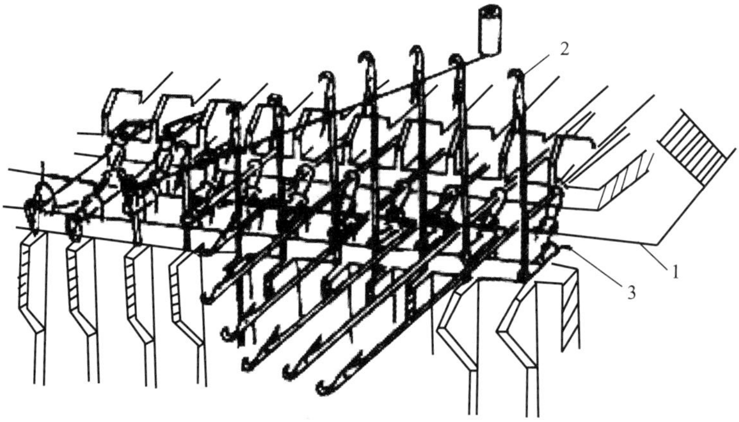

图1-22　压脚及其工作原理
1—钢丝压脚　2—织针　3—旧线圈

（四）传动机构

　　新型电脑横机的传动机构由伺服电机通过齿型带传动，从而使传动的动程由程序控制，随着编织物宽度的改变而改变。传动的速度也可以由程序控制变化。

（五）辅助装置

　　为了全面实现自动化，电脑横机还配置了各种辅助装置，用于机器的各种检测和自停。主要包括张力装置、断线和粗接头自停装置、坏针和冒布自停装置、撞针自停装置、掉布和破洞自停装置等。

　　纱线的张力控制对于产品的质量控制是非常重要的。由于横机不能进行积极送纱，所以各种电脑横机都在控制送纱张力方面做了很多工作，以求稳定纱线张力，保证线圈长度的均匀，最大限度地降低衣片坯长不匀率。

第二节　针织物的结构及特点

一、针织物的基本结构单元

（一）线圈

1. 线圈的基本概念

　　针织物的基本结构单元，在三维空间中，其几何形态呈一空间曲线，如图1-23所示。

2. 线圈长度

一个线圈所需要的纱线长度，是由一个针编弧、一个沉降弧和两个圈柱构成。

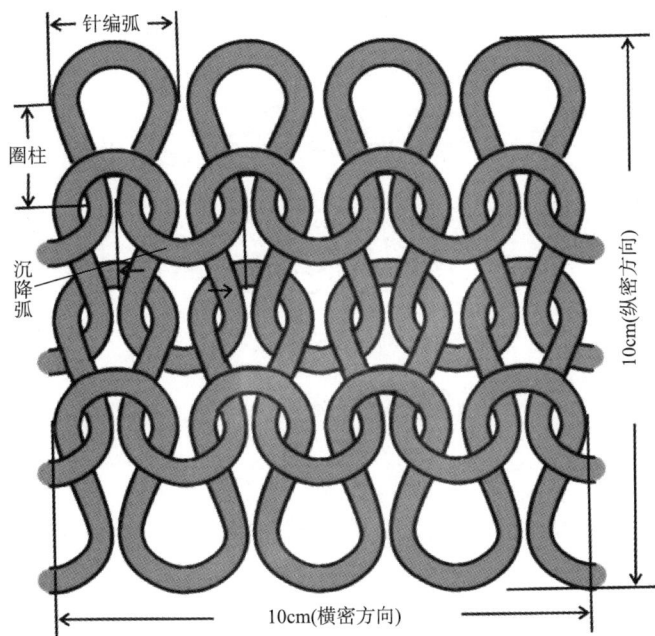

图1-23 线圈的基本结构

3. 线圈密度

针织物的密度分为横向密度和纵向密度（图1-23），用来衡量织物的松紧程度。横向密度简称横密，指织物单位长度（10cm）内的纵行数；纵向密度简称纵密，是织物单位长度（10cm）内的横列数。密度越大，说明单位长度内的线圈数量越多，织物越紧密。织物的密度在同一针距机器的编织中可以有所不同，这可以通过调节机器的密度三角来达到。

（二）针距

针距指横机上所排列的织针之间的距离。通常用2.54cm（1英寸）内有多少针来定义横机的针距，也就是通称的机号。如7针机就是指横机针床上1英寸内有7枚织针；12针机就是指横机针床上1英寸内有12枚织针。横机上的针距通常是在机器出厂时就已经定好了，用户可以根据织物的厚薄以及所使用的纱线选择不同针距的电脑横机。目前电脑横机的针距大致范围为38mm。

（三）单面针织物

单面针织物是指由一个针床编织而成的针织物，其线圈的圈弧或圈柱集中分布在织物的一面，如图1-24（a）、图1-24（b）所示。

（四）双面针织物

双面针织物是指由两个针床编织而成的针织物，织物的两面均有正面线圈，如图1-24（c）所示。

（五）针织物正面

针织物正面是指针织物中圈柱覆盖于圈弧之上的一面，如图1-24（a）所示。

（六）针织物反面

针织物反面是指针织物中圈弧覆盖于圈柱之上的一面，如图1-24（b）所示。

(a) 单面正面针织物   (b) 单面反面针织物   (c) 双面针织物

图1-24 针织物基本结构

二、纬编针织物组织

纬编针织物分为原组织、变化组织和花色组织三类。

（一）原组织

原组织是所有针织物组织的基础，织物结构简单，编织容易。它包括单面的纬平针组织、双面的罗纹组织和双反面组织，如图1-25所示。

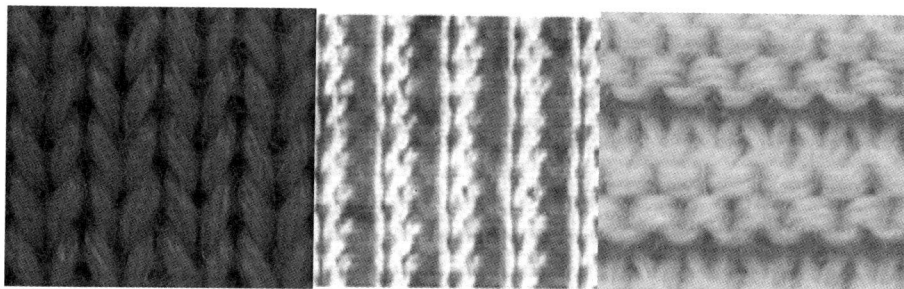

图1-25 原组织

（二）变化组织

变化组织由两个或两个以上的原组织复合而成，即在一个原组织的相邻线圈纵行间配置另一个或几个原组织的线圈纵行，以改变原来组织的性能或外观。变化组织包括单面的变化纬平针组织和双面的双罗纹组织等，如图1-26所示。

（三）花色组织

花色组织指在基本组织或变化组织的基础上，利用线圈结构的改变，或者另编入一些色纱、辅助纱线或其他纺织原料，以形成具有显著花色效果和不同性能的花色针织物，如图1-27所示。

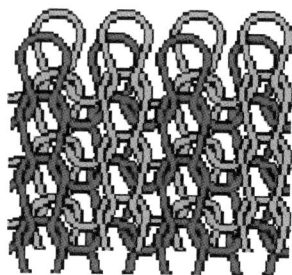

图1-26 变化组织

包括：彩横条、移圈组织、提花组织、长毛绒组织、复合组织等。

图1-27　变化组织

三、针织物的特性

　　针织物由线圈相互串套而成，结构比较松散，因而针织物具有透气性好、蓬松、柔软、轻便的特点。线圈是三度弯曲的空间曲线，当针织物受力时，弯曲的纱线会变直，圈柱和圈弧部段的纱线可以互相转移。因此，针织物的延伸性大、弹性好，这是针织物区别于机织物最显著的特点。另外，针织物还具有抗皱性好、抗撕裂强力高等特点，并且纬编针织物还具有良好的悬垂性。针织物的线圈结构也造成了其尺寸稳定性差、受力后易变形、质地不硬挺、容易脱散、易起毛起球等缺点。目前针织物仍难以在大衣、西装等服装类品与机织物竞争，在某些需要质地紧密、硬挺、厚实、坚牢耐磨、稳定性好的特定用途上仍逊色于机织物。

第三节　电脑横机成圈基本原理

　　电脑横机的织针将纱线编织成织物的过程称为成圈过程，成圈过程可分为退圈、垫纱、带纱、闭口、套圈、脱圈、成圈和牵拉8个阶段，如图1-28所示。

一、退圈

　　退圈就是将处于针钩中的旧线圈移动到针杆上，为垫放新的纱线做好准备。在退圈过程中，织针从最低点上升到最高点，织针处于退圈阶段，退圈后针舌被线圈刮开。

二、垫纱

　　垫纱就是将纱线放到针舌上，完成退圈后，织针开始下降，由于给纱机构的配合动作，纱线便在导纱器的引导下，通过纱嘴被垫放到针钩的下面，针舌的上面，以便织针继续下降时，针钩能可靠地钩住纱线。

三、带纱

带纱就是将垫放到针钩下面的纱线引到针钩内的过程。这一过程是依靠织物下降来完成。

四、闭口

闭口即封闭针口，使新垫放的纱线旧线圈为针舌所隔开。不带纱过程结束后，纱线正确地被针钩住，织针继续下降，落到针杆上的旧线圈沿针杆向针头滑动，移到针舌的下面，针舌由于旧线圈的作用，开始绕针舌轴旋转，当织针再下降时，针舌旋转盖住针钩封闭针口。

五、套圈

套圈过程是从旧线圈套到关闭了的针舌上开始，而后沿关闭了针舌移到针钩处而结束。

六、脱圈

脱圈就是线圈从针头上脱落下来的过程。当完成套圈后，织针沿三角工作面下降，钩住新垫放的纱线穿过旧线圈，而旧线圈同时由于牵拉力的作用，由针头处脱出。

七、成圈

成圈阶段的工作是在旧线圈脱出针头后，针钩带住新垫放的纱线穿过旧线圈，织针再下降将纱线拉弯成新的线圈。

八、牵拉

牵拉就是为了使成圈后的新线圈得以张紧，不得脱出针钩，以进行下一横列编织的成圈工作。牵拉是利用牵拉机构将旧线圈拉向针背，达到张紧的目的，同时将已成形的织物引出成圈区域。

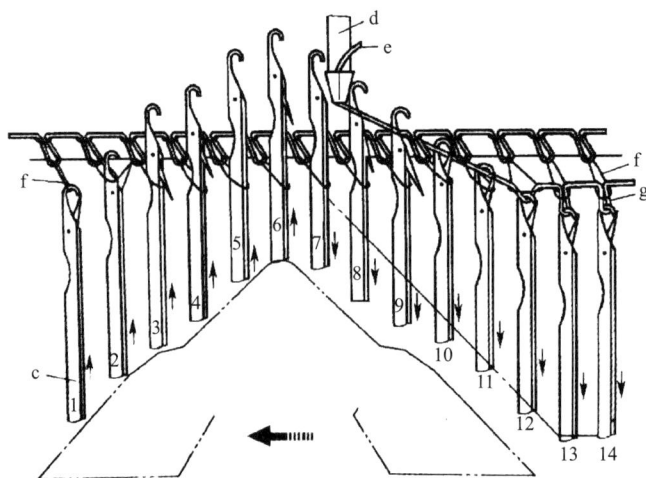

图1-28 电脑横机成圈过程

c—织针 d—纱嘴 e—纱线 f—旧线圈 g—新线圈

1~6—退圈 7~8—垫纱 9—带纱 10—闭口 11—套圈 12—脱圈 13—弯纱成圈 14—牵拉

基础理论——

琪利制板系统功能介绍

课程名称：琪利制板系统功能介绍

课题内容：1. 琪利制板系统概述

　　　　　2. 琪利制板系统工具介绍

　　　　　3. 主绘图区及信息提示栏

　　　　　4. 作图色码

　　　　　5. 功能线

课题时间：10学时

教学目的：学生通过熟悉软件基本界面，掌握工具使用方法，达到熟练运用软件进行制板

教学方法：1. 讲授法，了解琪利软件基本功能

　　　　　2. 演示法，学会使用软件工具

教学要求：了解琪利制板软件界面功能，学会正确使用软件绘图工具和辅助性工具

课前（后）准备：课前预习琪利制板软件使用说明，课后熟悉软件常用绘图工具和辅助性工具

第二章　琪利制板系统功能介绍

第一节　琪利制板❶系统概述

一、运行环境

操作系统：Windows XP/ 7/8/10 简体中文版。

CPU：Intel Pentium 500MHz 或 AMD Anthon 1800MHz 以上。

内存：1G 或以上内存。

显示器：推荐分辨率为1024×768 或更高。

二、琪利制板软件安装与启动

1. 琪利制板软件安装

第一步：准备安装界面，用户可在琪利abc论坛下载睿能琪利制板软件安装包，双击安装包图标❷显示图2-1界面，单击【确定】，进行下一步。

第二步：安装界面，单击【下一步】，如图2-2所示。

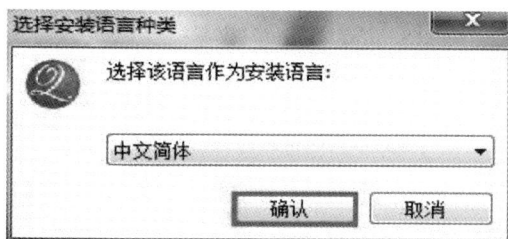

图2-1　准备安装界面

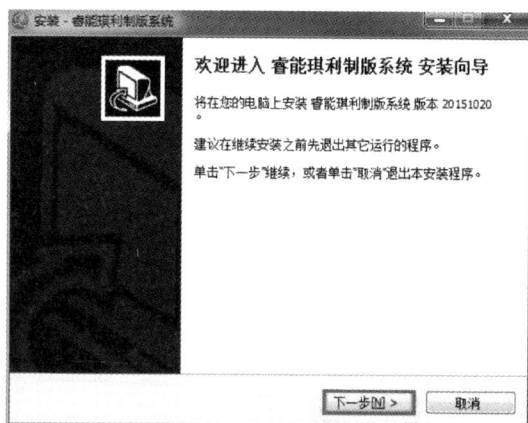

图2-2　安装界面

第三步：安装协议选择，如图2-3所示，选择"我接受协议"，然后单击【下一步】。

第四步：安装路径选择，如图2-4所示，选择软件安装路径，单击【下一步】。

---

❶ 软件中自带系统为"制版"。

图2-3 安装协议选择

图2-4 安装路径选择

第五步：安装属性选择，如图2-5所示，用户根据需要勾选"不创建开始菜单中的文件夹"，点击【下一步】。

第六步：图表创建选择，如图2-6所示，勾选图中两个创建图表选项，选择【下一步】。

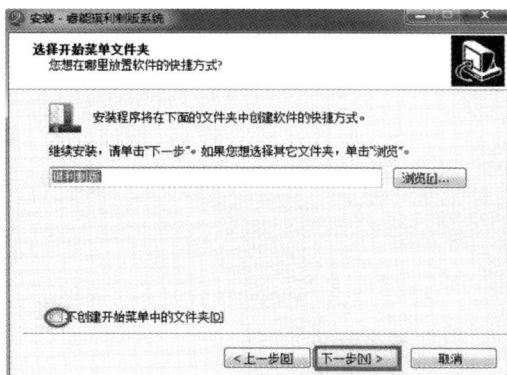

图2-5 安装属性选择

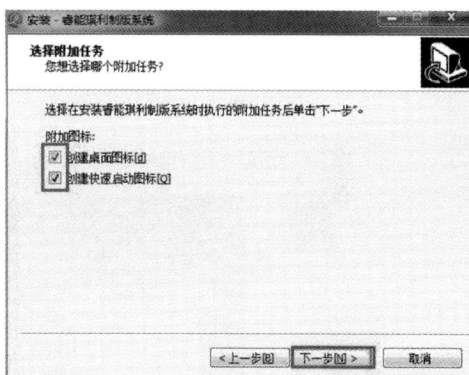

图2-6 图标创建选择

第七步：开始安装，如图2-7所示，点击【安装】。

第八步：安装进度显示，如图2-8所示，显示安装进度。

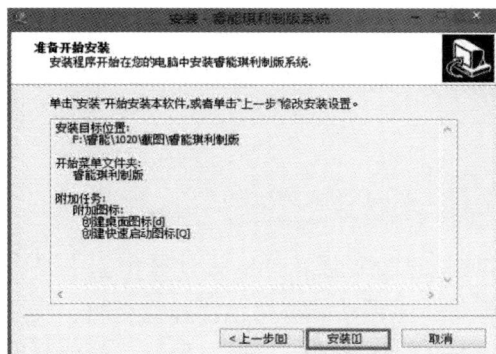

图2-7 开始安装

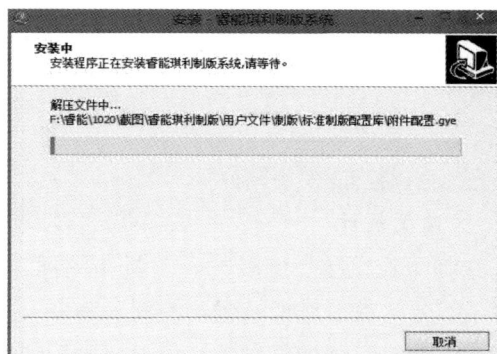

图2-8 安装进度显示

第九步：安装信息查看，如图2-9所示，点击【下一步】。

第十步：安装完成，如图2-10所示，勾选"执行"，点击【完成】后直接进入睿能琪利制板系统界面，否则退出。

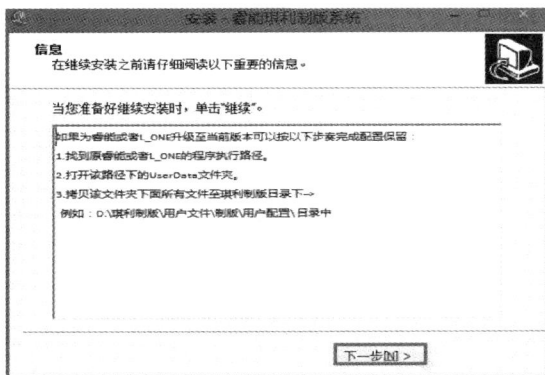

图2-9　安装信息查看　　　　　　　　　　图2-10　安装完成

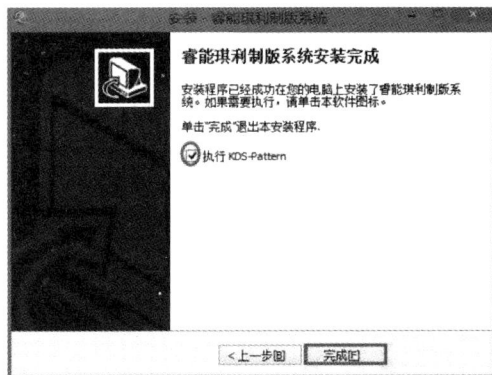

2. 琪利制板软件启动

双击桌面安装生成的图标 点击【新建】，显示软件主界面，如图2-11所示。

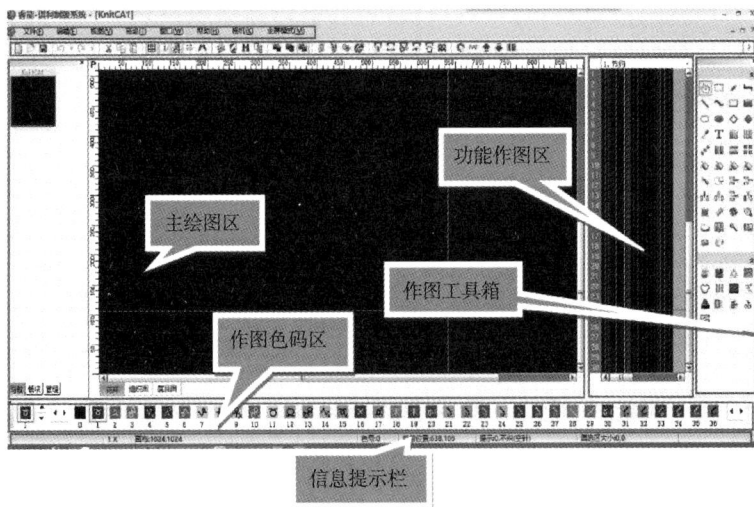

图2-11　琪利软件主界面

三、主要功能模块简介

1. 绘图设计

选择下拉菜单、工具栏、工具箱图标，可方便地进行制板花样的设计操作。主要作图元素有：点、线、矩形、圆、椭圆、菱形、多边形等；主要功能有换色、阵列复制、线性复制、多重复制、镜像复制等。可方便进行圈选区复制、颜色填充、旋转、展开、颜色置换、删除、剪切、粘贴等各项操作。

2. 文件类型

（1）KNI文件：此文件为睿能制板系统花型文件，保存后自动生成，下次可直接双击打开花样。

（2）001文件：此文件为增强型机型的上机文件。花样编译后方便用户理解及被程序控制调用的花样拆分图、出针动作图、循环信息、纱嘴信息等。

（3）CNT、PAT、PRM、SET、YAR文件：普通机型编译后自动生成的文件有以下几种：

CNT：经过编译后花样的动作文件，横机将根据CNT文件完成编织等动作，上机时需导入。

PAT：经过编译后可被程序调用的花样拆分图，上机时需导入。

PRM：花样循环信息（即节约设置），上机时需导入。

SET：花样展开文件。

YAR：记录纱嘴信息，如纱嘴对应颜色、纱嘴停放点等。

3. 工艺单成型

用户可以使用软件中的成型功能，只需要输入工艺单参数即可自动生成所需要的工艺，并自动添加基本功能线、自动拆行、记号、各位针法平收等。

4. 编译器

系统根据KNI文件描述，能自动生成电脑横机下位机所需要的001文件，若KNI文件描述不完整或有歧义则会提示错误信息，并指出错误信息花板行号及错误的原因。同时编译器还会自动检测前后针床是否会发生撞针等现象。编译器具有强大的自动处理功能，如自动带纱、踢纱、打褶、浮线处理等。编译完成后，可通过PAT编辑器和反编译查看编译结果。

四、菜单栏

菜单栏如图2-12红色区域所示。

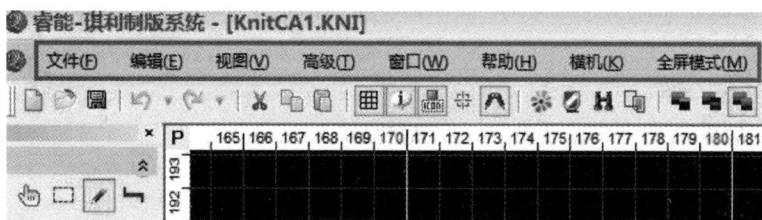

图2-12 菜单栏显示

1. 文件（图2-13）

（1）新建：新建一个画布，可选择机型和查看机型参数。

（2）打开：打开已经保存的花型文件（KNI格式）。

（3）保存：保存当前花型文件（KNI格式）到默认的存储位置。

（4）另存为：将当前花型文件（KNI格式）存储到指定的位置。

（5）导入区域图：将花型区域图（BMP格式）导入到区域图层。

（6）导入BMP（I）：将其他文件（BMP和DAT格式）在制板软件中打开。

（7）导出BMP：将当前花型文件以BMP格式导出保存。

（8）订单保存：将当前文件保存到订单中，结合订单管理使用。保存时可修改当前的文件名和订单号。

（9）条码管理：详见工具栏条码管理使用介绍。

（10）退出：退出本软件，停止使用。

2. **编辑**（图2-14）

（1）全选：全选当前整个绘图区。

（2）跳转到：跳转到指定的花样行。打开设置界面后需手动输入跳转到的行数。

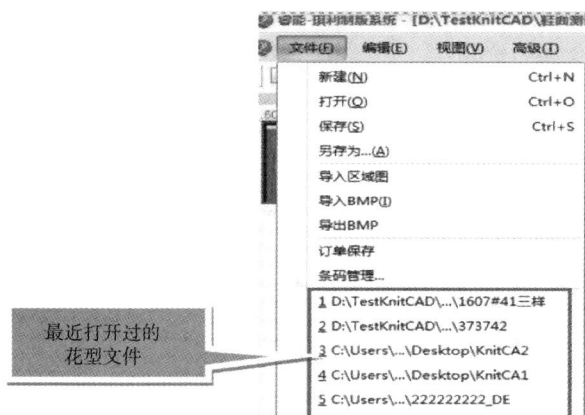

图2-13　"文件"下拉菜单图示

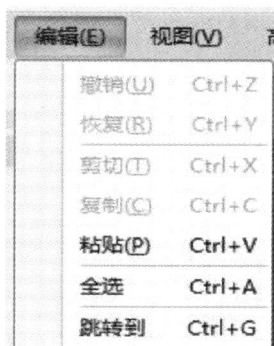

图2-14　"编辑"下拉菜单图示

3. **视图**（图2-15）

（1）纱嘴方向：取消勾选，花样编译后光标停在花样行不再显示该行机头方向。

（2）合并花样组织图：勾选后，花样图将同时显示在组织图中。

（3）镜像视图：将主绘图区分为两个镜像窗口，可同时查看衣片左右两边。

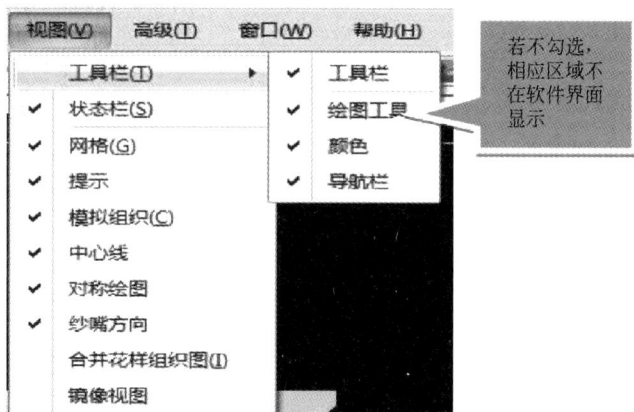

图2-15　"视图"下拉菜单图示

4. 高级

（1）语言：客户根据自己使用的语言选择软件使用的语言种类，如图2-16所示。

（2）设置详解："绘制"选项详解，如图2-17所示，"高级"选项详解，如图2-18所示，"快捷键"选项设置，如图2-19所示。

图2-16 "高级"下拉菜单图示

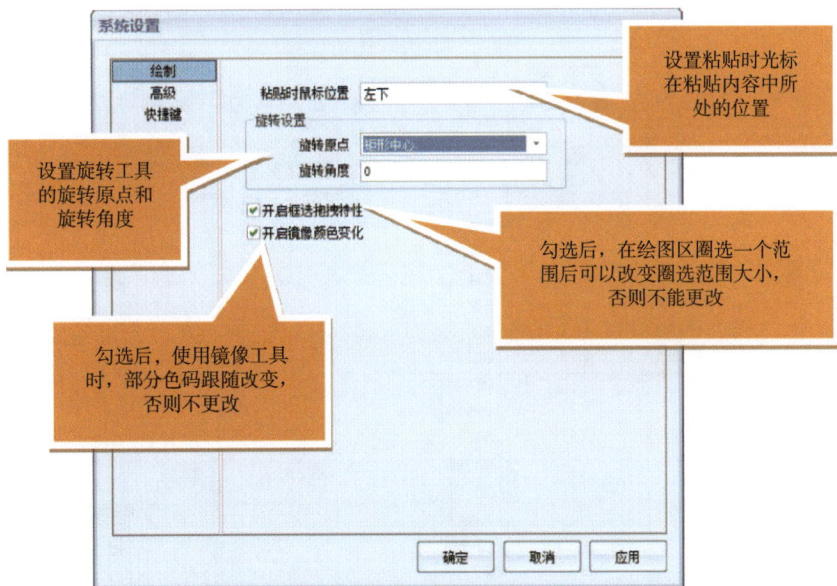

图2-17 "绘制"选项详解

常见快捷键：

F1 帮助系统，选择某个工具，按F1键，弹出该工具介绍；

F2 快速跳至主绘图区的原点（左下角：1，1）；

F3 花样图层和组织图层之间相互切换；

F4 调用成型；

F5 当前所选颜色代码递减，如当前是5号色，按一次，就会出现4号色；

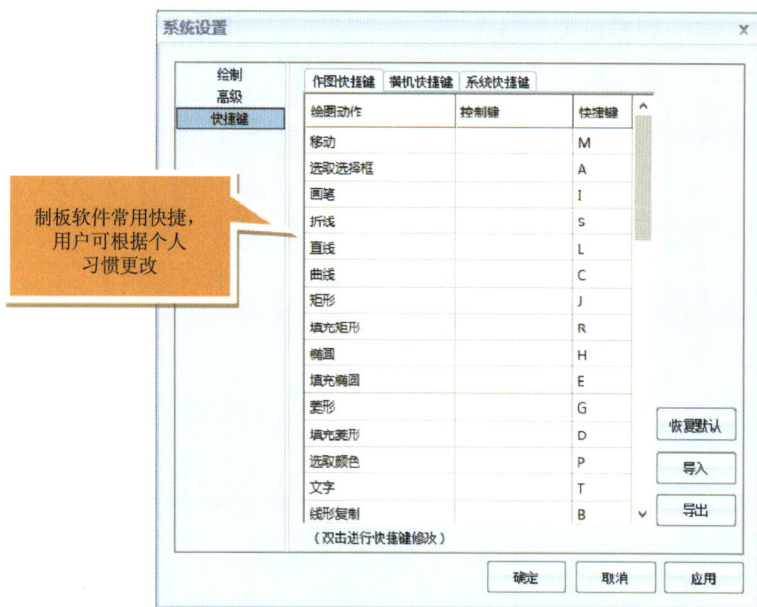

图2-18 "高级"选项详解

图2-19 "快捷键"选项设置

F6 当前所选颜色代码递增，如当前是5号色，按一次，就会出现6号色；

F7 编译；

F8 选取当前颜色；

F9　网格显示；

F10　16倍率放大及1倍放大率来回切换，16倍←→1倍；

F11　绘图区的放大倍数递减−1；

F12　绘图区的放大倍数递增+1；

方向键控制当前选中视图的上下左右滚动。

CTRL+O　打开；

CTRL+A　全选，设置当前选中视图对应的整个画布为圈选区；

CTRL+S　保存（未设置路径为另存为弹出选择路径窗口）；

CTRL+N　新建；

CTRL+C　主绘图区圈选区复制；

CTRL+X　主绘图区圈选区剪切；

CTRL+V　当前视图粘贴；

CTRL+Z　撤销操作；

CTRL+Y　复原操作；

CTRL+P　打印；

Delete删除当前图层圈选区的内容。若圈选区为整行/列，则删除三个图层的行/列。

制板软件常用快捷，用户可根据个人习惯更改。

（3）花样加密：设置打开花样文件（KNI）的密码，可以对花样文件进行加密，如图2-20所示。

（4）显示/取消文件夹预览：在文件夹中，是否显示花型文件（KNI）的预览图，如图2-21所示。

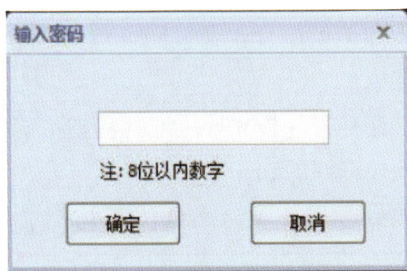

图2-20　花样加密设置窗口

图2-21　"显示/取消"功能显示

（5）镜像换色表：设置镜像后色码的变更，在使用水平镜像和镜像工具时，将按设置的色码进行镜像，如图2-22所示。

【方案保存】：保存当前镜像换色的方案。下次可直接在下拉列表中选择保存的方案。

（6）文件照片：选择织物照片路径，或者用电脑设备进行拍照，用照片作为KNI花型文件的标识，即导航栏窗口显示对应的照片，如图2-23所示。

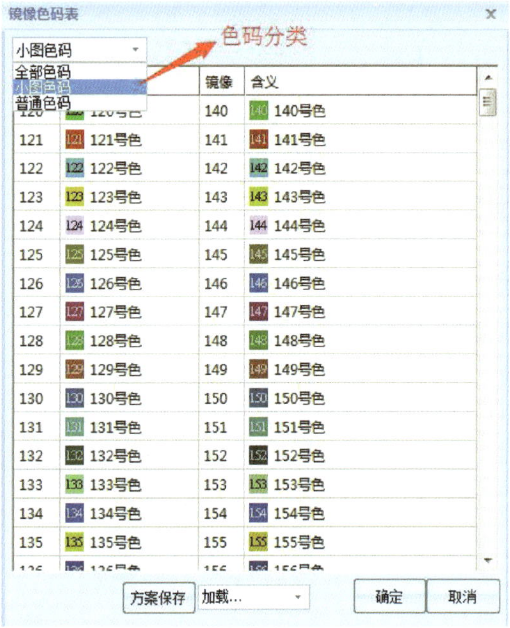

图2-22 镜像换色表图示

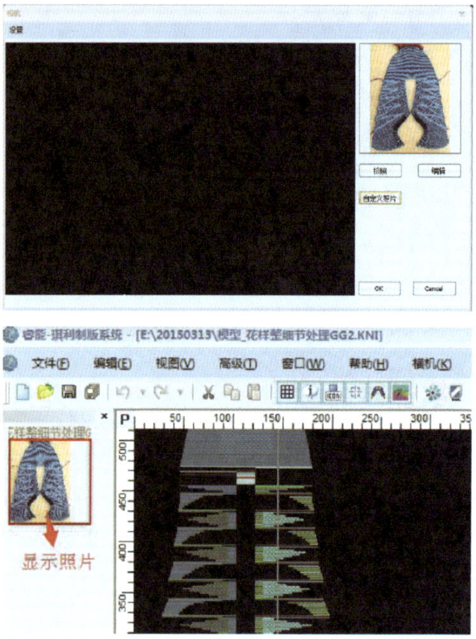

图2-23 文件拍照过程图示

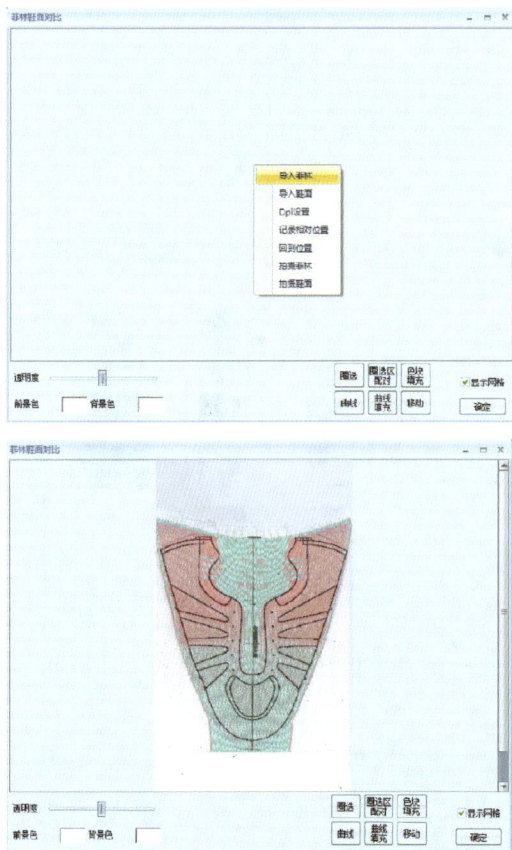

图2-24 菲林稿导入图示

"拍照"：用现有的摄像头拍取照片。

"自定义照片"：选择已拍摄照片的路径。

（7）菲林鞋面对比：对比菲林稿和绘制鞋面的差别，主要用于鞋面修改。可滚动鼠标放大缩小视图，如图2-24所示。

①导入和调整图片：在视图区点击右键，弹出右键菜单：

"导入菲林"：首先导入菲林稿扫描jpg图片；再导入处理好的kdm文件。

"导入鞋面"：导入鞋面的实物扫描jpg图片。

"移动"：左键单击不放，移动实物图，使菲林稿和实物图对准。

"Dpi设置"：根据扫描仪设置的精确度来设置，默认是自动识别。

"记录相对位置"：菲林稿和鞋面对应好之后，记录其相对位置，下次移动鞋面后，可以通过"回到位置"归位。

"拍摄菲林/鞋面"：需要调用摄像头，

不建议使用，建议使用扫描的jpg图片。视图可通过滚动鼠标滚轮放大或缩小视图。

　　"显示网格"：是否显示视图区的网格。

　　②修改区域，如图2-25所示。

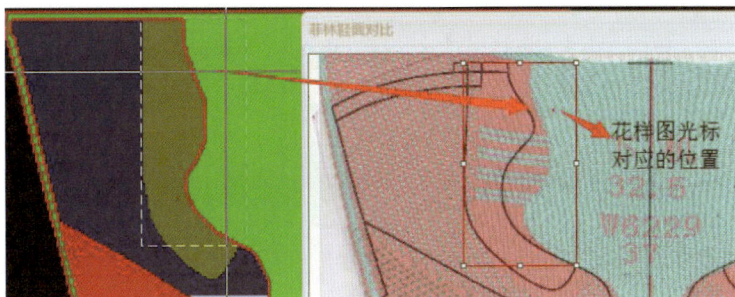

图2-25　修改区域

　　"圈选"：圈选菲林稿的某个区域，同时圈选花样中对应的区域。

　　"移动"：左键单击圈选区不放，可移动圈选区。

　　"圈选区配对"："圈选"完成后，选择配对，将自动把花样图和菲林稿上的区域进行配对，这时光标在花样图上移动时，菲林稿上也将有对应的红点。

　　③添加区域，如图2-26所示。

　　"色块填充"：对圈选菲林稿的某个区域，用当前色进行填充，花样图中对应的区域将自动修改，保证实物与菲林稿吻合。

图2-26　前景色设置

　　"曲线"：在菲林鞋面对比试图上绘制曲线，双击【结束绘制】并形成一个封闭区域。

　　"前景色"：在前景色文本框中输入色码号。

　　"曲线填充"：输入"前景色"后，单击【曲线填充】，将在花型文件的区域图中生成一个新的区域图，区域颜色为当前色，如图2-27所示。

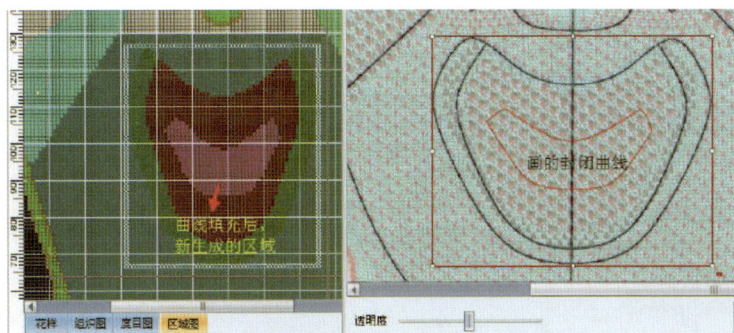

图2-27　曲线填充

　　（8）修复kni打开方式：修复双击无法打开的花型文件。主要是修复系统注册表。

5. 窗口

软件绘图区显示方式设置，分为层叠和平铺，如图2-28所示。

6. 帮助

"更新历史"：介绍睿能琪利软件每次更新的详细内容。

"在线升级"：若用户使用的软件不是最新版本，可点击该选项在线升级到最新版本。

"联系我们"：介绍公司的联系地址及方式。

7. 横机

横机设置选项，如图2-29所示。

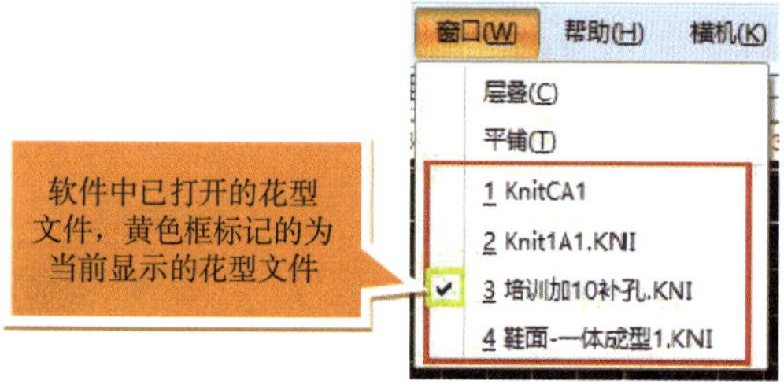

图2-28 窗口显示方式选择

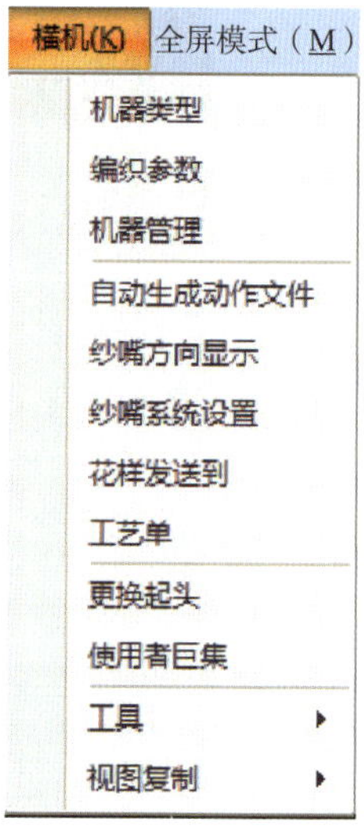

图2-29 横机设置选项

（1）机器类型：对当前花样的机器类型进行选择，只可以查看机器参数，不可以修改机器参数，机器参数编辑到机器管理中进行编辑。

"详细信息"：查看选择机器类型的参数，只可查看，不可修改，如图2-30所示。

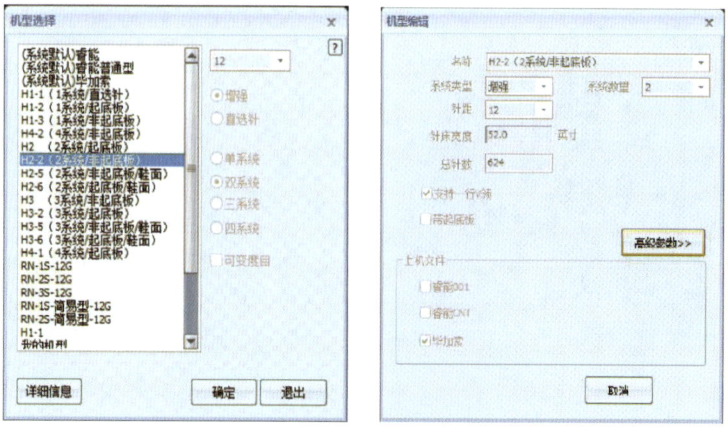

图2-30 机型选择与编辑

（2）编织参数：编织参数显示的内容与机器界面设置的参数相同，若想将在制板软件设置的编织参数导入机器，须在编译界面勾选"导出编织参数"。此功能只适用机器电控为睿能F4000，并在机器类型中选择该电控，如图2-31所示。

图2-31　编织参数导出

编织参数设置界面如图2-32所示。

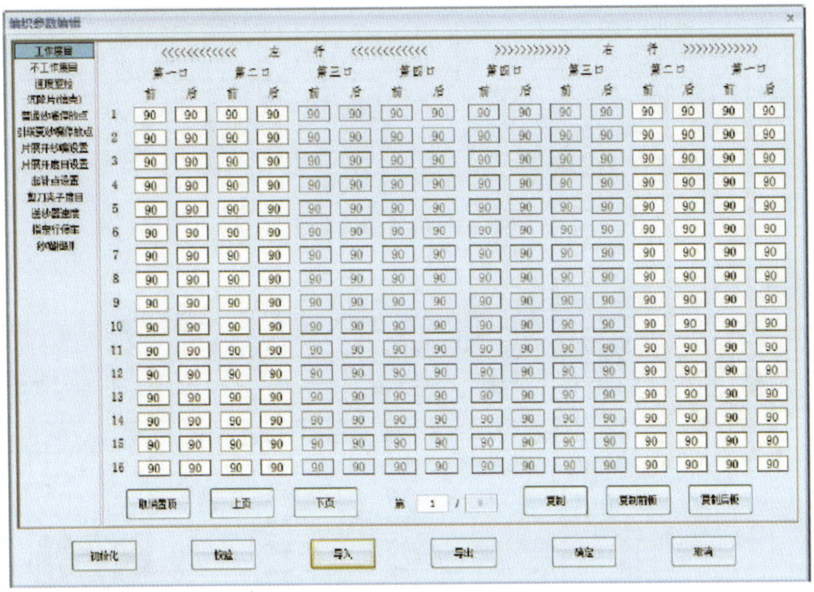

图2-32　编织参数设置

（3）机器管理：机器管理界面如图2-33所示。

"新建我的机型"：当"常用机型"中没有用户使用的机器，可以新建机型，并且导入"我的机型"列表中。

"常用机型"：开发商收集整理市场常用的机型，用户可以选用，如图2-34所示。

"编辑"：根据新建机型的要求修改对应机型的参数，如图2-35所示。

"支持一行V领"：该功能使用有两种情况：第一种情况是，是否支持V领时一个系统一行可以带多个纱嘴的情况；第二种情况是，嵌花时，是否支持一个系统一行多个不冲突部分（由安全针数设置）的编织。

"带起底板"：使用的机器有起底板时勾选。

"睿能001"：编译后只产生001格式的上机文件名。

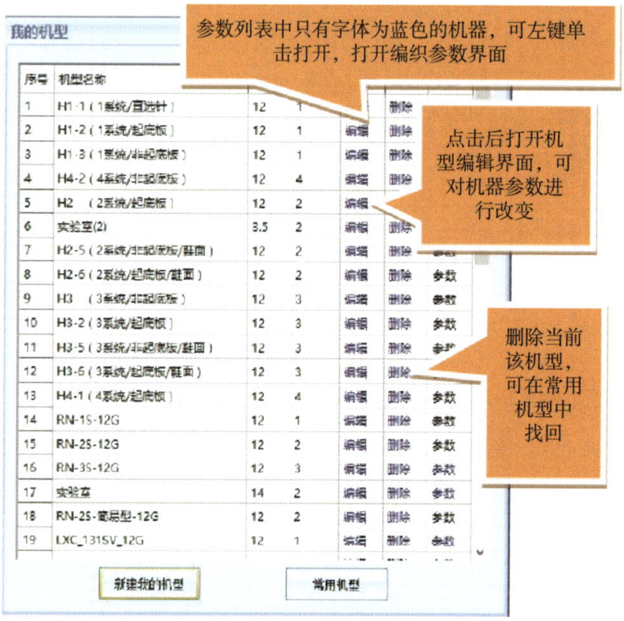

图2-33　机器管理设置

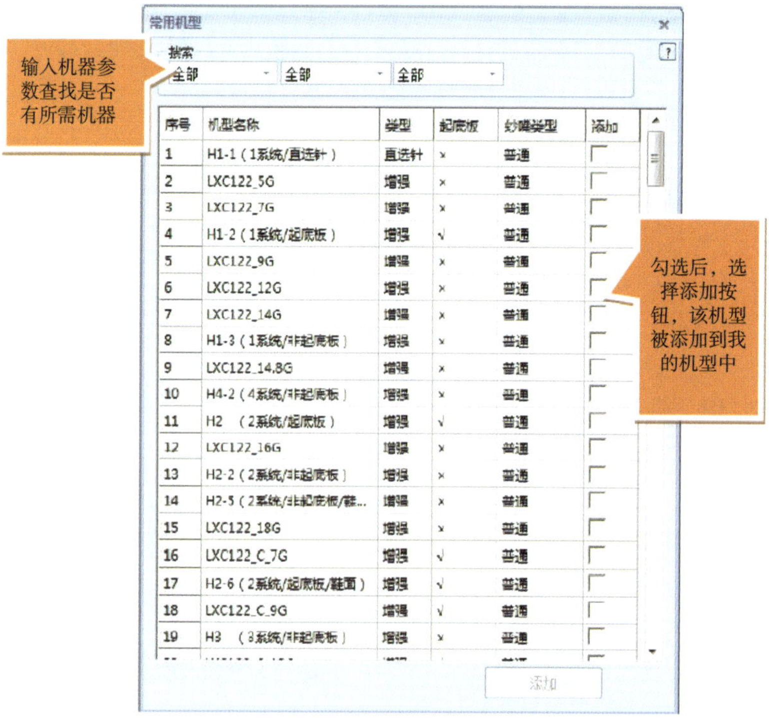

图2-34　常用机型选择

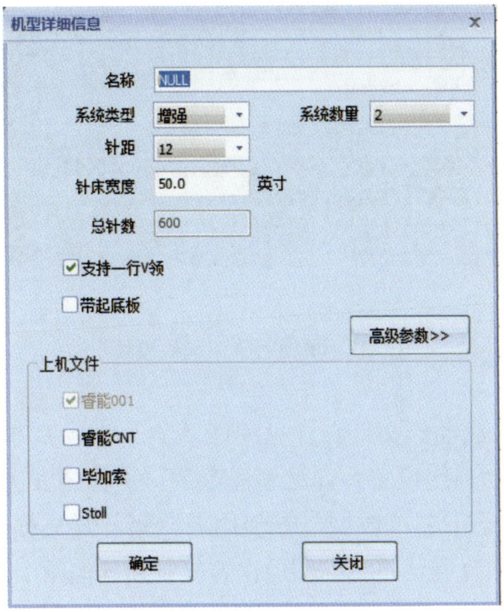

图2-35　机型参数设置

"睿能CNT"：生成睿能老电控的上机文件，包括001、CNT、PAT、PRM、SET、YAR这6个上机文件。

"毕加索"：生成4个其他国产机的上机文件，包括CNT、PAT、PRM、SET文件。

当点击【高级参数】时弹出，如图2-36所示界面。

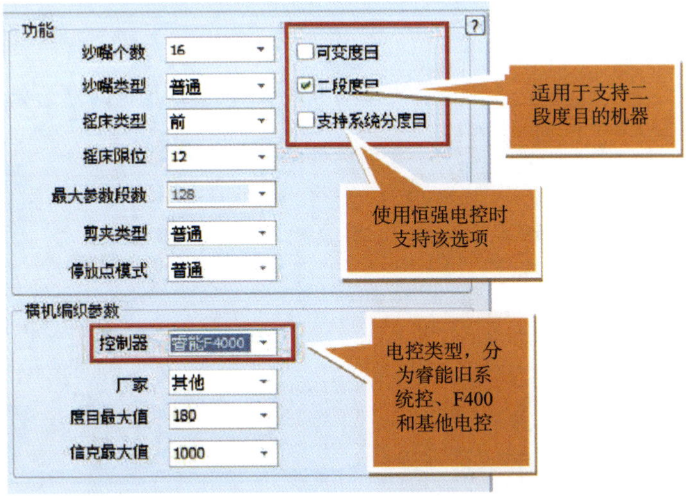

图2-36　高级参数设置

（4）更换起头。设置好起底模块后，单击【确定】，生成的模块跟随光标在绘图区移动，再次左键单击绘图区，将起底模块固定在目标位置，该起底模块功能线参数已经设置好，如图2-37所示。

图2-37　更换起头（起底模块）

（5）其他：①自动生成动作文件：详见编译章节。②纱嘴方向显示：详见工具栏"纱嘴方向显示"工具。③纱嘴系统设置：详见编译章节。④花样发送到：详见工具栏"发送花样"工具。⑤工艺单：详见工艺单成型。⑥使用者巨集：详见横机工具使用者巨集。⑦工具：详见横机工具。⑧视图复制：将当前图层内容复制到其他两个图层中的某个图层去。

8. 全屏模式

点击全屏模式（M）后，软件显示全屏模式。全屏后，点击退出（M），软件退出全屏显示。

第二节　琪利制板系统工具介绍

一、工具栏

1. 新建文件📄

新建的文件类型为KNI格式，单击【新建图标】，弹出如下对话框，如图2-38所示。

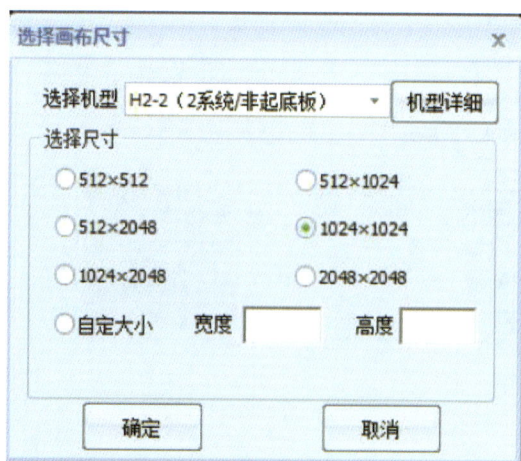

图2-38　新建文件设置

首先选择机器类型，用户可在其下拉框中选择和自己使用机器匹配的机型，并可在"机型详细"中查看选择机型的机器参数，但不可修改机器参数。机器参数需要到【横机】→【机器管理】菜单中修改，然后在【选择尺寸】或【自定大小】输入需要的画布尺寸，点击【确定】，即可进入主绘图区进行绘制。

2．打开文件

打开的花型文件为KNI、BMP、DAT文件。可兼容3.8版本和其他国产制板软件的提花、嵌花花样。即打开旧版本BMP文件时，可将嵌花、提花文件直接转换为新版本的提花、嵌花画法，但需要重新设置提花嵌花的纱嘴。"打开"界面如图2-39所示。

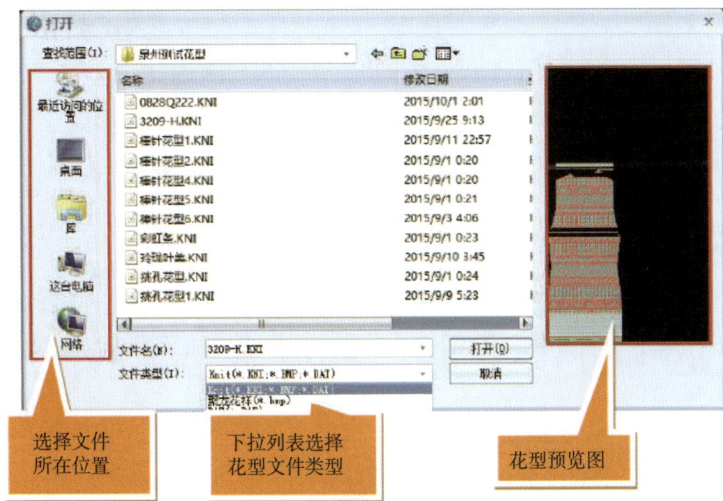

图2-39　打开文件

3．保存文件

对当前的花样进行保存，花样文件的后缀名为KNI。

4．全部保存

保存打开的所有花型文件（KNI文件）。

5．撤销

撤销作图区当前的操作，单击一次后退一步，下拉三角符号可列出历史步骤。撤销次数可以自行设定，系统默认为25次，如图2-40所示。用户可单击【菜单栏】→【高级】→【设置】"，弹出系统设置对话框，在【高级】里面更改撤销次数。

可在下拉框中一次性撤销多步。可以撤销花样、组织图、度目图、功能线区的所有动作。

6．恢复

恢复作图区撤销的操作（包括功能线作图区），单击一次复原一步，下拉三角符号可列

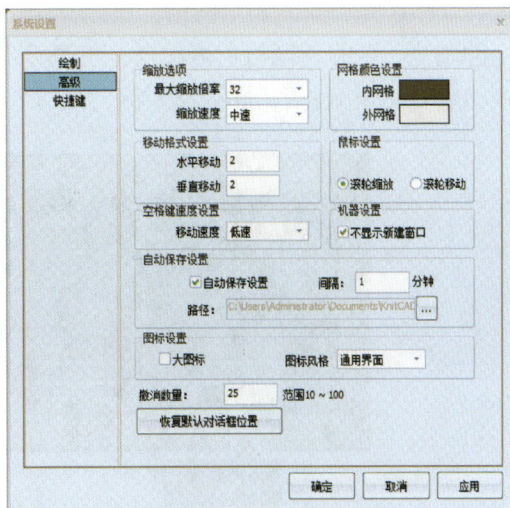

图2-40　撤销设置

出撤销记录，恢复次数同撤销次数。只有撤销操作后，图标 增亮激活，才可在下拉框中一次性恢复多步，可以恢复花样、组织图、度目图、功能线区的所有动作，如图2-41所示。

图2-41　恢复设置

7. 圈选区剪切 ✄

必须有圈选区域，图标✄激活变亮；圈选目标存在时，移动鼠标，左键单击该图标✄，则圈选区中内容被剪切，露出作图区底色（0号色）；剪切到粘贴板中的图案只能被本系统识别。

8. 圈选区复制 ▤

必须有圈选选择后，图标▤激活变亮；左键单击图标▤后，圈选区图形被复制到剪切板中；复制到粘贴板中的图案只能被本系统识别。

9. 粘贴 ▤

将剪切板中的图案粘贴到作图区，左键单击该图标▤后，光标处出现被复制的图形，拖动光标至目标区后再单击左键，完成粘贴。如果要粘贴到功能线区域，则必须在功能线区按"Ctrl+V"，或者点击【粘贴】按钮后，鼠标从菜单栏进入功能线区。

10. 网格 ▦

作图区是否需要显示网格。鼠标左键单击图标▦，图标▦被选定，功能开启，作图区图标▦增亮，为显示网格；再次点击该图标，则不显示网格。系统默认开启此功能，系统保存该功能的开/关状态，如图2-42所示。

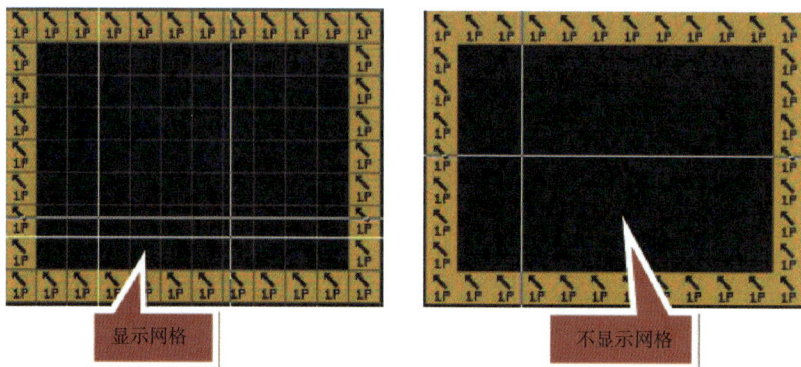

图2-42　网格显示设置

11．提示 ⓘ

提示光标所指色块的坐标及编织等信息。鼠标左键单击该图标 ⓘ，图标 ⓘ 被选定，功能开启，色块显示提示信息，再次单击则不再提示。系统默认开启此功能，系统保存该功能的开/关状态。在花样中显示的信息为色块、花样、坐标、色号、含义；在组织图中显示信息为色块、引塔夏❶、坐标、色号、含义；在度目图中显示信息为色块、度目、坐标、色号、含义；在功能线中显示信息为色块、指示区、坐标、含义等，如图2-43所示。

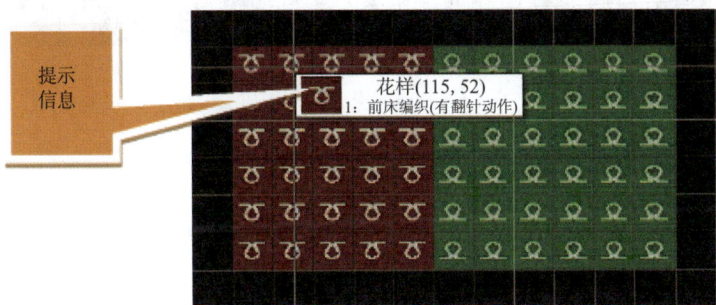

图2-43　信息提示

12．模拟组织 🔲

鼠标左键单击图标 🔲，图标 🔲 被选定，功能开启，花样图、组织图以及编织效果显示出来，度目图和功能作图区则显示色块、色号；再次单击图标 🔲 则不再显示模拟组织。系统默认开启此功能，系统保存该功能的开/关状态，如图2-44所示。

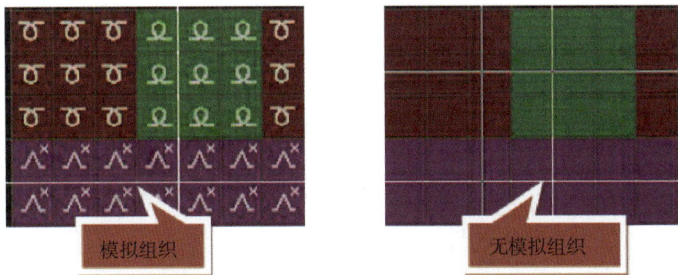

图2-44　模拟组织显示

13．中心线 ✛

中心线 ✛ 主要配合对称画图功能使用。使用时鼠标左键单击图标 ✛，图标 ✛ 被选定，中心线功能打开（再次点击则功能关闭），圈选作图区目标区域，在右键菜单中选择"重设中心线"。奇数宽度的圈选区显示两条中心线；偶数宽度的圈选区显示一条中心线。系统默认关闭此功能，系统保存该功能的开/关状态，如图2-45所示。

---

❶　专用名词，指无虚线提花。

图2-45　中心线显示

14．对称绘图 ⚞

绘图时支持对称处理，支持画笔、折线、直线、曲线、矩形、填充的矩形、椭圆、填充的椭圆、菱形、填充的菱形等绘图工具。系统默认关闭此功能，系统保存该功能的开/关状态，如图2-46所示。

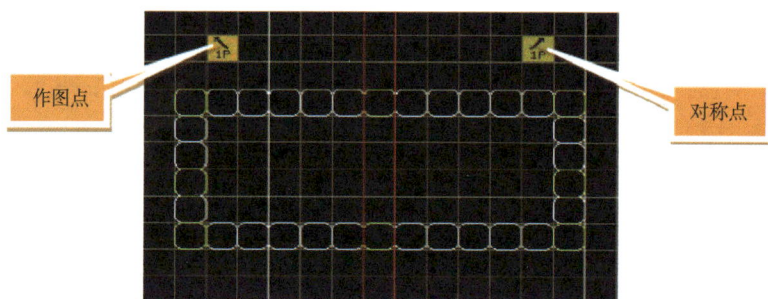

图2-46　对称绘图

操作步骤如下：

（1）打开中心线开关。

（2）圈选目标后右键菜单重设一条中心线。

（3）鼠标左键单击对称绘图图标 ⚞，图标 ⚞ 被选定，功能开启（再次点击则功能关闭）。

（4）基本绘图处理。

"对称绘图"的色码是否进行转换，是由是否勾选高级→设置→绘制里的"开启镜像颜色变化"决定的。

15．蒙板 🖼

方便同时查看花样图层和区域图层，通常用于鞋面区域图，如图2-47所示。

"按住Tab键切换显示图层"：在花样组织度目图层长按"Tab"键，则显示区域图层内容，如图2-48所示。

图2-47　蒙板设置

图2-48　区域图层显示

"显示区域初始位置"：鞋面对比时使用，显示修改前区域的原始位置，如图2-49所示。

图2-49　原始区域显示

"尺标"：不勾选"按住键切换显示图层"有效，改变当前图层的透明度，可同时显示多个图层内容，如图2-50所示。

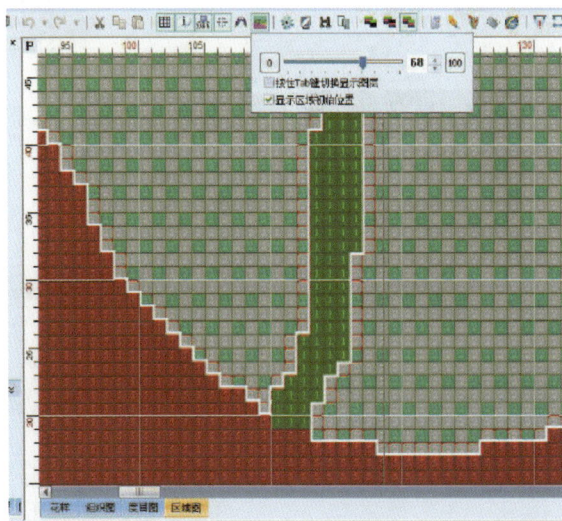

图2-50　标尺设置

16．颜色选择 ❀

选择一个或多个颜色作为一个组合。该功能本身并不做任何处理，需与当前颜色 ▣、非当前颜色 ▣ 配合使用。点击该图标 ❀ 后，弹出【颜色选择】对话框，可以在作图色码区或花样中通过单击鼠标选择颜色，如果该颜色已经在选择列表中，则会删除掉该颜色。在对话框中双击已选择的颜色，则会删除掉该颜色。可以通过"全部清除"一次性的删掉所有选择列表中的颜色，如图2-51所示。

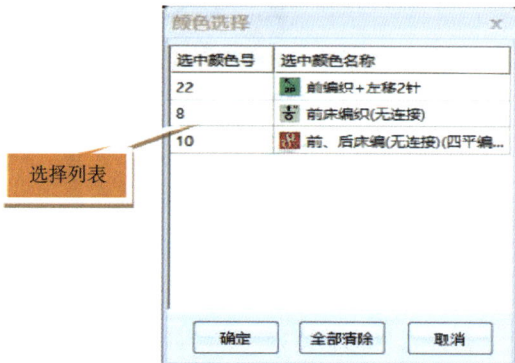

图2-51　色码选择

17．屏蔽色 ◢

屏蔽色用来设置绘图过程中不被覆盖的色码，在画笔、折线、直线、曲线、矩形、填充的矩形、椭圆、填充的椭圆、菱形、填充的菱形等绘图工具中有效。点击该图标 ◢ 后，弹出【屏蔽色】对话框，可以在作图色码区或花样中单击鼠标选择颜色，如果该颜色已经在选择列表中，则会删除掉该颜色。在对话框中双击已选择的颜色，则会删除掉该颜色。可以通过"清空"一次性的删掉所有选择列表中的颜色，如图2-52所示。

图2-52　屏蔽色设置

18．颜色查找 🔍

查看作图区所有色码。有圈选区时，仅列出圈选框内色码。点击选择颜色查找列表中某个颜色，然后单击【上一个】或【下一个】，可对作图区或圈选区内颜色逐个查找，如图2-53所示。

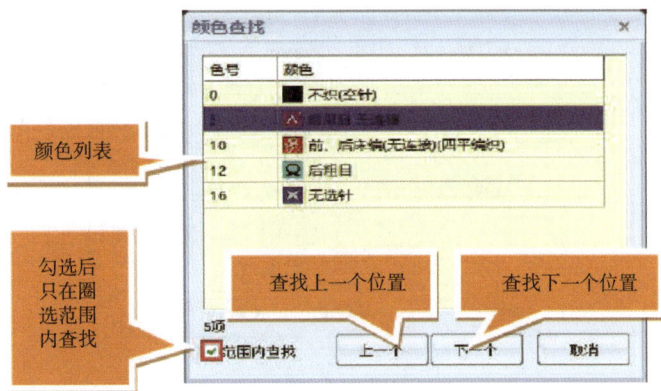

图2-53　颜色查找

19．模块替换

模块替换用于色块的替换。替换与被替换的模块大小必须完全相同。通过选择框来获取替换与被替换的模块。

操作过程：

（1）在作图区圈选被替换的模块，如图2-54所示。

图2-54　选择被替换模块

（2）点击模块替换图标，弹出【模块替换】对话框，点击【找到】得到如图2-55所示结果。

（3）圈选替换模块，点击【替换成】得到如图2-56所示结果。

（4）点击【开始替换】（若勾选"范围内替换"，则替换过程只在圈选范围内进行，否则在整个作图区进行替换），弹出替换成功提示，点击【确定】，如图2-57所示。

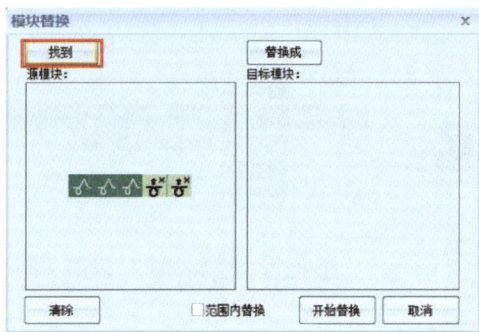

图2-55　查找被替换模块

图2-56　模块替换

图2-57　模块替换成功提示

（5）点击【清除】按钮，可以重新设定模块内容，如图2-58所示。

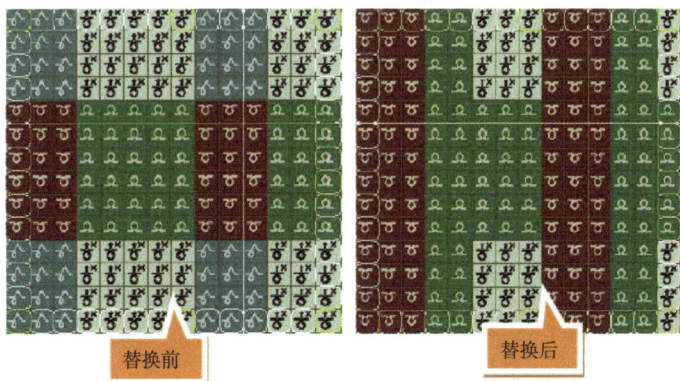

图2-58　模块替换清除

20. 当前颜色

仅复制当前颜色以及颜色选择配合使用，如图2-59所示。

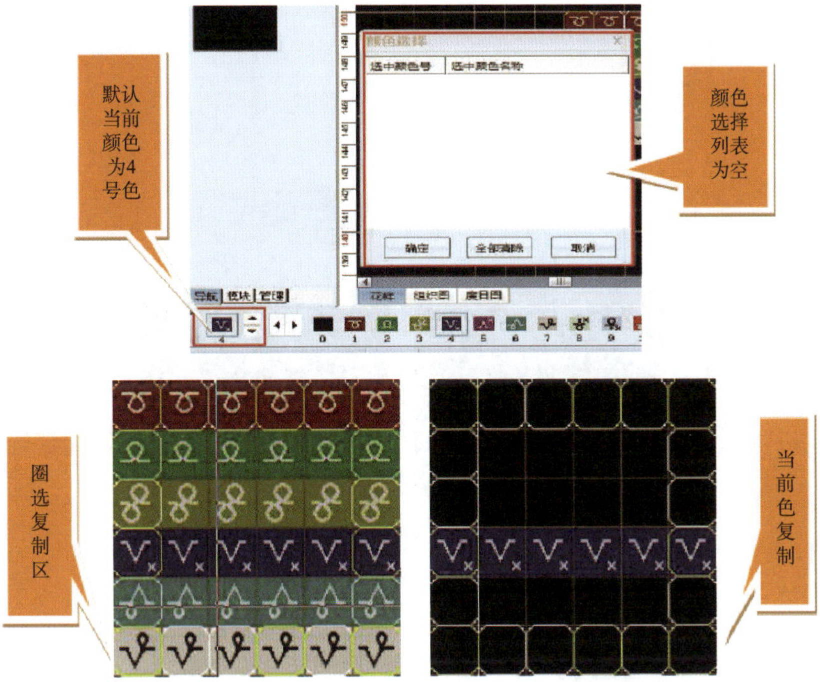

图2-59　当前颜色复制

操作过程：

（1）先圈选需要复制的区域。

（2）鼠标左键单击【当前颜色】图标，图标被选定，功能开启（再次单击则功能关闭，系统默认记忆关闭花型文件时的该图标状态）。

（3）然后单击圈选区内任意位置，拖动光标至目的地（若该过程同时按住Ctrl键，则为剪切过程），再次单击即可完成复制。也可通过菜单栏里的圈选区剪切、圈选区复制、粘贴完成。或者在圈选区内单击鼠标右键，使用剪切、复制、粘贴完成。

当颜色选择列表中没有色码时，系统默认作图色码区色码为当前颜色。

如果颜色选择列表中有色码时，则当前颜色为列表中的所有色码，复制结果如图2-60所示。

21. 非当前颜色

复制除当前色外的所有颜色，与颜色选择配合使用，如图2-61所示。

操作过程：

（1）先圈选需要复制的区域。

（2）鼠标左键单击【非当前颜色】图标，图标被选定，功能开启（再次单击则功能关闭，系统默认记忆关闭花型文件时的该图标状态）。

（3）然后单击圈选区内任意位置，拖动光标至目的地（若该过程同时按住"Ctrl"键，

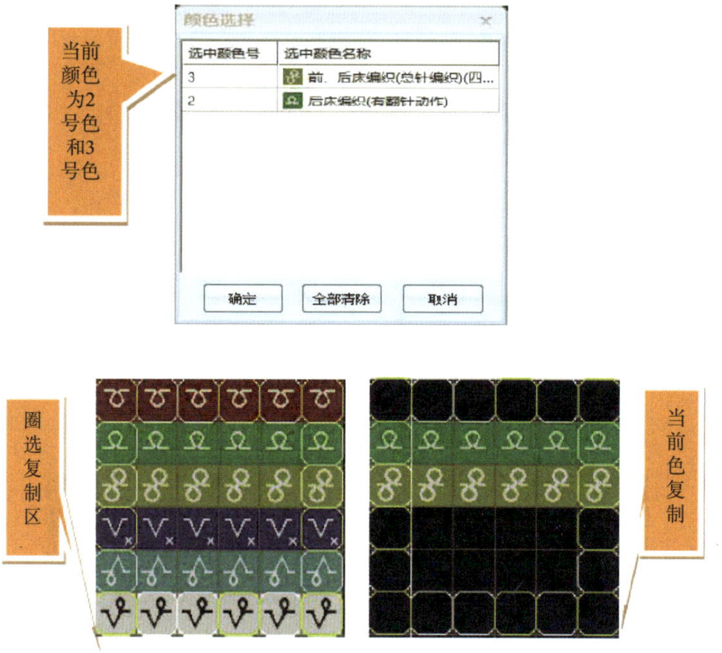

当前颜色为2号色和3号色

圈选复制区

当前色复制

图2-60 列表中的色码复制

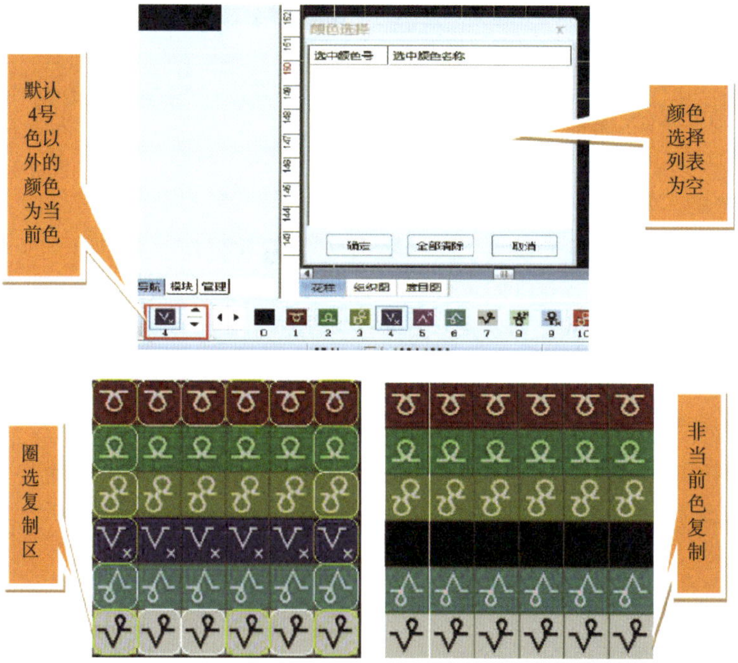

默认4号色以外的颜色为当前色

颜色选择列表为空

圈选复制区

非当前色复制

图2-61 非当前颜色复制

则为剪切过程），再次单击即可完成复制。也可通过菜单栏里的圈选区剪切、圈选区复制、粘贴完成。或者在圈选区内单击鼠标右键，使用剪切、复制、粘贴完成。

当颜色选择列表中没有色码时，系统默认作图色码区色码以外的颜色为当前颜色。

如果颜色选择列表中有色码，则当前颜色为列表中所有色码以外的颜色，复制结果如图2-62所示。

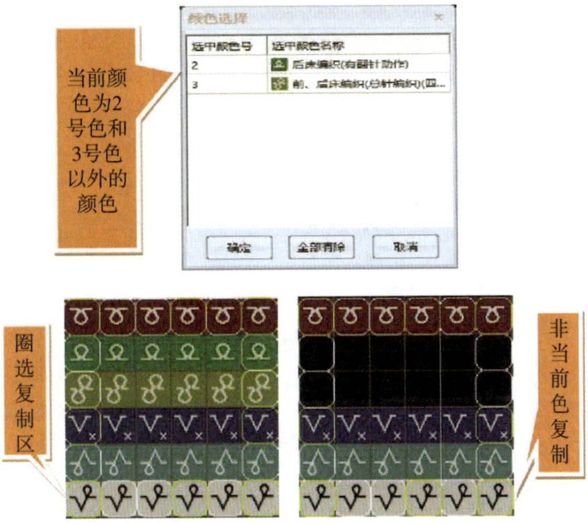

图2-62 列表以外颜色的复制

22. 所有颜色

一般复制，使用方法同复制，即复制圈选区内所有颜色。鼠标左键单击【所有颜色】图标，图标被选定，功能开启。再次单击则功能关闭，系统默认记忆关闭花型文件时的该图标状态。

23. 计算器

单击图标后可直接调用系统的计算器。

24. 抠图工具

处理图片后，直接转化为制板，常用于鞋面菲林稿处理，详情见抠图设计说明。

25. 画图板

单击该图标后可直接调用系统的画图工具。

26. 文件夹

如果没有新建花样，或者新建花样未保存，单击该图标后则进入软件安装目录，如果是打开保存过的花样，单击后则进入该花样保存的目录。

27. 浏览器

单击该图标后自动进入琪利abc论坛主页（电脑已联网）。

28. 自动生成动作文件

单击图标弹出如图2-63所示界面，同时可在"菜单栏→横机→自动生成动作文件"中打开。

29. 纱嘴方向显示

单击【纱嘴方向显示】图标，光标停留在作图区花样行上会显示为左右箭头，落在布行不显示左右箭头，其在功能线215第一列填上255号色码表示落布，最后一列不填色码，花样其余行在最后一列上会自动生成1、2号色码，1表示机头右行，2表示机头左行。当对花样进行加减行处理，点击图标 可以重新获得正确的纱嘴方向、机头方向。图标 也可在"菜单栏→横机→纱嘴方向显示"中打开，如图2-64所示。

图2-63　制板文件编译

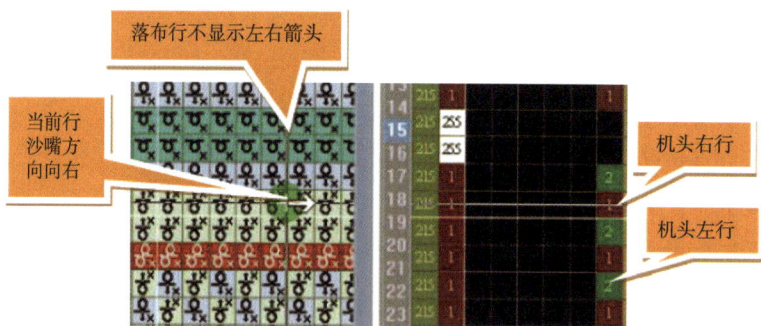

图2-64　纱嘴方向显示

30. 纱嘴系统设置

该图标 可在"菜单栏→横机→纱嘴系统设置"中打开，也可点击【自动生成动作文件】图标 ，在生成的界面左下角点击"纱嘴设置"，弹出纱嘴系统设置界面。

31. 发送花样

发送花样到指定的文件夹。花样必须已经编译，否则点击该图标 时弹出对话框提示"请先编译"。该图标 可在"菜单栏→横机→发送花样到"中打开。

32. **工艺单**☼

该图标☼可在"菜单栏→横机→工艺单"中打开。详见工艺单成型。

33. **背面描绘**▓

详情见局部提花部分。

34. **仿真预览**▲

对当前花型进行仿真预览，无须编译便可预览仿真图。

35. **编译信息**⚙

查看编译信息。点击【自动生成动作文件】图标⚙，完成编译后，该图标变亮。当用户关掉编译界面后可点击该图标恢复。

36. **PAT编辑器** PAT

查看花样具体编织动作信息。该界面也可通过编译信息界面点击【EDIT】打开，如图2-65所示。

图2-65 编织动作查看

37. **秒传上传**☁

可将当前花样传给对方，步骤如下，如图2-66所示。

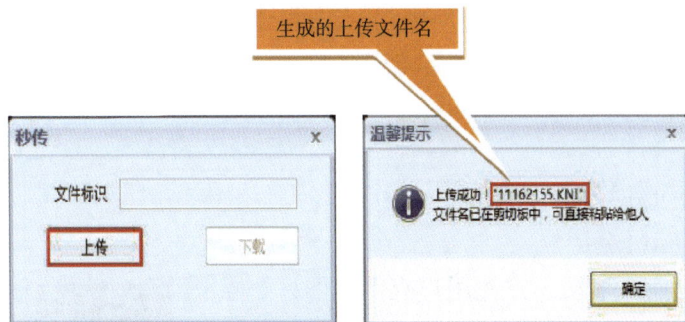

图2-66 制板文件秒传

（1）点击【秒传上传】按钮，弹出秒传界面，点击【上传】，生成一个随机的文件名。

（2）将这个文件名发给对方。

（3）对方将这个文件名输入到秒传下载窗口，点击【下载】即可下载花样。

38. **秒传下载**⬇

下载对方秒传的花型文件步骤如下，如图2-67所示。

图2-67 秒传文件下载

（1）点击【秒传下载】图标 ，在弹出的界面中输入对方发送的文件名，点击【下载】。

（2）当剪切板已有内容时，自动下载，不需要输入文件名。

39. 条码管理 ||||||

通过条码枪扫描条码，配合订单管理使用。可以通过订单条码对文件进行保存或读取，可以通过订单文档管理模块进行管理，如图2-68所示。

（1）"条码扫描"用条码枪扫描条码。

（2）"保存KNI"将花型KNI文件保存到相应的订单中。

（3）"打开KNI"从指定的订单中打开花型KNI文件。

图2-68 条码管理

（4）"导入工艺"从指定的订单中导入工艺rnf文件。

40. 帮助 ?

对软件里的图标工具进行使用说明介绍。点击相应的工具图标后再点击【帮助】图标 ?，弹出帮助界面，详细介绍该工具的作用、使用方法。

二、绘图工具

绘图工具介绍如图2-69所示。

1. 移动工具（M）

对画布进行拖拽、移动，方便用户查看作图区。点击图标 ，在作图区长按鼠标左键对作图区进行拖拽、移动，使用其他工具时，也可以长按鼠标右键进行拖拽、移动。

2. 选取选择框（A）

选取范围以备对其进行编辑。鼠标左键点击图标 ，在作图区起始点鼠标左键单击一次并放开，拖动光标至图形结束点处单击左键结束（若拖动光标至任意位置后单击鼠标右键则圈选范围取消），在拖动光标过程中作图区会显示圈选区的大小，如图2-70所示。

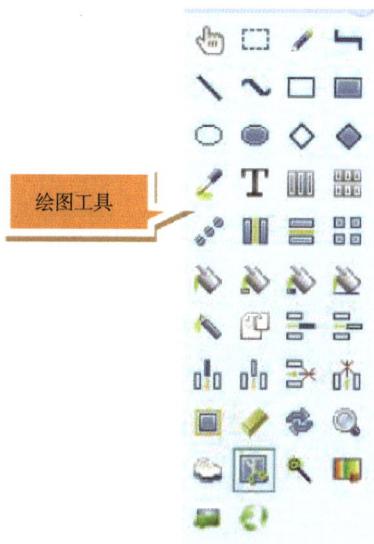

绘图工具

图2-69 绘图工具显示

点选【高级（T）】，在下拉菜单中选择【设置（O）】，打开系统设置对话框，在【绘制】页面勾选"开启框选拖拽特征"选项，则可以对已框选的范围进行调整。左键单击框选区闪烁的顶点或中点，并按住不放，移动鼠标，则可以调整框选区的大小，如图2-71所示。

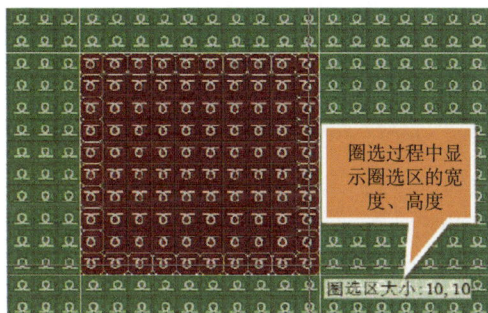

图2-70　选择工具使用

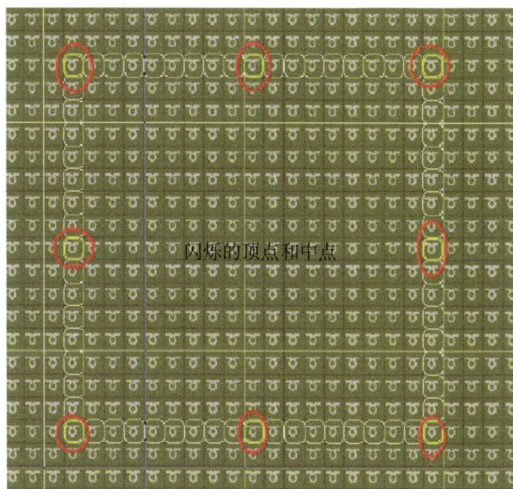

图2-71　选择范围调整

圈选可在功能线作图区使用，最小圈选范围为1个单元格，按键盘【Esc】键取消已选定的圈选区。确定圈选区后，在圈选区内鼠标左键单击并放开，拖动光标至目标位置再次单击鼠标左键，可复制圈选区的内容。若在拖动过程中同时按住【Ctrl】键，则实现剪切圈选区内容的效果，如图2-72所示。

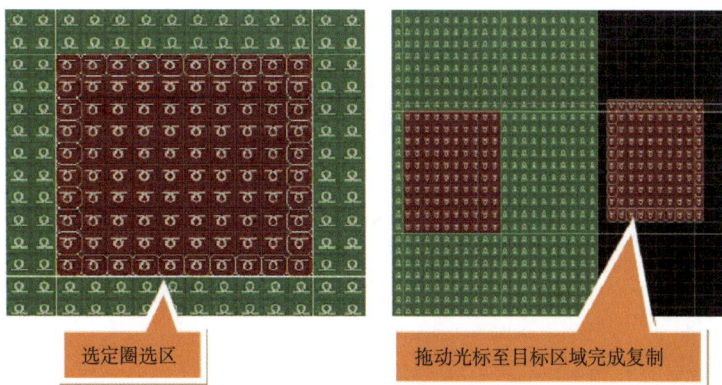

图2-72　圈选复制

3. 笔粗

在调色板上可设置画笔、折线、直线、曲线工具的粗细，如图2-73所示。

4. 画笔（I） 🖊

自由绘制点或曲线。作图区鼠标左键单击一次为一个点，按住左键不放拖动光标则可以画出连续线段，到目标位置后释放左键。

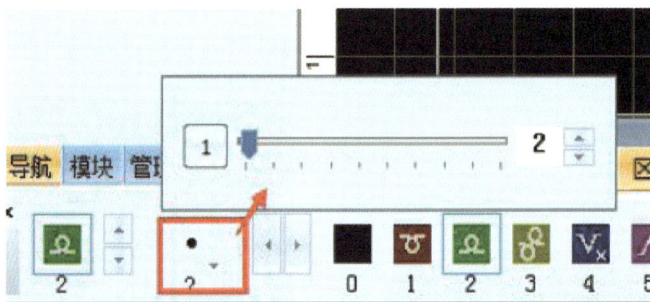

图2-73 笔粗设置

5. **折线（S）**⌐

光标移至作图区起始点，鼠标左键单击起始点，拖动光标即可绘制折线，在目标新线段出现的每个位置左键单击一次，双击鼠标左键结束。单击鼠标右键或按键盘【Esc】键可取消操作。

6. **直线（L）**＼

光标移至作图区起始点，单击鼠标左键拖动光标至结束点再单击左键完成。单击鼠标右键或按键盘【Esc】键可取消操作。鼠标右键单击图标＼，弹出属性设置界面，如图2-74所示。

图2-74 直线工具参数设置

（1）实心直线，如图2-75所示。

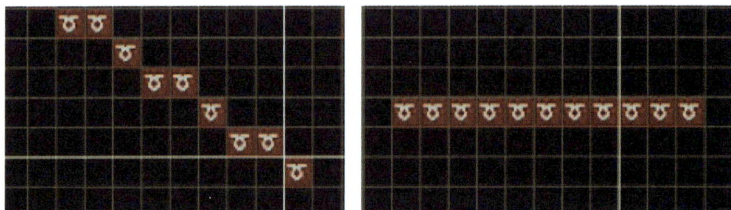

图2-75 实心直线工具效果显示

（2）1×1直线，如图2-76所示。

7. 曲线（L）~

可描绘任意弧度曲线，作图方法如下：

（1）鼠标左键单击作图区任意一点作为曲线的起始点。

（2）再到另一位置单击鼠标左键，确定曲线终点。

（3）拖动光标至目标位置，左键双击即可完成一条曲线绘制。

图2-76 1×1直线效果显示

若绘制连续曲线，第三步则左键单击，此时第二步确定的点为第二条曲线起始点，移动光标至目标位置左键双击完成第二条曲线绘制。绘制N条连续曲线依此类推，如图2-77所示。

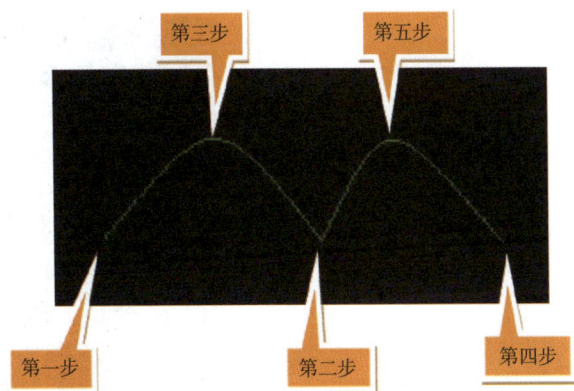

图2-77 曲线绘制步骤

8. 矩形（J）□

作图区鼠标左键点击确定矩形的一个顶点，沿对角线方向拖动光标，左键单击完成矩形绘制。在拖动光标过程中同时按住【Shift】键可以画出一个正方形，如图2-78所示。

图2-78 矩形设置

鼠标右键单击图标□，弹出属性设置界面：

（1）直接输出矩形，如图2-79所示。

图2-79 矩形输出

（2）同心矩形，如图2-80所示。

此功能对填充的矩形、填充的椭圆形同样适用。

9. 填充的矩形（R）

作图区鼠标左键单击矩形的一个顶点并放开，沿对角线方向拖动光标，左键单击完成填充矩形。在拖动光标的同时按住【Shift】键，可以画出一个填充正方形。

10. 椭圆形（H）

作图区鼠标左键单击椭圆形的一个顶点并放开，沿对角线方向拖动光标，左键单击完成椭圆形绘制。在拖动光标的同时按住【Shift】键可以画出一个圆形。

图2-80 同心矩形绘制

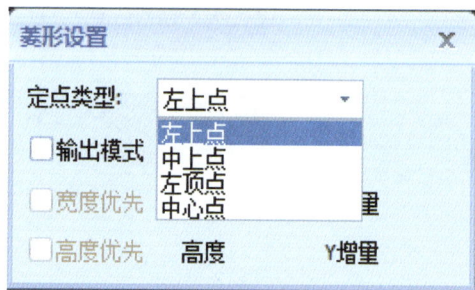

11. 填充的椭圆形（E）

作图区鼠标左键单击椭圆形的一个顶点并放开，沿对角线方向拖动光标，左键单击完成填充椭圆形。在拖动光标的同时按住【Shift】键可以画出一个填充正圆形。

12. 菱形（G）

作图区鼠标左键单击菱形的一个顶点并放开，沿对角线方向拖动光标，左键单击完成菱形。在拖动光标的同时按住【Shift】键可以画出一个正菱形。

鼠标右键单击图标 ，弹出属性设置界面，如图2-81所示。

左上点、中上点、左顶点、中心点指的是绘制菱形时的起始点。

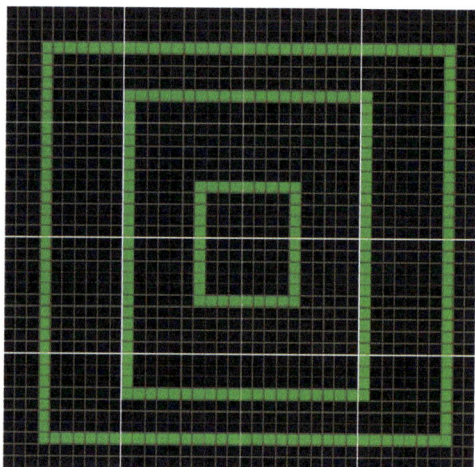

图2-81 菱形设置

13. 填充的菱形（D）◆

作图区鼠标左键单击菱形的一个顶点并放开，沿对角线方向拖动光标，左键单击完成填充的菱形。在拖动光标的同时按住【Shift】键可以画出一个填充的正菱形。

14. 选取颜色（P）

取图形中的某一颜色为当前色块，单击后自动获取当前鼠标点所在的色码为选定的颜色。

15. 文字（T）T

鼠标左键单击该图标 T，在作图区任意位置左键单击一次，出现文字窗口。在输入框中输入文字，直接在作图区任意位置左键单击一次，输入的文字伴随光标移动，再次左键单击目标位置即可完成文字输入，如图2-82所示。

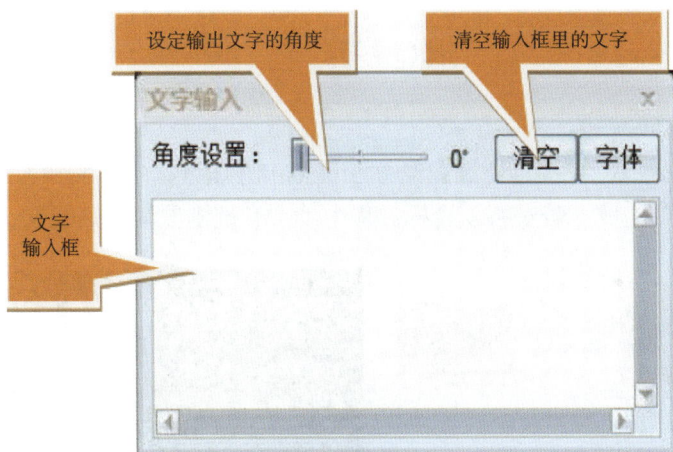

图2-82 文字输入框

当左键单击"字体"按钮，弹出设置界面，输入文字后，可以设置字体，设置完后单击确定保存，然后在操作页面点击左键，文字将会出现在操作页面上，编辑完成，如图2-83所示。

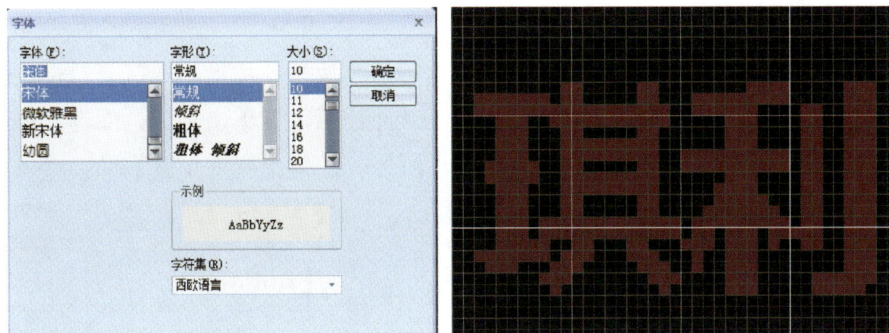

图2-83 文字导入

16. 线形复制（B）▊▊▊

圈选要复制的区域，在圈选范围内鼠标左键单击并放开，移动光标至目标位置左键单击即可完成，若在移动光标过程中单击右键则取消线形复制，如图2-84所示。

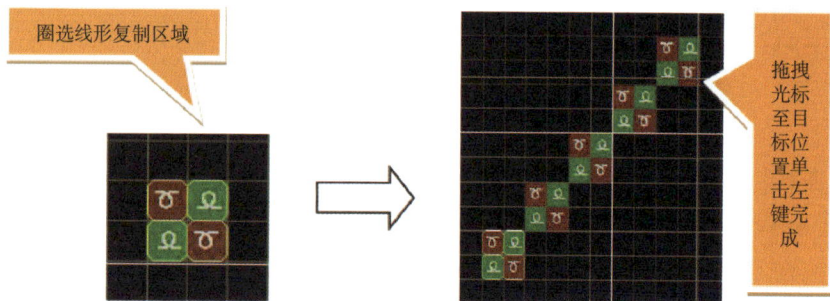

图2-84　线形复制操作方法

17. 阵列复制（K）▦

圈选要复制的区域，在圈选范围内鼠标左键单击并放开，沿对角线方向拖动光标至目标位置，单击左键即可完成，若在移动光标过程中单击右键则取消阵列复制，如图2-85所示。

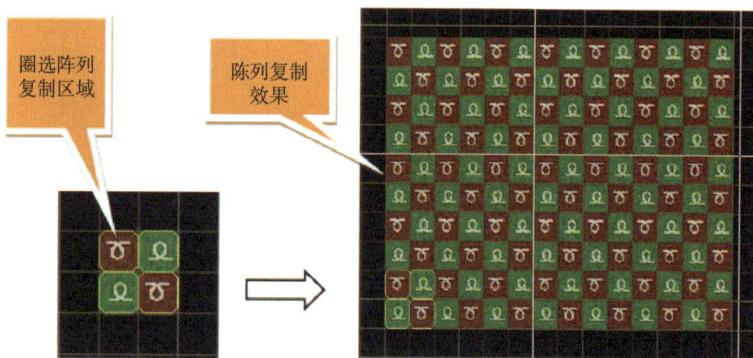

图2-85　阵列复制操作方法

18. 多重复制（N）

圈选要复制的区域，在圈选范围内鼠标左键单击并放开，拖动圈选区至目标位置，左键单击完成方向定义和第一次复制，然后在绘图区其他任意位置单击左键，圈选区将按照定义的方向复制，单击一次复制一次。鼠标右键单击图标，弹出属性设置界面，可直接设置重复次数，如图2-86所示。

19. 水平镜像（X）▊▊

作图区圈选目标区域，左键单击图标▊▊后单击圈选区的镜像图，拖动光标至目标位置再次左键单击即可完成，其镜像后的效果如图2-87所示。

当在"高级→系统设置→绘制"中勾选"开启镜像颜色变化"后，镜像时自动转换相关色码，如果不需要则取消勾选。该功能同时适用镜像复制。

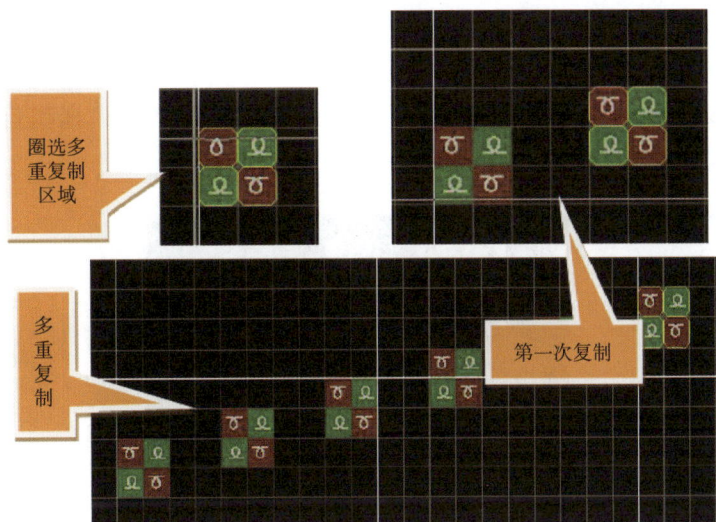

图2-86 同心矩形绘制

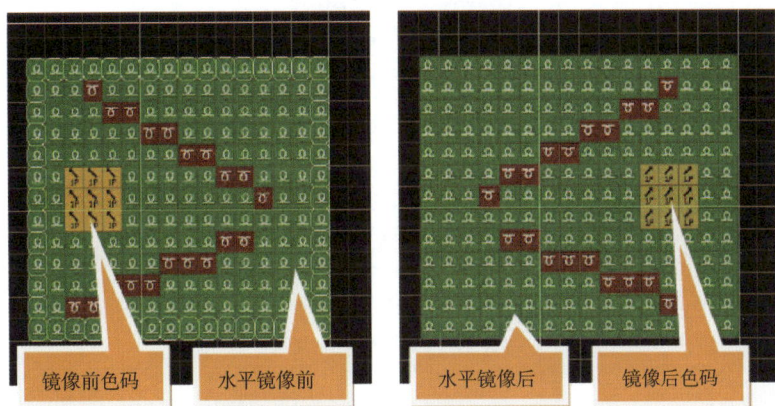

图2-87 水平镜像

20. 垂直镜像

作图区圈选目标区域，左键单击图标后单击圈选区的镜像图，拖动光标至目标位置再次左键单击即可完成，如图2-88所示。

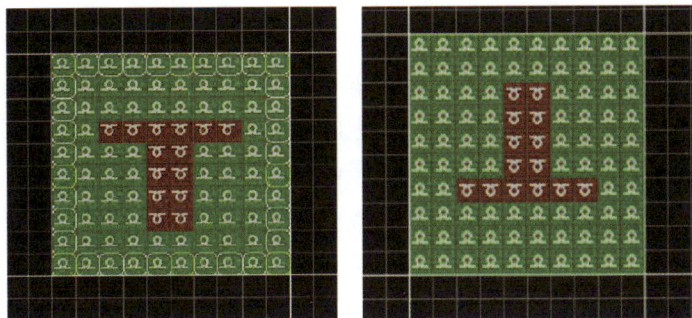

图2-88 垂直镜像效果

21. **镜像复制** ⊞⊞

只能对圈选区域进行上、下、左、右镜像复制。

作图区圈选目标区域，左键单击图标⊞⊞后单击圈选区的镜像图，拖动光标至目标位置再次左键单击即可完成，如图2-89所示。

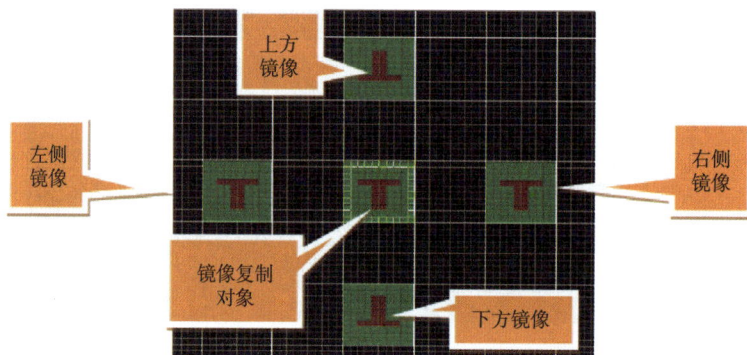

图2-89　镜像复制解析

22. **填充（F）** 🖌

用当前色码对圈选区或封闭的色块区进行填充。鼠标右键单击图标🖌，弹出属性对话框，如图2-90所示。

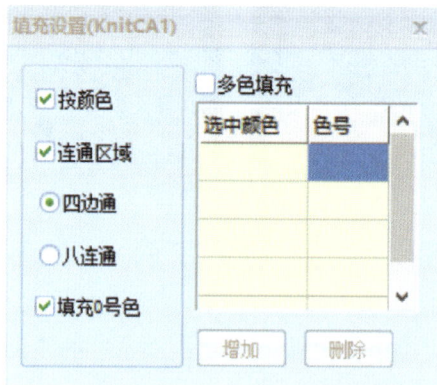

图2-90　填充设置

（1）"按颜色"：填充连续的同色码区域，不勾选则填充圈选范围。

（2）"连通区域"：仅填充连通的相同色码区域，否则填充框选区相同色码。

（3）"填充0号色"填充圈选区内全部0号色，否则不能填充0号色。

（4）"多色填充"：使用当前色填充颜色列表中连通区域。只能通过"增加"和"删除"按钮，增加和删除色码。

23. **填充复制区** 🖌

用复制的小图形填充圈选区域或同色码区域，如图2-91所示。步骤如下：

图2-91 填充复制区

（1）绘图区圈选准备用作填充的图形。

（2）复制该圈选区。

（3）圈选待填充的区域。

（4）鼠标左键单击填充复制区图标，再左键单击待填充圈选区或同色码区内任意一点即可完成。

鼠标左键单击图标，弹出属性设置界面，如图2-92所示。

"按颜色"：填充连续的同色码区域，不勾选则填充圈选范围（若没圈选范围则填充整个绘图区）。

"连通区域"：勾选则仅填充连通的色码区，否则填充相同色码。

"填充0号色"：填充填充区内的0号色码，不勾选则不填充。

"模块完整性"：以鼠标左键单击填充区的点为起点，用整个复制区图形向周边扩展填充，勾选后，当填充区边缘内位置不足时不填充，否则边缘以不完整的复制区图形进行填充，

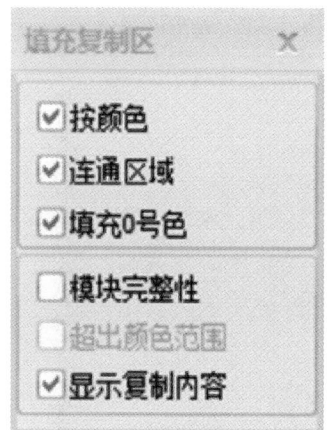

图2-92 填充复制设置

如图2-93所示。

图2-93　模块完整性显示

"超出颜色范围"：在勾选"模块完整性"后才能使用该选项，勾选后，当填充区边缘内不能填充完整的复制区图形时，会占用填充区外位置来填充完整的复制区图形，如图2-94所示。

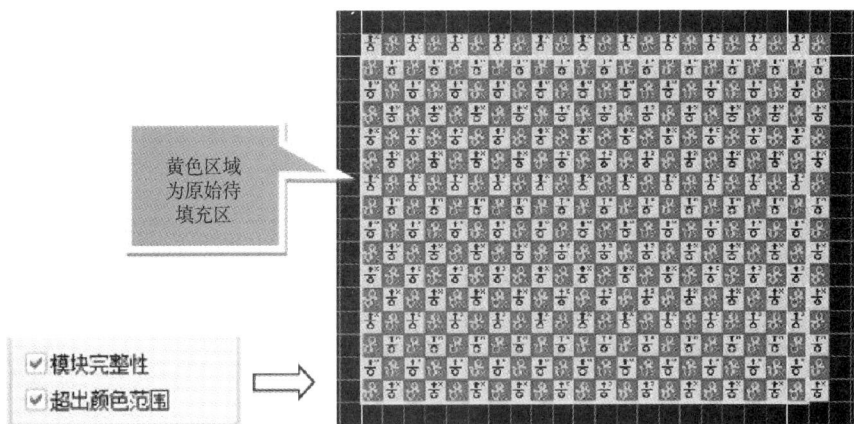

图2-94　超出颜色范围效果显示

24. 换色（Q）

替换圈选区内（或外）的色码，如果没有圈选区则默认对绘图区所有色码进行替换，如图2-95所示。操作步骤：

圈选待处理区域，鼠标左键单击图标，单击圈选区域内（或外），弹出换色对话框，区域内（或外）色码被列出；输入替换色码确定即可。

25. 填充行/列

选择色块对一行/列进行填充。当在圈选区域内填充时，填充的宽度（或高度）为圈选区的宽度（或高度）。

鼠标右键单击图标，弹出属性设置窗口，如图2–96所示。

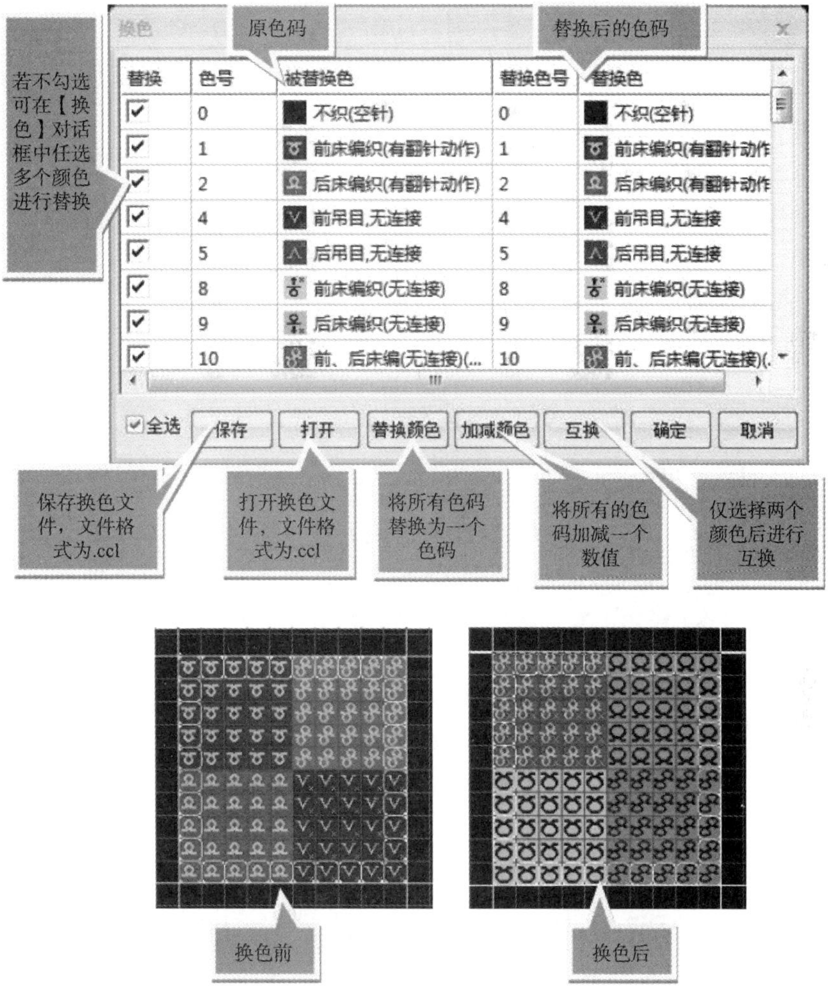

图2–95　换色操作

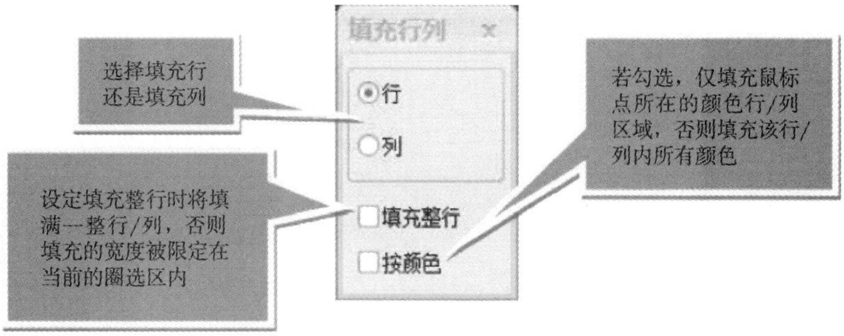

图2–96　填充列设置

26. 喷枪 ✎

对圈选的区域进行随机喷涂。喷涂的疏密程度与鼠标拖动的速度有关。鼠标左键单击图标 ✎ 选择该工具，在绘图区圈选一个目标范围，左键单击在范围内任一点进行随机喷涂，或者按住左键不放并拖动鼠标，在范围内进行连续喷涂。

鼠标右键单击图标 ✎，弹出属性设置界面，如图2-97所示。

（1）"常规"：每次喷枪时，喷枪的半径范围和密度。

（2）"渐变"：左键单击选择渐变的起点，再次单击确定渐变的终点，起点和终点的密度分别由密度1和密度2决定，如图2-98所示。

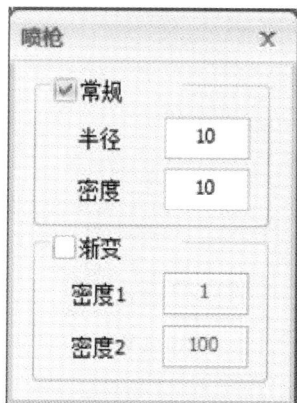

图2-97　喷枪工具属性设置

图2-98　喷枪密度设置

27. 调整大小 ▣

调整当前画布的大小。

鼠标左键单击图标 ▣，弹出属性设置窗口，如图2-99所示。

28. 插入行（W）▤

行复制功能，插入与光标行相同的行。包括功能线、组织图、度目图都同时被复制插入，该功能对插入空行、插入列、插入空列同样有效。

鼠标右键单击图标 ▤，弹出属性设置界面，当绘图区没有圈选区域时，如图2-100所示。

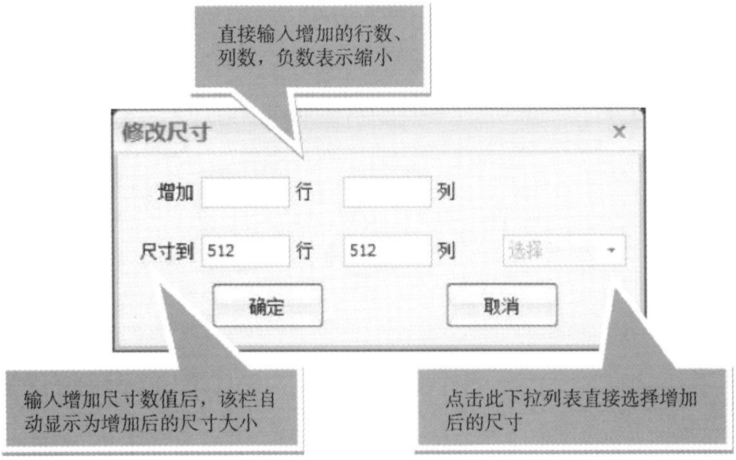

直接输入增加的行数、
列数，负数表示缩小

修改尺寸

增加 □ 行 □ 列

尺寸到 512 行 512 列 选择 ▾

确定 取消

输入增加尺寸数值后，该栏自
动显示为增加后的尺寸大小

点击此下拉列表直接选择增加
后的尺寸

图2-99 画布大小调整

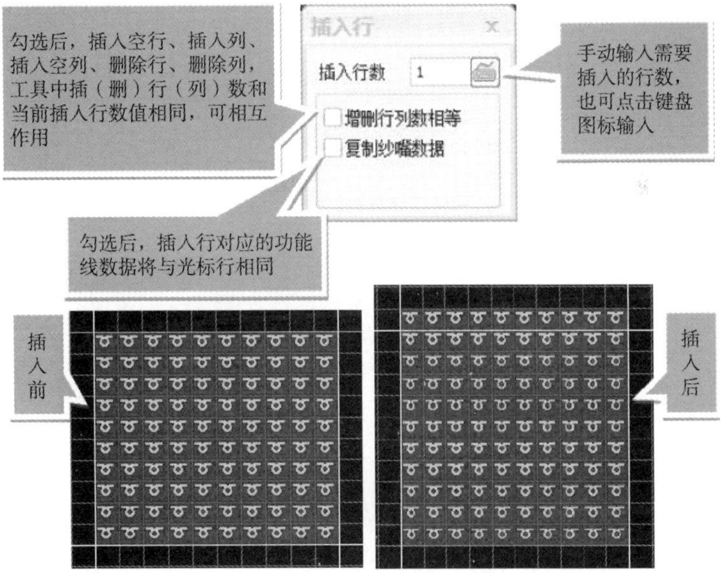

勾选后，插入空行、插入列、
插入空列、删除行、删除列，
工具中插（删）行（列）数和
当前插入行数值相同，可相互
作用

插入行

插入行数 1 ⌨

□增删行列数相等
□复制纱嘴数据

手动输入需要
插入的行数，
也可点击键盘
图标输入

勾选后，插入行对应的功能
线数据将与光标行相同

插入前

插入后

图2-100 插入行操作

当绘图区有圈选区域时，如图2-101所示。

29. 插入空行（U）

在当前光标所在行的下一行插入空行（0号色行）。

鼠标右键单击图标，弹出属性设置窗口，如图2-102所示。

当绘图区有圈选区域时，如图2-103所示。

（1）一隔一插入空行效果，如图2-104所示。

插入方式为从圈选区起始行开始插入，先出入一行空行，然后一隔一插入一个空行。

（2）"局部拆分"：勾选后仅对圈选区内的行进行拆分，否则拆分整行，局部拆分效果如图，如图2-105所示。

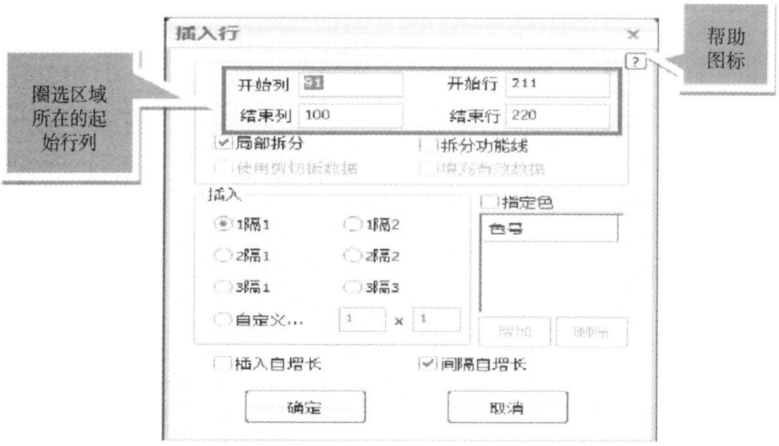

图2-101　插入行圈选区信息显示

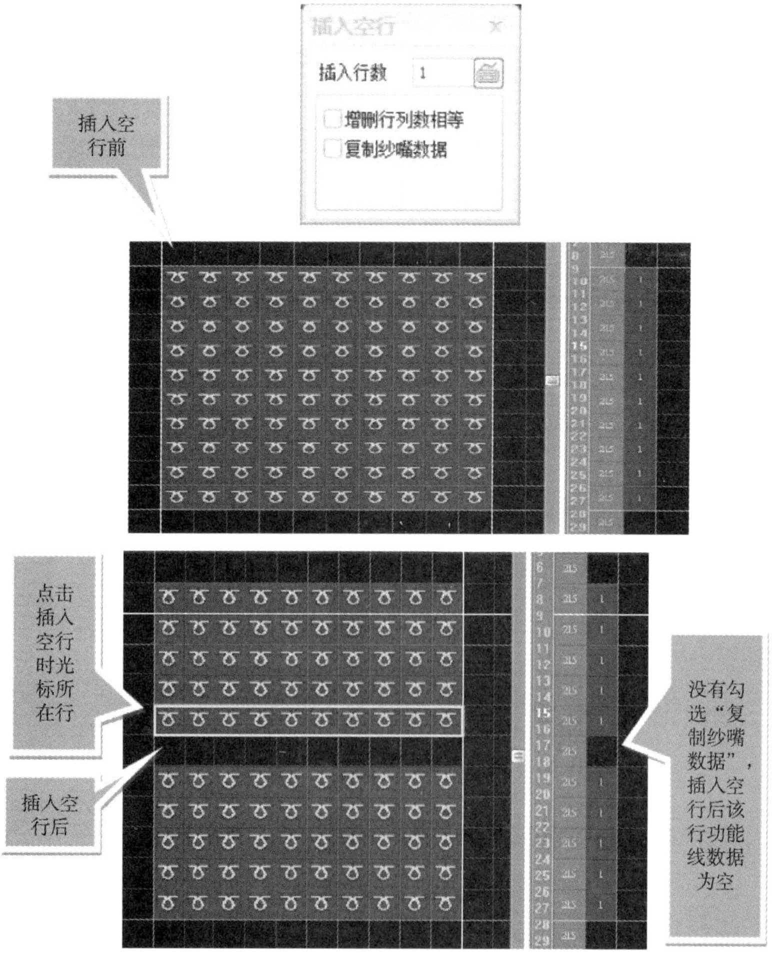

图2-102　插入空行

图2-103　插入空行圈选区信息显示

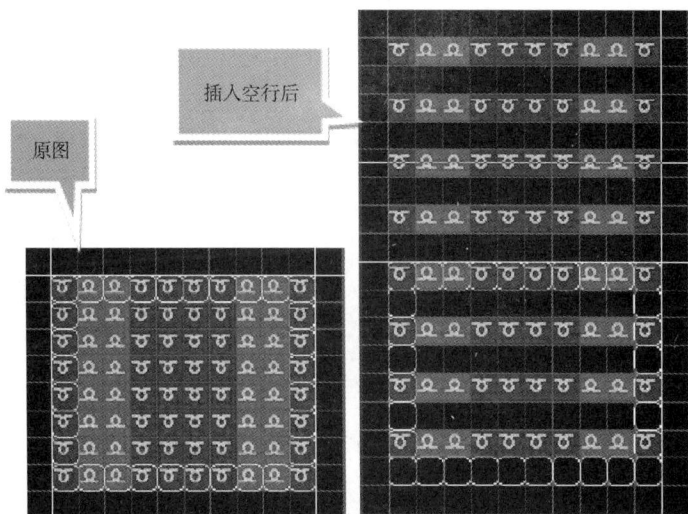

图2-104　一隔一插入空行效果

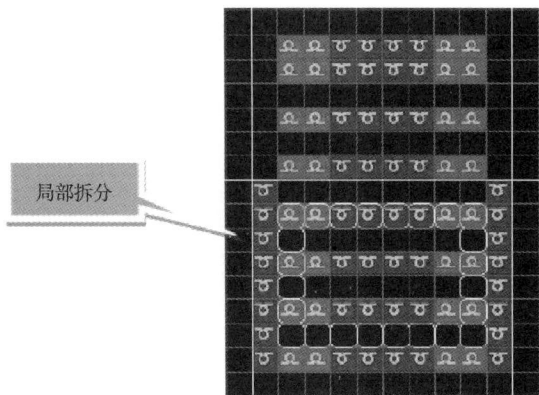

图2-105　局部拆分

（3）"拆分功能线"：勾选后同时对功能线进行拆分处理，否则只拆分花样图、组织图、度目图，效果如图2-106所示。

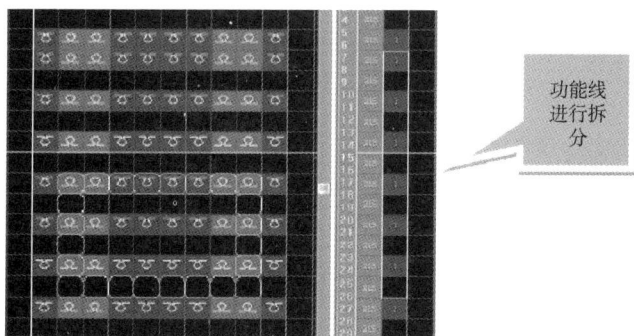

图2-106　拆分功能线设置

（4）"使用剪切板数据"：勾选后，先设定粘贴板数据，则将粘贴板的图形填充到拆开的空行中，效果如图2-107所示。

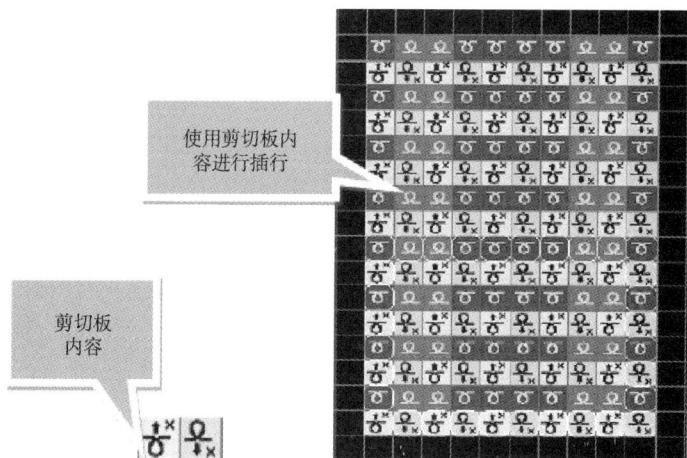

图2-107　剪切板数据使用

（5）"填充有效数据"：勾选"使用剪切板数据"后此功能才能使用，用来将粘贴板上的小图填充到由非0号色码包围的空行区内，效果如图2-108所示。

（6）"指定色"：根据指定的色码，在该色码行上一行插入相应的行数，行数由插入类型设定。其中：

"增加"：增加输入指定的色码。

"删除"：删除选定的色码，效果如图2-109所示。

（7）"插入自增长"：对圈选区进行空行插入时，分别以1，2，3，4……的空行插入数进行插入，直到将圈选区拆分完为止。

（8）"间隔自增长"：用相同的空行数对圈选区域进行1，2，3，4……间隔形式的拆分，直到将圈选区拆分完成。

两种拆分方式的效果如图2-110所示。

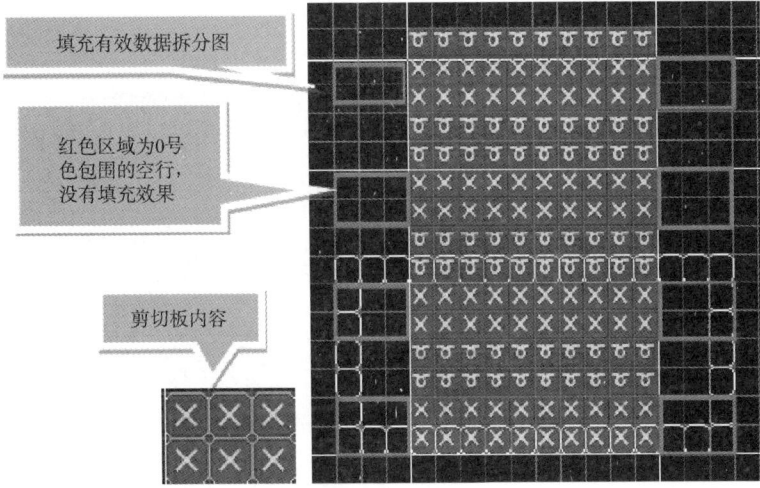

图2-108　填充有效数据图示

图2-109　用指定色拆分

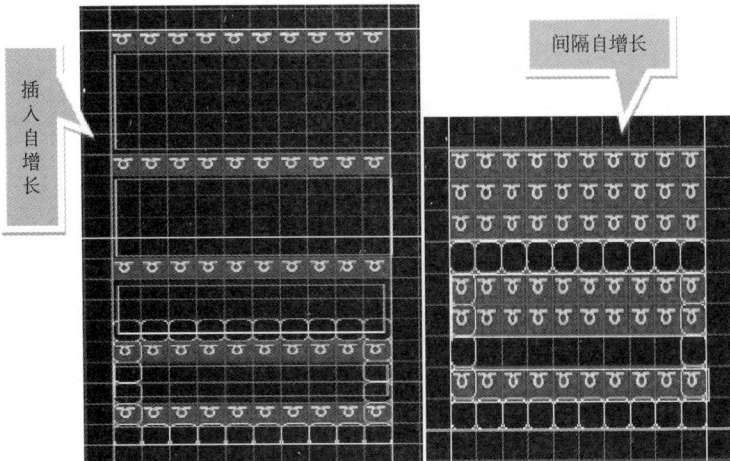

图2-110　两种拆分方式效果对比

（9）"V领拆行"：勾选后只有插入模式设置有效，V领拆行以圈选区的中心线为基准，对左右两边进行V领拆行。其中左右领纱嘴是设置左右两边的纱嘴，效果如图2-111所示。

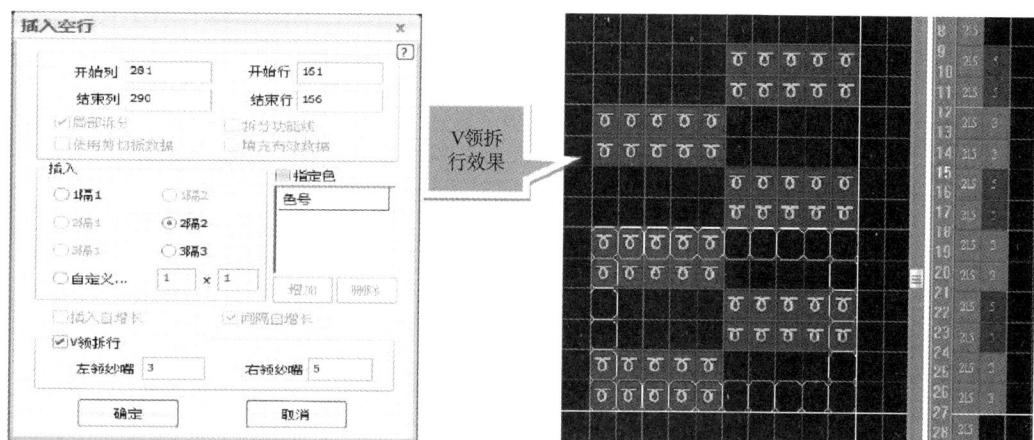

图2-111　V领拆行

这些功能在插入行、插入列、插入空列、删除行、删除列工具中同样适用。

30. 插入列 ili

列复制功能，插入与光标列相同的列内容。

31. 插入空列 ili

在当前光标列插入空列（0号色列）。

32. 删除行（O）

删除当前光标选定行。

33. 删除列

删除当前光标选定列。

34. 边框

给指定的色码加边框，选择工具后，点击需要加边框的色码区即可。鼠标右键单击图标，弹出属性设置界面，如图2-112所示。

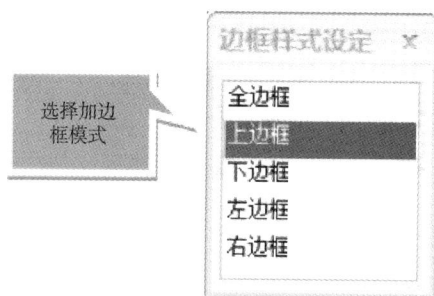

图2-112　添加边框设置

例如，当选择上边框时，选择加边框的色码后，光标放在需加边框色码行上（图中1号色），则边框出现在该光标行以上的所有边缘区域，如图2-113所示。

35. 擦除

若绘图区没有圈选范围，则删除当前绘图区全部图形。若绘图区有圈选范围，则可以删除圈选范围内或范围外的图形，如图2-114所示。

图2-113　上边框添加效果

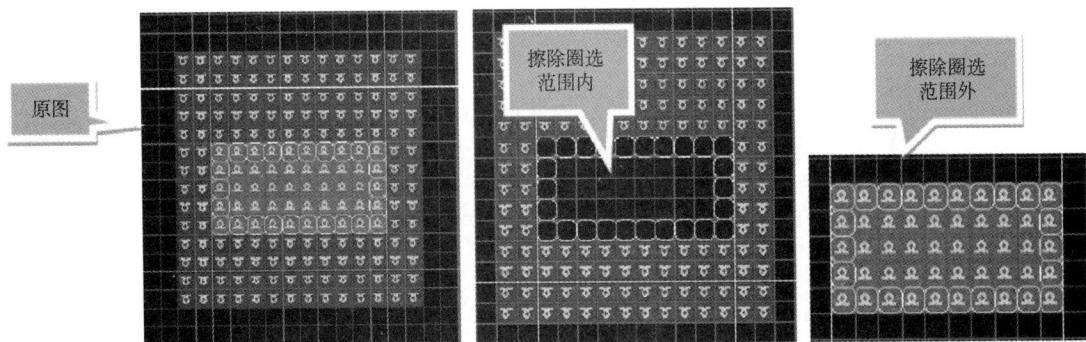

图2-114　擦除效果显示

36. 旋转（V）🐛

对圈选区进行旋转。在绘图区圈选目标范围，鼠标左键单击图标🐛选择工具，再左键单击圈选区并放开，移动光标进行方向、中心、旋转角度确定，再次单击鼠标左键即完成。在"高级→设置→绘制"里可进行旋转原点、角度设置，如图2-115所示。

37. 拉伸🔍

对圈选区进行缩放。圈选目标范围，鼠标左键单击图标🔍，弹出设置界面，如图2-116所示。

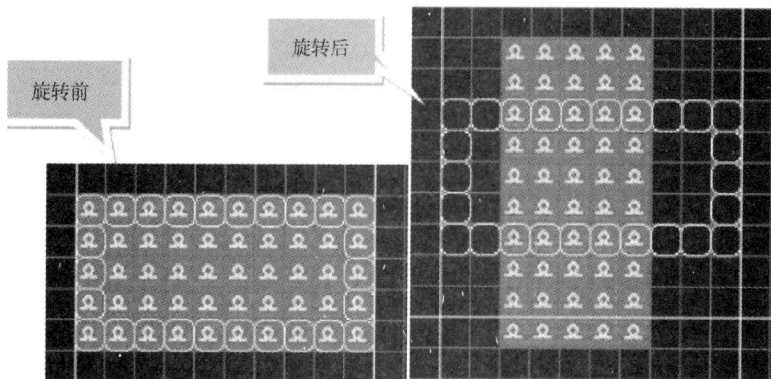

图2-115　旋转效果显示

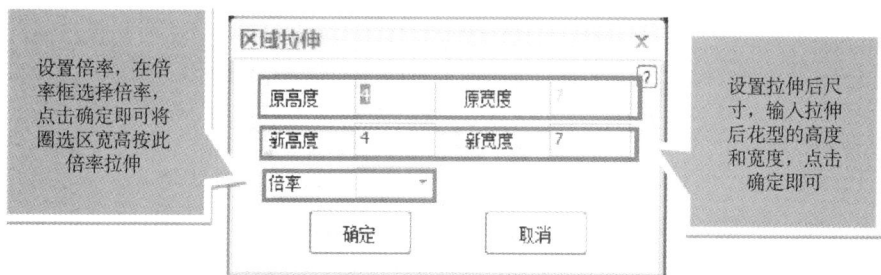

图2-116　拉伸设置

设置界面设定完点击【确定】，拉伸后花样将跟随光标移动，拖动光标至目标位置，再次单击鼠标左键绘图区即可完成，如图2-117所示。

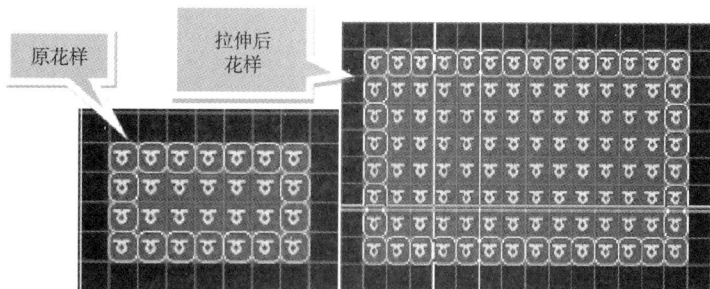

图2-117　拉伸操作方法

38.　阴影

对圈选区进行阴影处理。圈选目标范围，鼠标左键点击阴影图标，打开【阴影设置】界面，如图2-118所示。

（1）"方向"：根据方向键在花样的相反方向做阴影处理。

（2）"针数"：设定产生阴影的针数。

（3）"距离"：阴影与原图之间的间隔点数。

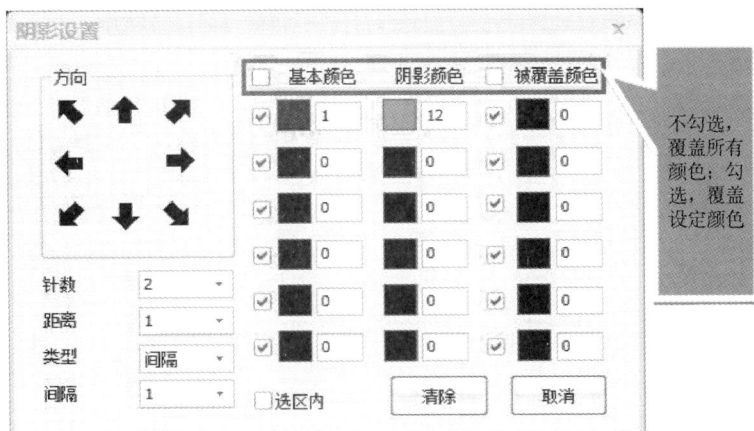

图2-118　阴影设置

（4）"类型"：设定在间隔、奇数、偶数行产生阴影效果。

（5）"间隔"：当类型设定为间隔时才有效，指定产生阴影行的间隔行数。

（6）"基本颜色"：设定要产生阴影的颜色。

（7）"阴影颜色"：设定最终的阴影颜色。

（8）"被覆盖颜色"：设定阴影颜色是否在指定的颜色上生成。

（9）"圈选区"：勾选后仅在圈选范围内生成阴影。

点击【确定】后生成的阴影效果，如图2-119所示。

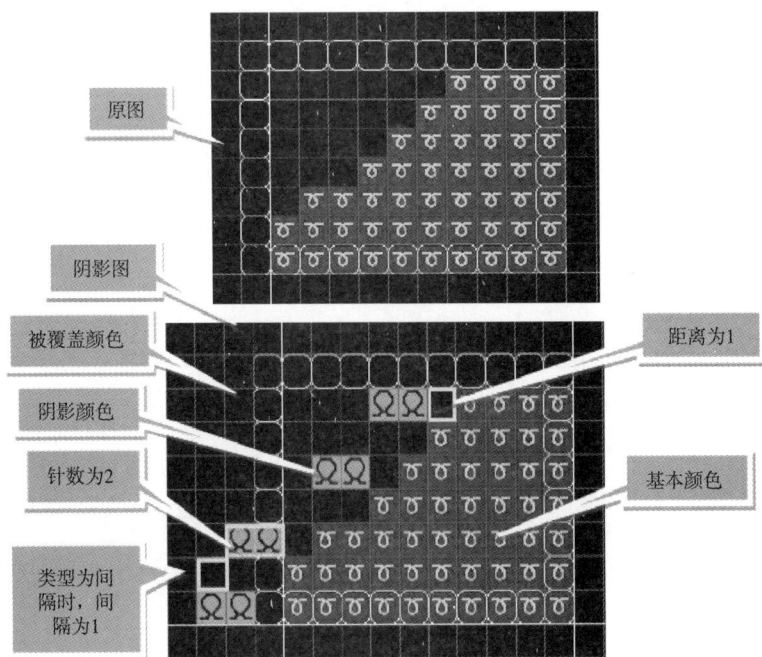

图2-119　阴影处理效果显示

39. 清除色块

清除由0号色包围的任何相连的非0号色区块。

40. 魔术棒

用于选取相连的同号色块，操作步骤如下：

（1）鼠标左键单击图标 ，在绘图区按住【Ctrl】键，同时鼠标左键单击目标同号色块，色块被圈选。

（2）移动光标至目标位置，再单击左键，即可完成选中色块复制，若移动光标时按住【Ctrl】键实现剪切效果，如图2-120所示。

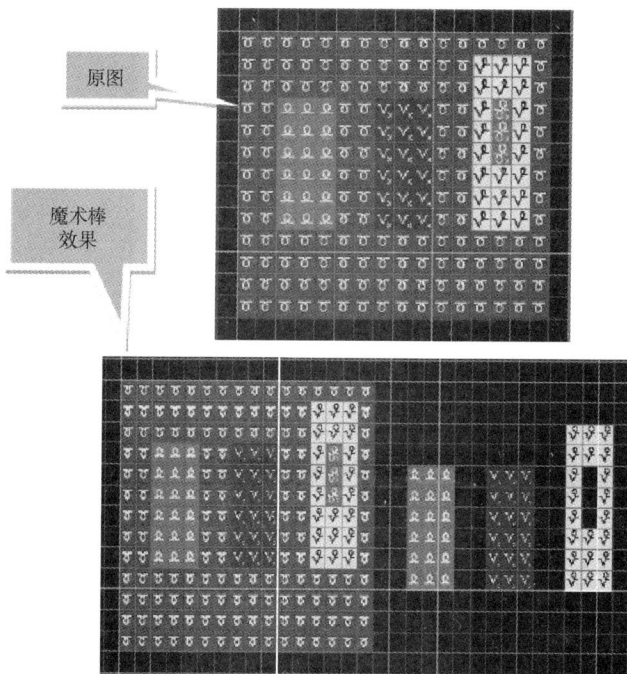

图2-120 魔术棒处理效果显示

41. 清边（Z）

用复制的图案填充一个同色区域。先复制一个填充图案，圈选清边范围，选中清边工具图标后，鼠标左键单击圈选范围内任意一点即可。鼠标右键单击图标 ，弹出属性设置窗口，如图2-121所示。

（1）"边内"：填充点击色块的边内区域。

（2）"边外"：填充点击色块的边框区域。

（3）"上""下""左""右"：设置清边各方向的针数。

如图2-122所示为清边各方向设置1针时的边内清边和边外清边效果。

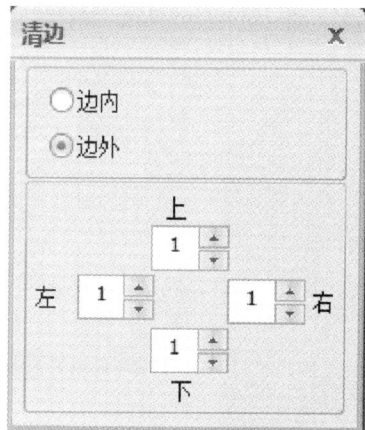

图2-121 清边设置

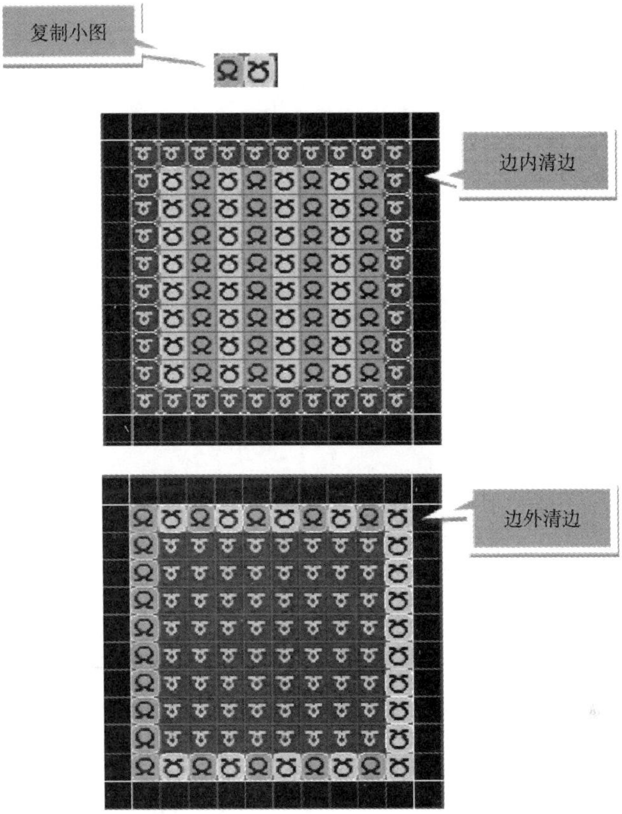

复制小图

边内清边

边外清边

图2-122　清边后效果

42. 导入图片

鼠标左键单击图标，弹出图片处理窗口，如图2-123所示。

图2-123　图片导入及处理窗口

（1）尺寸调整：点击选择图片，导入需要处理的图片，可处理bmp、jpg、png 格式的图片。【尺寸调整】对话框如图2-124所示。

（2）根据密度计算：勾选"根据密度计算"后才可输入尺寸及密度。输入布片的实际尺寸，以及布片的横密、纵密，点击【计算】，可以计算出图片的制板尺寸（用于鞋面制板时，调整菲林稿图片尺寸）。

（3）手动输入尺寸：在"新尺寸"中输入新的高度和宽度，点击【调整】，图片将变为新的高度和宽度。也可选择"倍率"将图片按比例的变化，如图2-125所示。

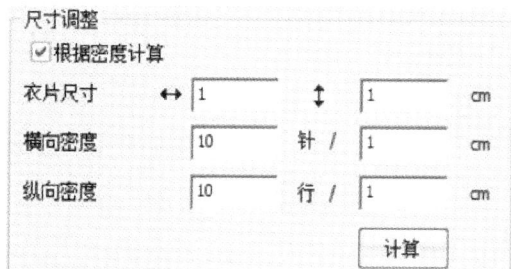

图2-124　图片处理窗口

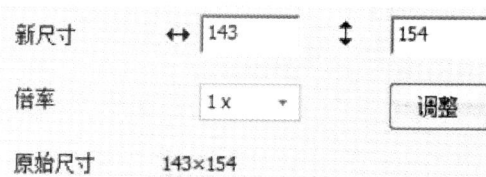

图2-125　手动输入尺寸

（4）"原始尺寸"：图片原始的高度和宽度，显示图片的原始像素。

（5）"灰度化"：将图片进行灰度化处理。

（6）"锐化处理"：增强图片边缘效果，图像更加清晰。

（7）"平滑处理"：降低图像锐度，图像变得模糊。

（8）🔍放大图片；🔍缩小图片；↖图片逆时针旋转90°；↗图片顺时针旋转90°。

（9）◢在图片中绘制一条直线，以该直线与水平直线顺时针方向所成的角度进行旋转，同时弹出角度设置界面，如图2-126所示，单击【确定】，则按当前所成角度旋转，也可手动更改旋转角度。

（10）↻将图片按指定角度进行顺时针旋转，鼠标左键单击图标后弹出旋转角度设置界面，如图2-127所示，手动输入所需角度，点击【确定】即可完成旋转。

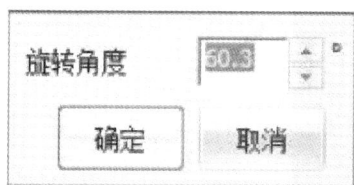

图2-126　以绘制的直线为参考旋转角度调整

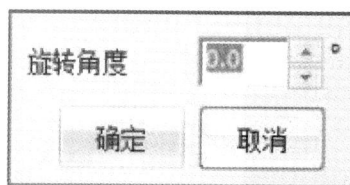

图2-127　顺时针旋转角度调整

（11）✄裁剪图片，拖动图片中的各个箭头到目标位置，确定裁剪后图片区域，再左键双击图片完成裁剪，如图2-128所示。

图2-128　图片裁剪

（12）"启用值转换""选择划分区间个数"：将图片中的颜色个数减少为划分区间的个数，使用时需勾选启用值转换。

（13）"颜色区间线"：改变颜色区间的对比度，向右拖动尺标，图片颜色对比度越大，如图2-129所示。

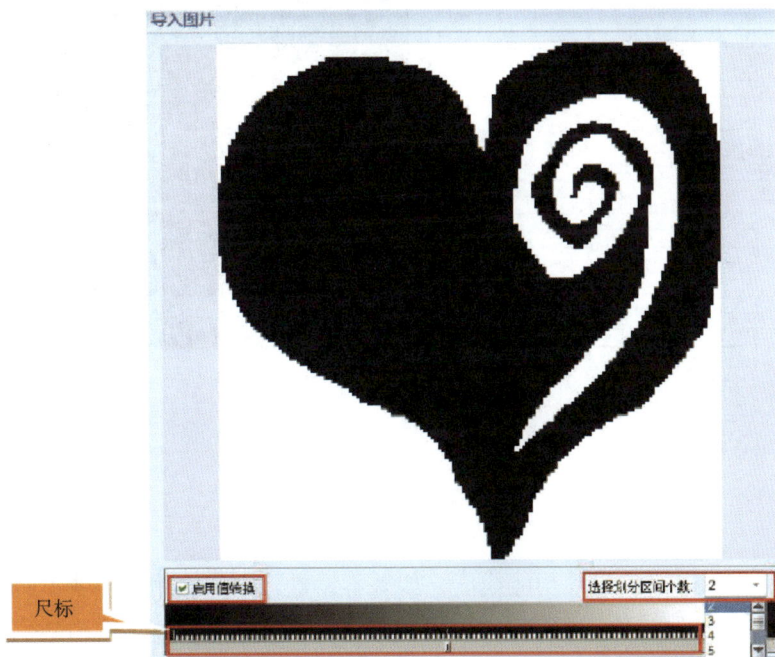

图2-129　区间颜色对比度调整

43. 回到原点（F2）

鼠标左键点击图标 后画布回到原点。

三、横机工具

电脑横机常用工具如图2-130所示。

图2-130　电脑横机常用工具

1. 使用者巨集

【使用者巨集】是将多个动作压缩到一个使用者巨集色码里，其色码范围是120～183号，共64个色码。在实际动作区可以设定该【使用者巨集】色码的具体动作，每个色码可以设定最多64个动作组合，如图2-131所示。

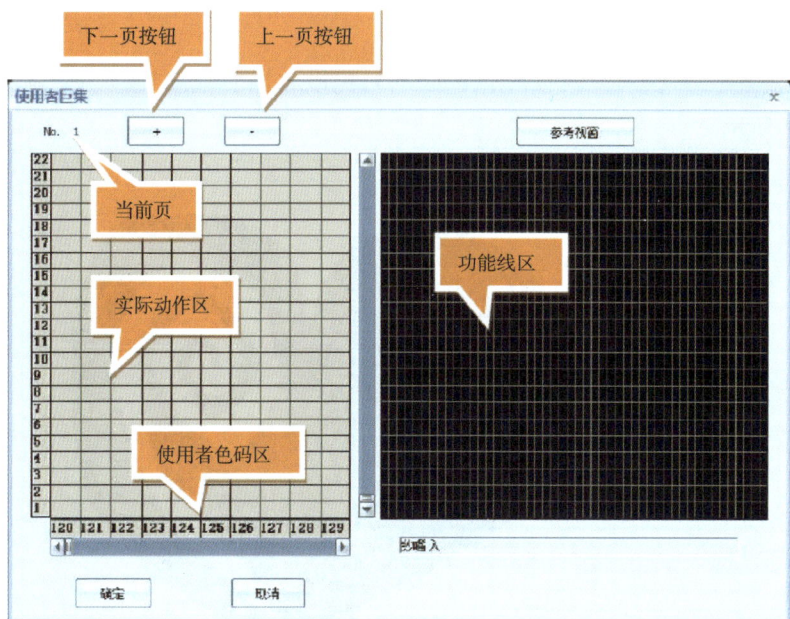

图2-131　使用者巨集设置窗口

在每一行动作中可以设定其功能线值，如果不设置，则【使用使用者】色码所在花样行的默认功能线值。当【使用者巨集】色码在花样中使用时，要设置【使用者巨集】功能线，在其上设置使用者页码，如果没有设置，则认为是小图色码。通过【上一页按钮】【下一页按钮】切换设置页码，最多支持64组。选择当前色码在实际动作区绘制，绘制出的制板图形即为当前【使用者巨集】色码所代表的具体动作。

例如，【使用者巨集】设置为 ，则120号色码等于 。

2. 展开花样

（1）选择【展开花样】工具，将展开Package小图。

（2）展开小图后，再次单击将提示是否回复小图状态。

3. 纱嘴分离 🔱

圈选需要纱嘴分离的绘图区域，鼠标左键单击图标🔱，在打开的对话框中设定宽纱嘴号，点击【确定】。功能线215上自动生成设置的宽纱嘴号，如图2-132所示。

图2-132 纱嘴分离设置示意图

4. 纱嘴间色填充 🟩

为画好的花样设置间色纱嘴，如图2-133所示。

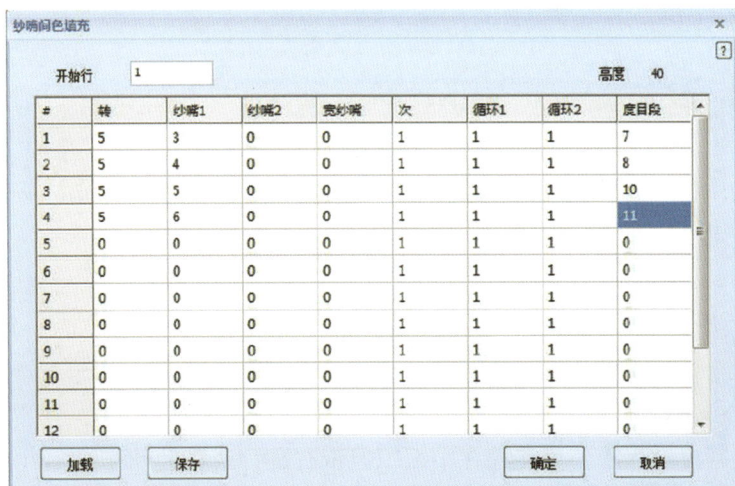

图2-133 间纱纱嘴设置窗口

（1）"转数"：输入支持0.5转。

（2）"纱嘴1"：一系统纱嘴。

（3）"纱嘴2"：二系统纱嘴，建议尽量不要使用。

（4）"循环1""循环2"：设置纱嘴循环。类似于功能线201的内节约与外节约。

（5）"度目段"：设置纱嘴对应的度目段数。

如果设置的间色纱嘴需要修改，可在设置对话框单击鼠标右键，弹出如图2-134所示界面。【沙嘴间色填充】支持加载和保存纱嘴间色文件。

图2-134　间纱纱嘴设置更改

5. 成型设定♡

对圈选区进行成型收加针设置。

圈选需要收加针的区域，选择【成型设定】工具，如图2-135所示。

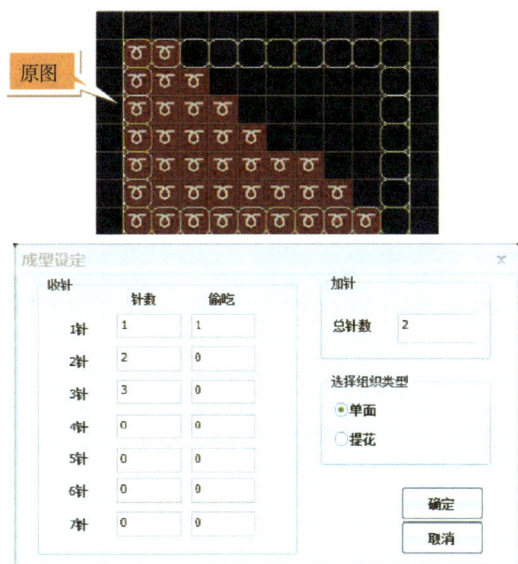

图2-135　收加针设置窗口

根据花样选择组织类型是单面还是双面，填写收针针数及偷吃针数，以单面组织为例进行收加针，实例如图2-136所示。

6. 1×1组织变换 ⦙⦙⦙

将整个花样进行1×1变换。小图色码也会进行相应变换，索骨色码需自行处理，如图2-137所示。

7. 压缩、分离 ▦

在毛织服装制板过程中，可能存在不编织但带有翻针或移针动作的多个空行，这样会导致制板图的行数过多，不便于查看，因此可以通过"压缩"的方式来减少空行，压缩后的制板图其每一行的编织动作和相关参数设置不变。当我们需要再次查阅每一行的编织动作时，又可通过"分离"的方式对压缩后的制板图进行展开查阅。若有圈选范围，用于圈选范围内指定压缩分离；若无圈选范围，则对全图进行操作。压缩花样后可对其进行进一步绘图处理，但是不能使用插入行列、删除行列功能。同时只对结束行前的花样进行压缩分离，每次压缩分离只能回复一次，后压缩分离的行先进行回复处理，压缩分离处理根据功能线及其值进行处理。压缩花样后可直接进行编译保存，被压缩的数据不会丢失。

　　如图2-138所示，当我们需要对收针区域的制板图进行压缩时，首先框选需压缩区域的制板图，点击"压缩、分离"图标▇，打开"压缩、分离"对话框，点选【压缩、分离】，然后点击【执行】执行，就会出现图2-139的压缩效果；当我们需要再次查阅每一行的编织动作时，再次点选【压缩、分离】，选择【执行】即可。

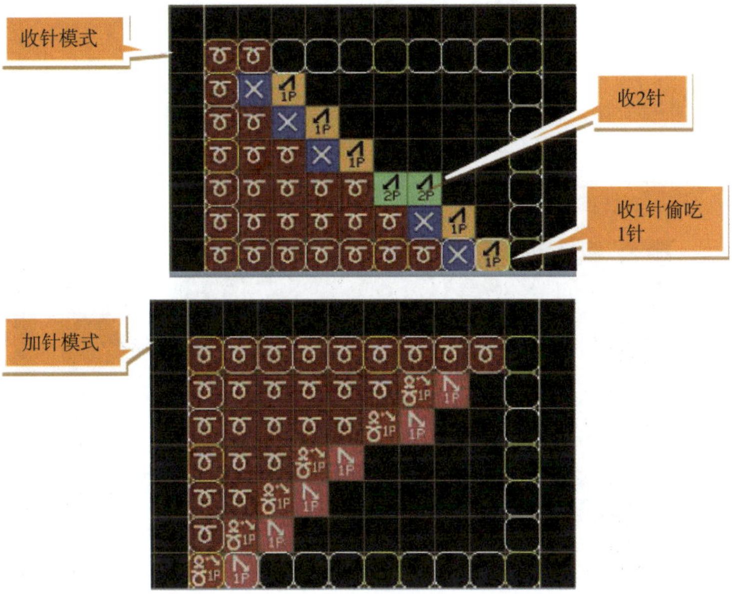

图2-136　收加针设置实例

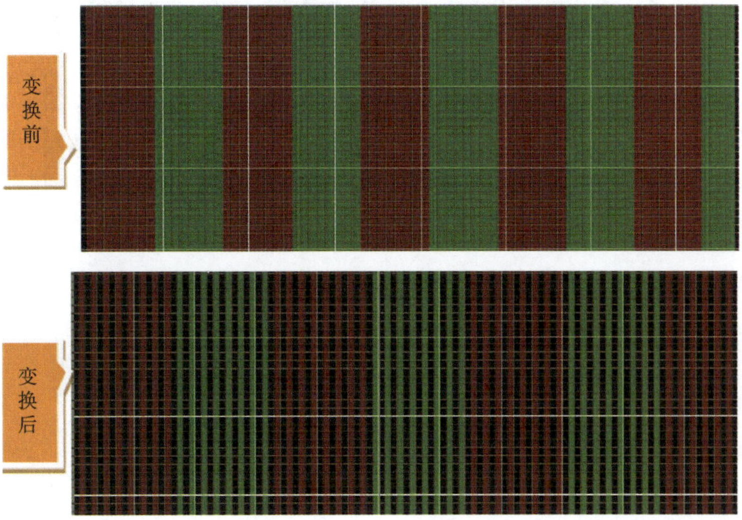

图2-137　1×1组织变换

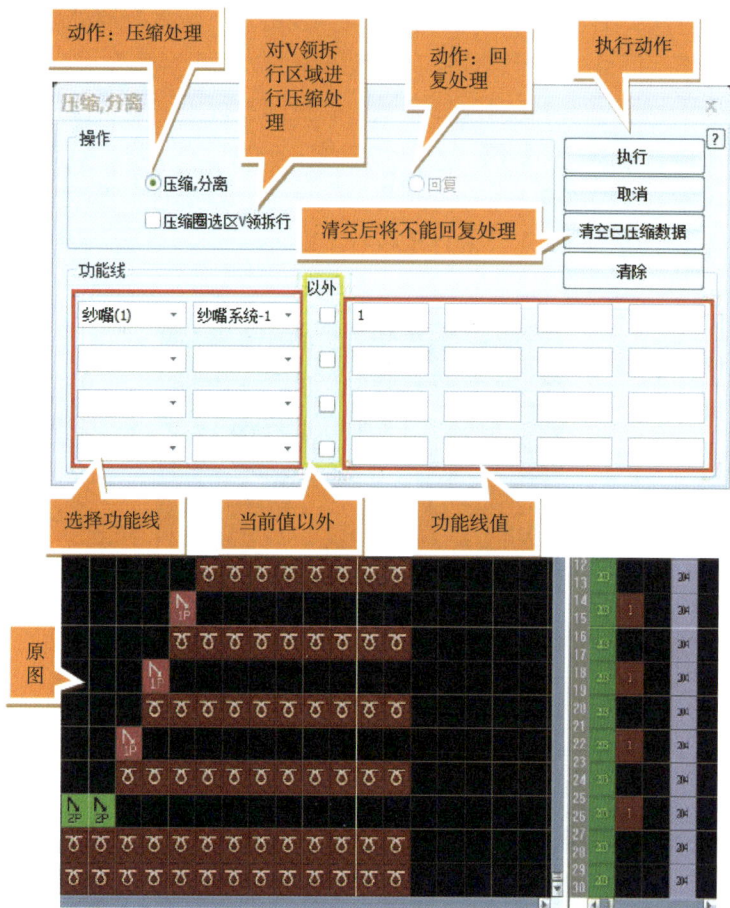

图2-138　压缩、分离图解

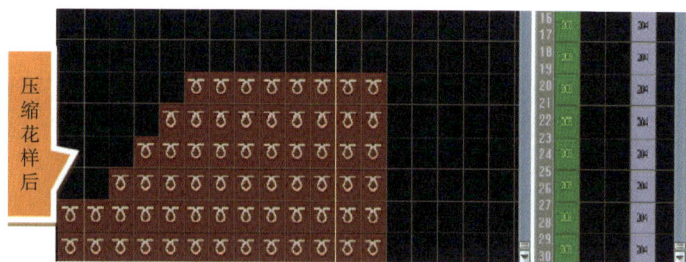

图2-139　压缩花样后效果

压缩前后效果对比如图2-140所示。

注：【清空已压缩数据】是指清除被压缩行相关参数设置与织针动作，清空后不能做回复处理，要慎用；【清除】是指"清除"所有选项设置，以便重新选择与设置；【功能线】选项，指的是可以任意选择对某功能线参数设置的区域制板图进行压缩或分离；【以外】设置，是指对某功能线参数设置以外的所有行进行压缩或分离，我们只需在空格中填写功能线参数设置的编码即可。点选【压缩圈选区V领拆行】，只对V领拆行区域的制板图进行压缩，如图2-141所示。

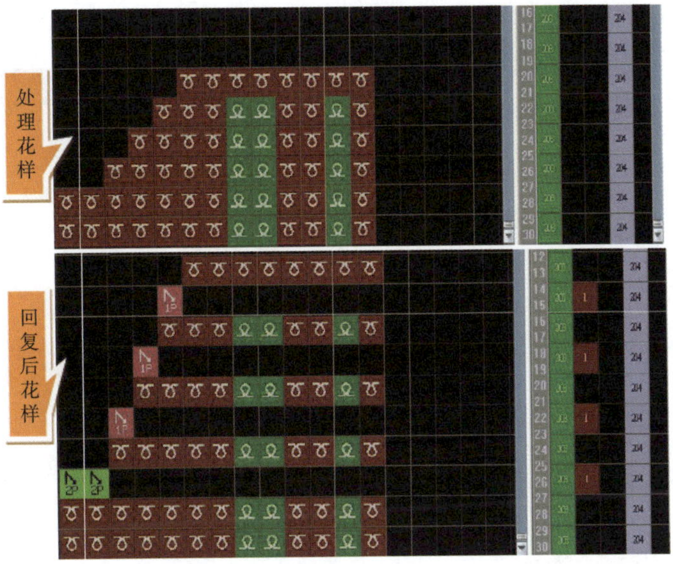

图2-140 压缩前、后效果对比

图2-141 V领拆行压缩处理

8. 滑动描绘

滑动绘制主要用来做色码区域对称性移动，点击滑动方向可以做不同方向的对称性移动。【除此颜色】是指不进行滑动的色码，我们可以通过"增加"色码功能添加其他不做滑动的色码，也可以通过"删除"功能去掉【除此颜色】下拉框中的色码。勾选【以外】是指不做滑动移动色码以外的所有色码。我们首先框选需要做滑动绘制的色码区域，然后通过"方向"指示箭头控制滑动绘制方向，如果要回复的话，点击【回复】按钮，如图2-142所示。做滑动绘后可对其进行进一步绘图处理，但是绝对不能使用插入行列、删除行列功能，如图2-143所示。

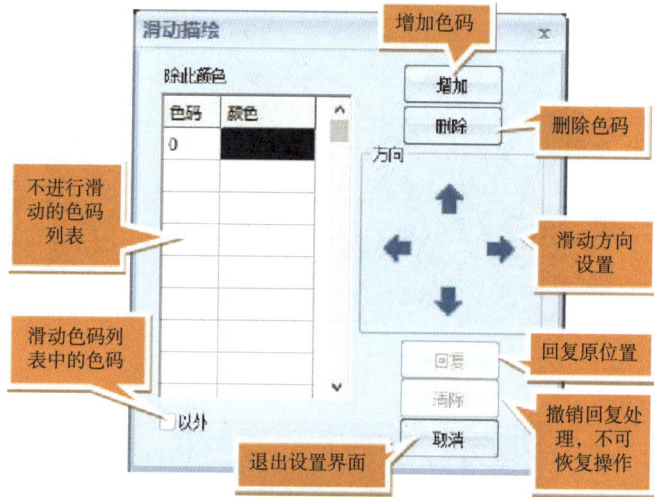

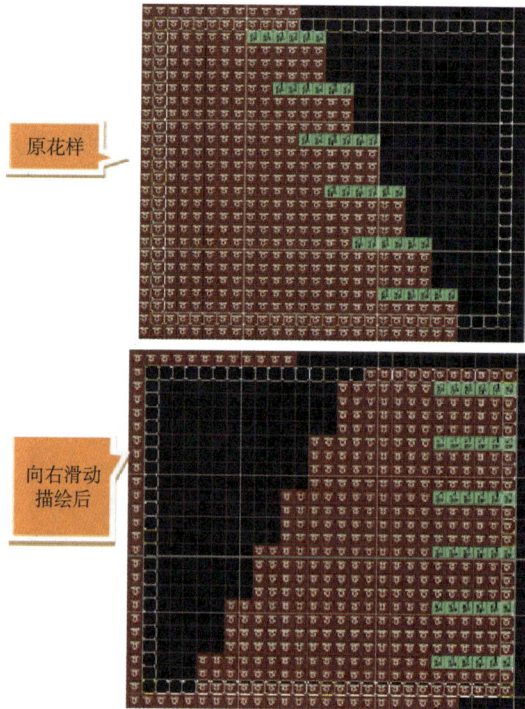

图2-142　滑动描绘设置

9. 收针分离🔺

收针分离设置如图2-144所示。

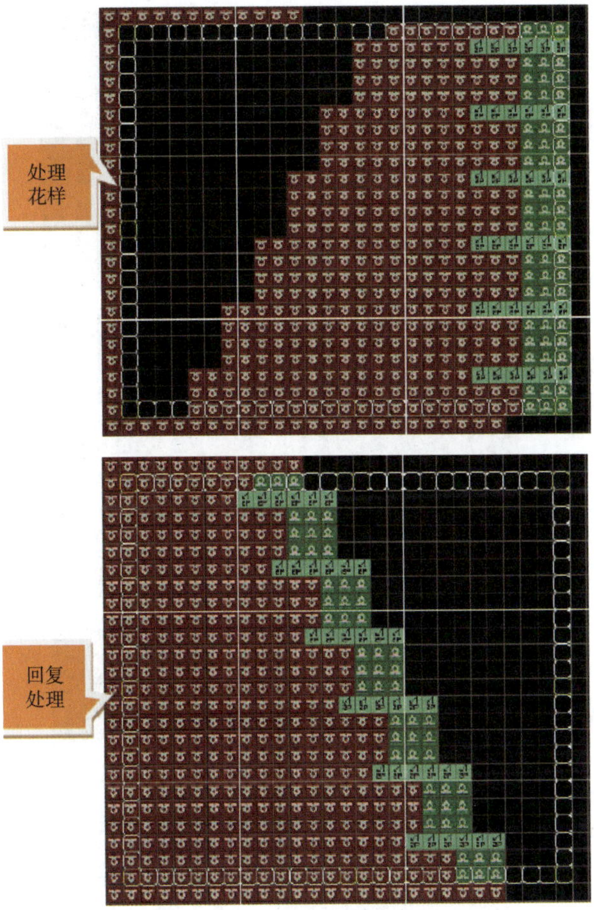
处理
花样
回复
处理

图2-143　滑动描绘效果对比

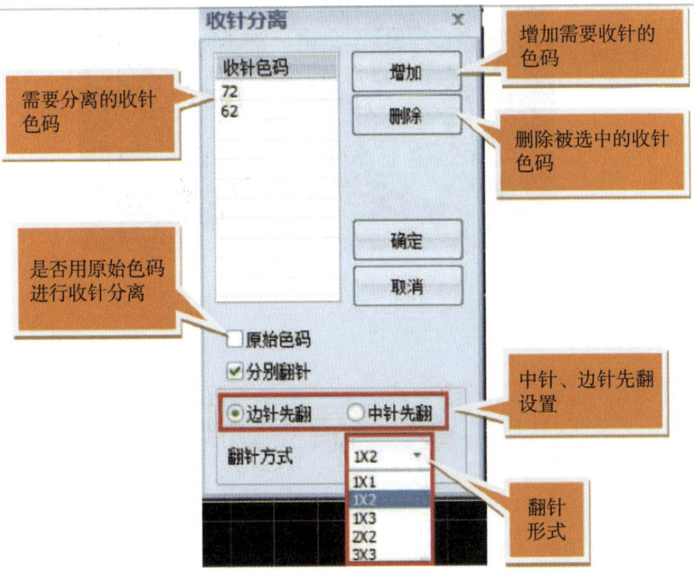
收针分离
收针色码
72
62
增加
删除
确定
取消
原始色码
分别翻针
边针先翻
中针先翻
翻针方式
1X2
1X1
1X2
1X3
2X2
3X3
增加需要收针的色码
删除被选中的收针色码
需要分离的收针色码
是否用原始色码进行收针分离
中针、边针先翻设置
翻针形式

图2-144

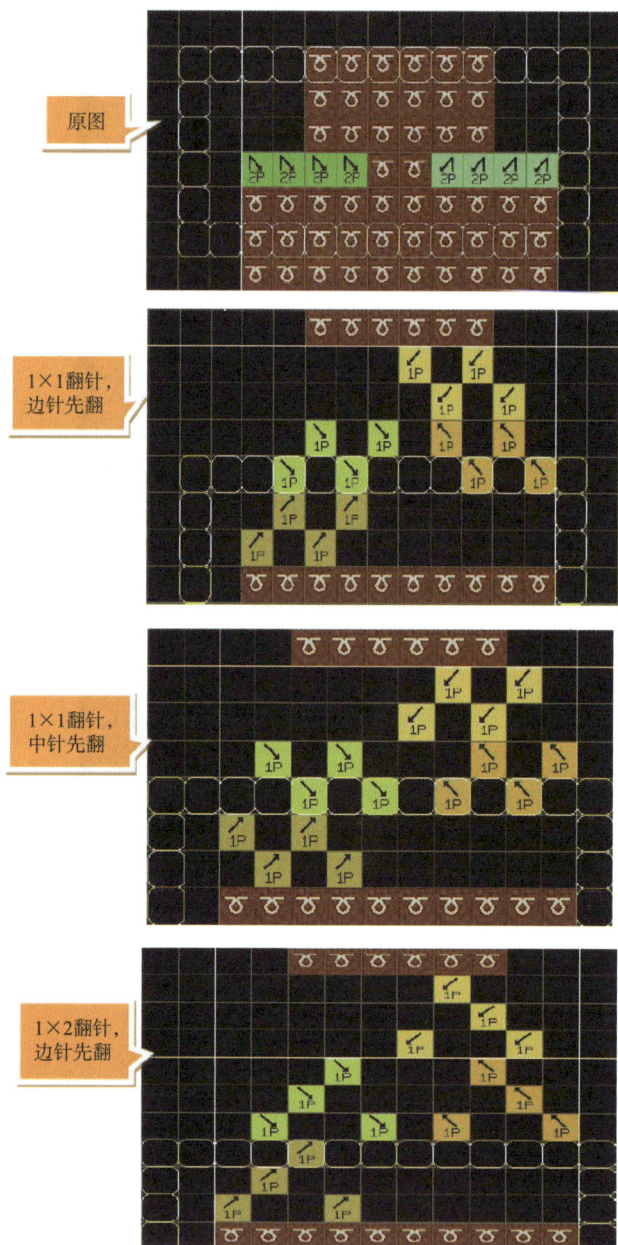

图2-144　收针分离设置图例

10. 度目复制

将度目功能线段数复制到速度、卷布、副卷布开闭等功能线。

11. 导入上机文件

先打开要导入的文件，导入成功后点击【转换】按钮，花样将直接显示在当前绘图区，如图2-145所示。

导入时花样的机器系统数必须与导入文件要求的一致，导入成功后花样的功能线已经填好，再次编译后的结果与导入的相同。

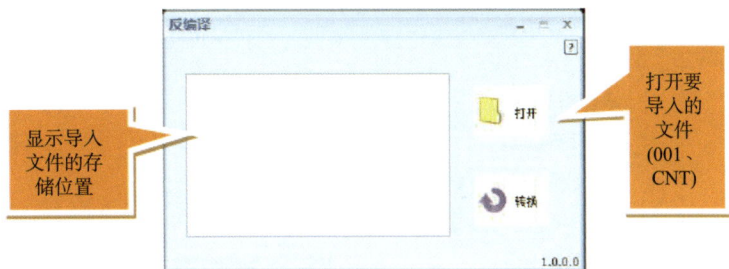

图2-145　上机文件导入

12. CNT转换

将其他制板软件生成的上机花型文件转换成睿能琪利制板上机文件（001文件），如图2-146所示。

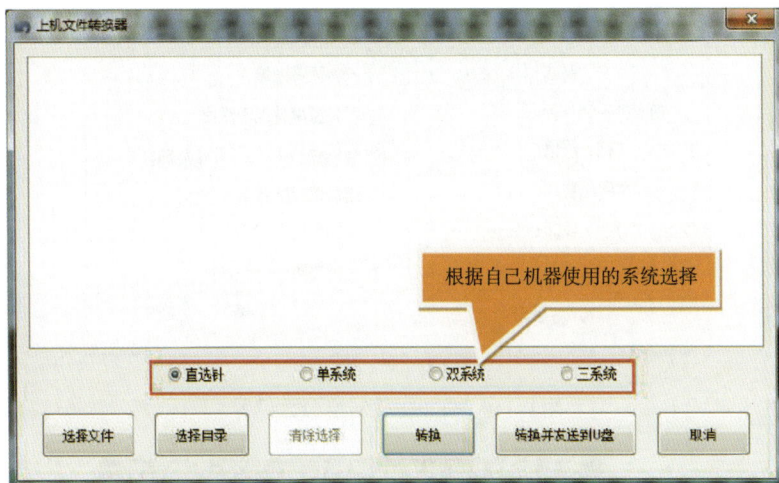

图2-146　上机文件转换窗口

（1）【选择文件】：选择后缀为000、CNT、sin、zip的文件。

（2）【选择目录】：选择需要转换的文件夹，即转换文件夹中的所有文件。

（3）【清除选择】：清除选择的文件。

（4）【转换】：弹出参数设置界面。

①000文件的转换参数，如图2-147所示。

②Stoll文件的转换参数，如图2-148所示。

选择好文件和机器系统数目后，点击转换图标，即可生成001文件。

13. 引返

分离局部编织模块。首先用120号色描绘花型，圈选需要分离范围，点击【引返】图标即可。

绘制引返花型时，引返花型高度必须相等，且引返色码横向不能有间断，否则不能执行引返，如图2-149所示。

图2-147　转换文件参数设置

图2-148　Stoll文件转换参数设置

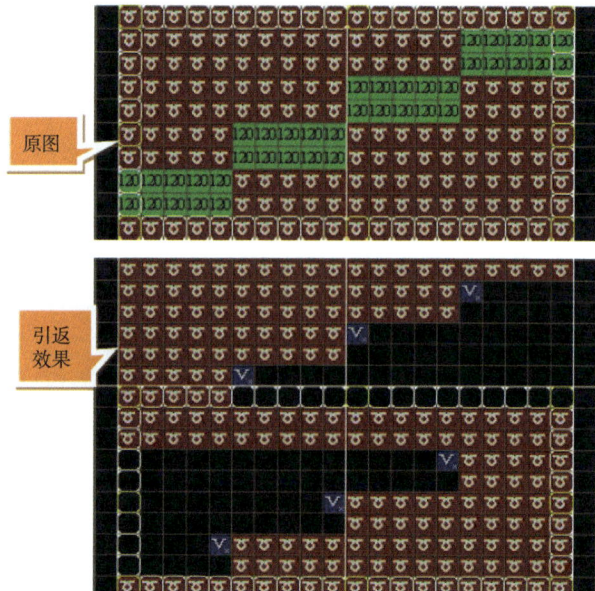

图2-149　引返花型图示

四、区域工具

区域工具介绍如图2-150所示。

图2-150 区域工具图示

1. 描画区域

用曲线描绘新的区域。双击结束描画后，自动生成一个新的区域。可描绘任意弧度曲线。作图方式如下：

（1）在作图区任意一点单击鼠标左键，作为曲线的起始点。

（2）再到另一位置单击鼠标左键，确定曲线终点。

（3）拖动光标至目标位置，左键双击，即可完成一条曲线绘制。

若绘制连续曲线，第三步则左键单击，此时第二步确定的点为第二条曲线起始点，移动光标至目标位置左键双击完成第二条曲线绘制。双击自动形成封闭区域，并形成新的区域。

2. 区域调整

调整当前选择的区域，操作方式如下：

（1）选择需要调整的区域，将光标放在白色的圈选点上，光标将变为红色的十字架；

（2）左键单击不放并拖动鼠标，将调整区域，如图2-151所示。

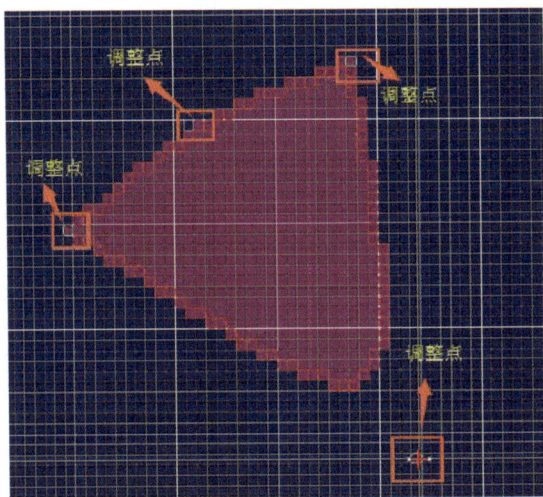

图2-151 区域调整图示

3. 区域魔术棒

在区域图层中选择相同色码，若该色码没有形成区域，将新增加这个区域，若该色码区域已有，则选择该区域。

4. 鼠标拖动缩放

对选择的区域，通过鼠标拖动缩放，新范围将自动填充原区域的花型。操作方式如下：

（1）选择"鼠标拖动缩放"工具。

（2）在花样图或区域图上选择某个区域，将出现一个矩形范围。

（3）将光标放在矩形的顶点，光标变为红色。

（4）左键单击不放，移动光标放大缩小区域，如图2-152所示。

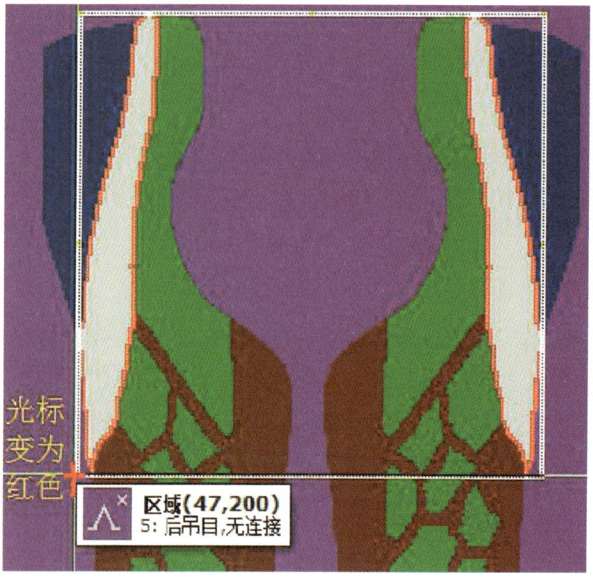

图2-152　鼠标拖动缩放图示

5. 区域曲线调整

用曲线方式调整扩大区域的范围，扩大的新范围将自动填充原区域的花型，如图2-153所示。操作方式如下：

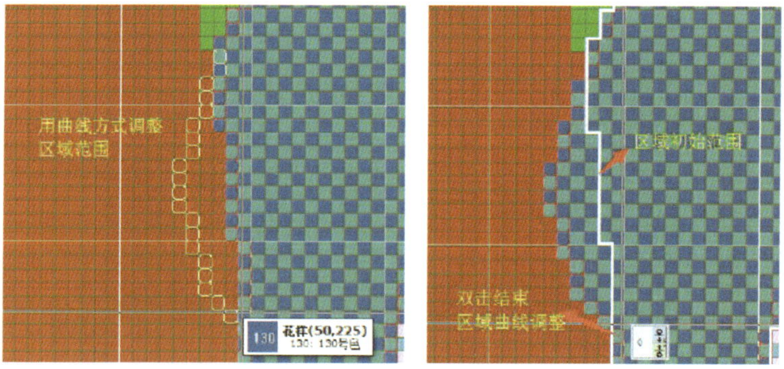

图2-153　曲线区域调整图示

（1）选择"区域曲线调整"。

（2）在区域某处左键单击不放，确定起点。

（3）用绘制曲线的方式调整区域的范围。

（4）调整好区域范围后，在原区域上双击。

6. 区域画笔调整

用画笔方式调整扩大区域的范围，如图2-154所示。操作方式如下：

（1）选择"区域画笔调整"。

（2）在区域某处左键单击不放，确定起点。

（3）移动光标至修改区域的某点光标移动轨迹即为区域新的边缘。

（4）确定终点后放开鼠标左键，将扩大区域。

图2-154　区域画笔调整图示

7.　区域底图移动

在花样图层中，对已填充好色码的区域底图，再次进行调整。操作方式如下：

（1）选择"区域底图移动工具"。

（2）左键单击"花样图层"中某个区域的任意位置。

（3）移动光标，循环随着光标移动而移动。

（4）调整好底图循环后，再次左键单击确定。

8.　区域填充

将当前色码填充到花样图中的某个区域，只对花样图层有效。选择"区域填充"工具，将当前色填充到"花样图层"中的某个区域。

9.　区域填充复制区

用复制的小图形填充到花样图层的某个区域，如图2-155所示。操作方式如下：

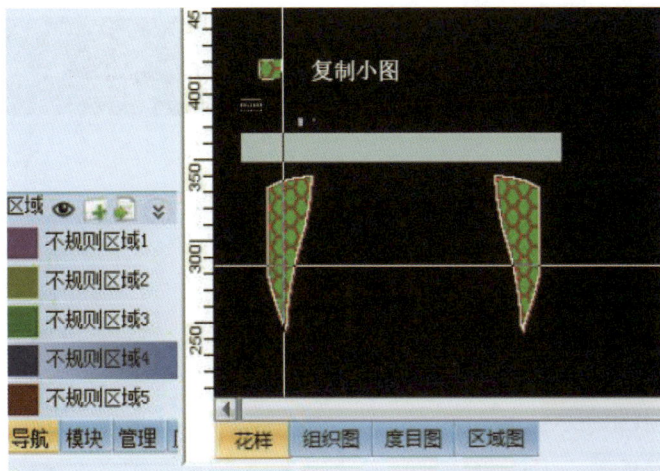

图2-155　区域填充复制图示

（1）绘图区圈选准备用作填充的图形。

（2）复制该圈选区。

（3）圈选待填充的区域。

（4）鼠标左键单击填充复制区图标 ，再左键单击待填充圈选区或同色码区内任意一点即可完成。

（5）属性页面。

右键点击该工具，弹出右键属性页面，如图2-156所示。

①"清边数"：填充区域时，边缘不填充复制内容的针数。

②"清边色"：边缘不填充复制区内的针数，用设置的色码填充。

③"镜像"：是否镜像（水平/垂直镜像）。

图2-156　工具属性设置

10. 区域换色

对区域内的色码进行换色，可在任意图层操作。选择"区域换色"工具，左键单击某个区域，将弹出换色窗口，如图2-157所示。

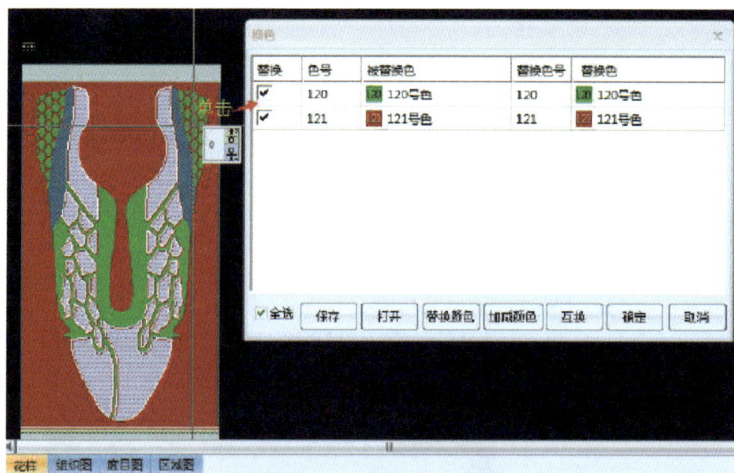

图2-157　区域换色设置窗口

11. 区域水平镜像

对区域内的内容进行水平镜像复制，可在任意图层操作。选择"区域水平镜像"工具 ，左键单击某个区域的任意位置，并拖动光标，将水平复制该区域，再次单击【确定】水平镜像内容位置，如图2-158所示。

12. 区域垂直镜像

对某个区域进行垂直镜像复制。选择"区域垂直镜像"工具 ，左键单击某个区域的任意位置，并拖动光标，将垂直复制该区域，再次单击，确定垂直镜像内容位置，如图2-159所示。

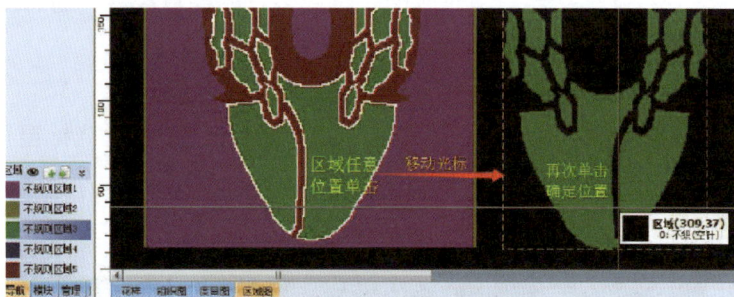

图2-158　区域水平镜像图示

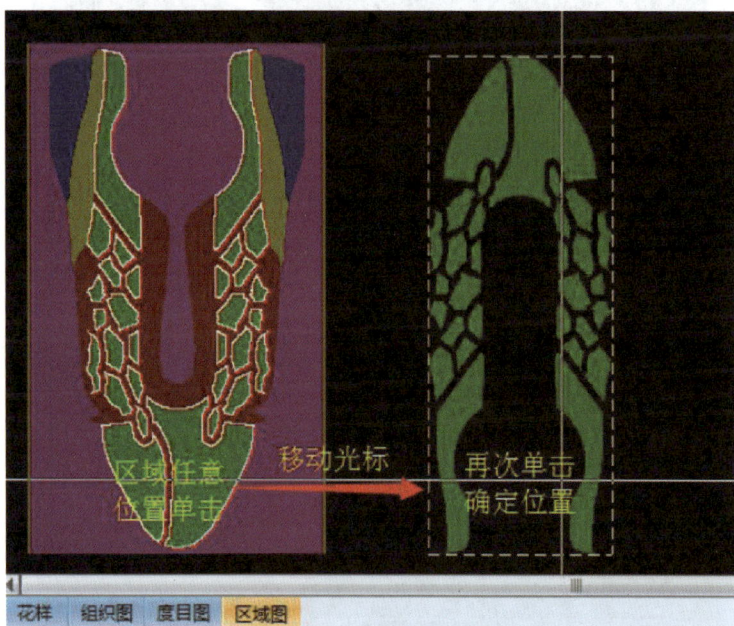

图2-159　区域垂直镜像操作图示

第三节　主绘图区及信息提示栏

一、主绘图区

（一）绘图区

1. 绘图区

绘图区分为4个图层：花样图、组织图、度目图和区域图（图2-160）。

（1）"花样图"：绘制组织及引塔夏色码，大部分花样只需要运用花样图层。

（2）"组织图"：表示针法动作，通常花样图层绘制引塔夏色码时使用。不使用引塔夏色码，使用组织图层的内容，需在编译里勾选"使用组织图"。

（3）"度目图"：设置花样图层对应的一行或多行的度目段数，通常用于一行多段度目的花样。

（4）"区域图"：和花样图层一一对应，主要用于鞋面区域修改。

确定绘图区光标移至垂直（或水平）尺标，单击鼠标不放，移动光标至目的区域后放开鼠标，实现圈选整行（或整列），如图2-161所示。

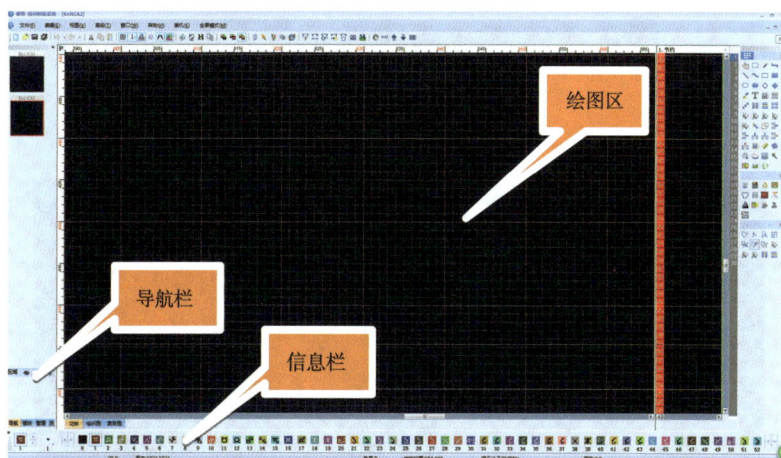

图2-160　主绘图区窗口

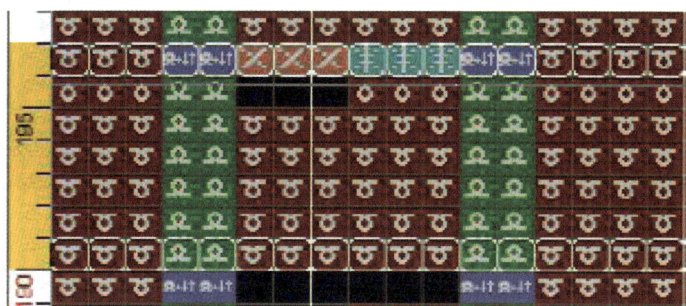

图2-161　圈选图示

2. 设置尺寸

单击主绘图区左上角图标 P ，可输入横密、直密，如图2-162所示，并在圈选时显示圈选区的长度和宽度。

图2-162　曲线区域调整图示

3. 绘图区鼠标右键功能

光标放在绘图区，单击鼠标右键弹出设置界面，如图2-163所示：

（1）"取色"：选取光标所在的色码为当前色。

（2）"撤销"：撤销上一步绘图操作。

（3）"调整大小"：用法同调整大小工具。

（4）"颜色选择"：在工具栏调用颜色选择工具。

（5）"重设中心线"：设定圈选区的中心线。打开工具栏上的"中心线"有效。

（6）"剪切"：用法同"圈选区剪切"。

（7）"复制"：用法同"圈选区复制"。

（8）"粘贴"：用法同"圈选区粘贴"。

（9）"粘贴（含功能线）"：在粘贴的同时将功能线数据同时复制到对应的目标区域。

（10）"粘贴（插入）"：将粘贴的内容插入到原图中。

（11）"复制到"：包括将当前图层内容复制到其他两个图层中的某个图层去和单列选色复制。在当前图层圈选目标区域，单击鼠标右键选择"复制到"功能，如图2-164所示。其中"单列选色复制"是将光标所在列内容复制到剪切。

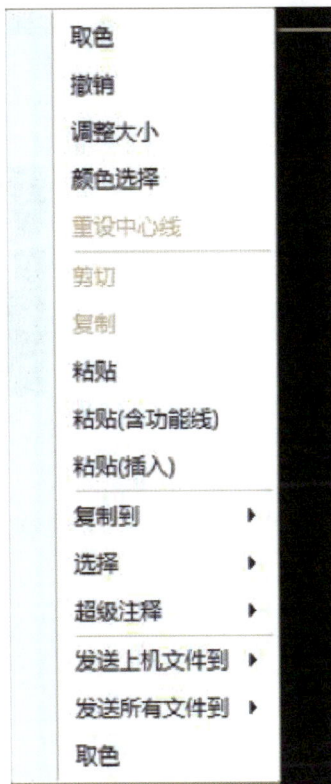

图2-163 鼠标右键功能

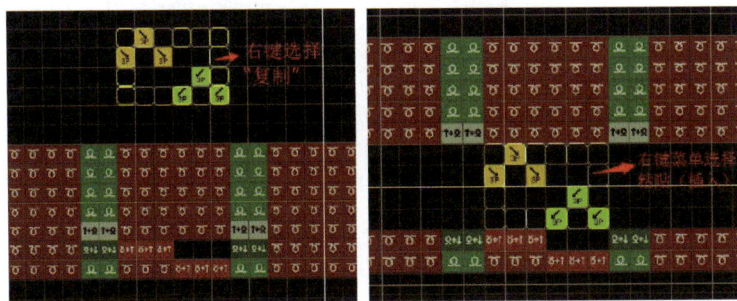

图2-164 "复制到"功能使用

（12）"选择"：有全部、数据、数据连通、颜色、颜色连通5个选项。

"全部"：选择整个画布，快捷键为"Ctrl"+"A"。

"数据"：选择除0号色以外的最小范围。

"数据联通"：选择当前光标所在位置，连通的区域范围。

"颜色"：当前光标所在位置的色码，包含所有该色码的最小范围。

"颜色连通"：当前光标所在位置的色码，包含该色码连通的最小范围。

（13）"超级注释"：在绘图区目标位置设定制板信息注释说明内容（包括文字和语音

内容），分为"创建""选中""移动"。

绘图区单击鼠标右键，选择"超级注释"→"创建"，光标处出现，如图2-165所示界面。

图2-165 注释界面

当点击"文字"时，弹出文字输入窗口，如图2-166所示。

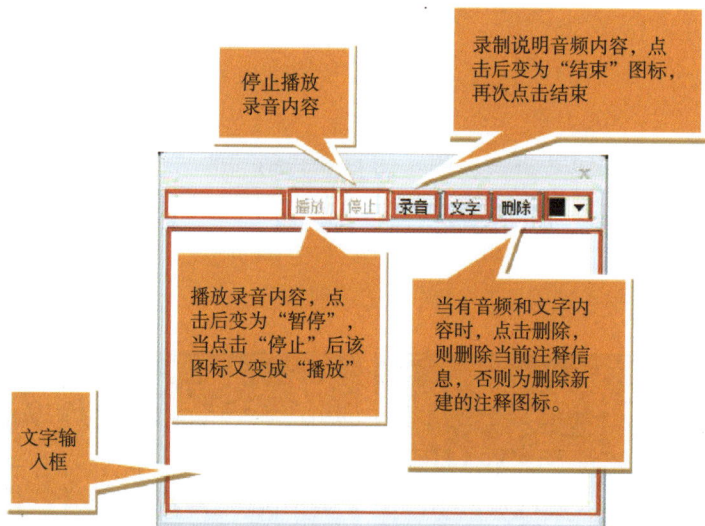

图2-166 文字输入窗口

只有创建注释图标后才能使用"选中"和"移动"。

"选中"：当关闭注释设置界面时，光标放在注释图标上，鼠标右键选择"选中"，可重新弹出注释设置界面。

"移动"：移动注释图标。当光标放在绘图区其他位置，鼠标右键选择"移动"，即可将注释图标移到当前位置。

（14）"发送上机文件到"：自定义发送上机文件（001文件）的位置，发送前花型已编译，否则不能发送。

（15）"发送所有文件到"：自定义发送所有文件（001文件和KNI文件）的位置，发送前花型已编译，否则不能发送。

（二）导航栏

导航栏分为导航、模块、管理、历史和区域。可通过"视图—工具栏—导航栏"控制该部分是否在软件界面显示。

1. **导航**

"导航"：显示绘图区画布缩小轮廓图，可同时显示打开或新建的多个画布图。双击当前轮廓图，将全屏显示。

光标停放在导航图上，鼠标右键单击出现右键信息，如图2-167所示。

（1）"关闭"：关闭当前导航图和对应绘图区画布。

（2）"除此之外全部关闭"：关闭除当前导航图和对应画布之外的所有导航图和画布。

（3）"关闭全部"：关闭所有导航图和对应绘图区画布。

（4）"打开所在文件夹"：打开当前画布对应的存储文件夹位置。

图2-167　导航栏右键属性显示

2. **区域列表**

（1）区域列表显示。

区域列表显示或编辑区域图中的区域，如图2-168所示。

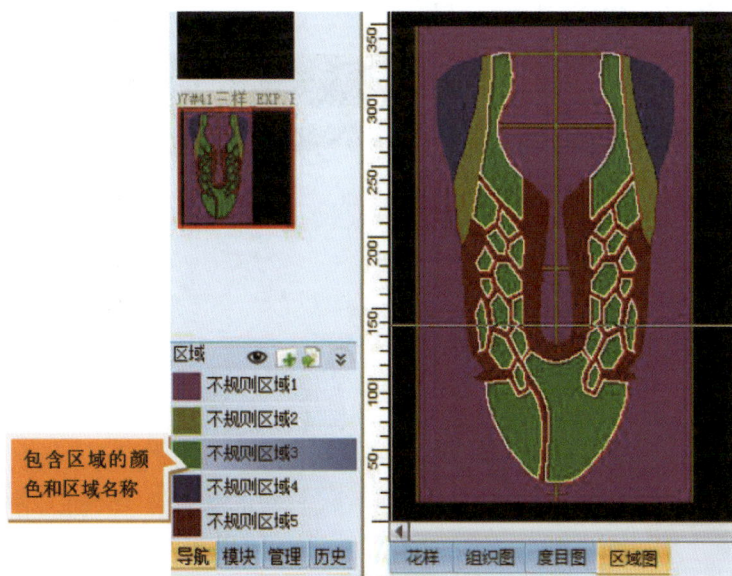

图2-168　区域列表显示

① 👁：是否显示区域范围，默认显示区域范围。

② ➕：新建区域，与区域工具"描画区域"相同。

③ ：导出区域方案，文件后缀名为".rgn"。

（2）区域属性编辑。

选择一个区域，可以对选择区域的属性进行编辑，如图2-169所示。

图2-169　区域属性显示

①"区域填充设定"：设定当前选择区域的属性，在视图上滚动鼠标可以放大缩小视图，如图2-170所示。

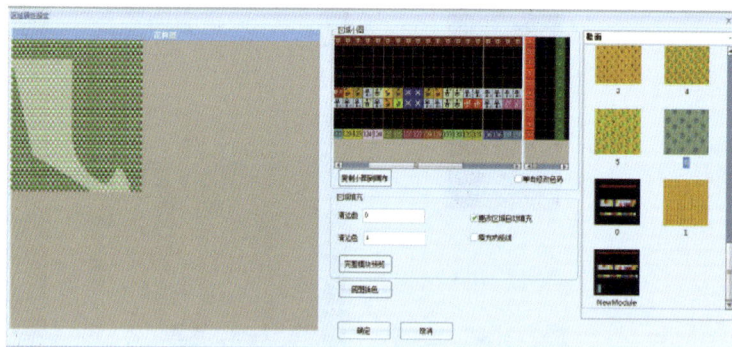

图2-170　区域填充设定

a. 在右侧模块中选择需要填充的循环和小图（模块的属性为"鞋面"时才会被显示）。

b. 参数选择。

②复制小图到画布：将选择的小图复制到画布上。

③单击修改色码：是否修改"区域小图"视图中的色码。

④清边数：区域边缘是否留边和留边的针数。

⑤清边色：区域边缘是否留边和留边的针数。

⑥更改区域自动填充：更改区域图中的范围时，填充的是否跟着变化。

⑦填充功能线：是否将模块中的功能线填充到花样中。

⑧完整模块预览：填充是否保持模块完整性；在左侧花样视图中选择最小的模块循环；右键菜单选择"添加圈选区域到完整模块"。

⑨"底图换色"：底图换色对左侧花样视图中的色码进行换色。

⑩"复制"：复制当前区域。

⑪"粘贴区域"：粘贴复制区域的所有。

⑫"粘贴属性"：仅粘贴复制区域的属性，属性为"区域填充设定"的内容，但不包含小图。

⑬"粘贴属性（含小图）"：仅粘贴复制区域的属性，属性为"区域填充设定"的内容，包含小图。

⑭"删除区域"：删除当前选择的区域。

⑮"缩放区域"：对当前选择区域进行缩放。

⑯"快速匹配属性"：将两个花型文件的区域属性进行快速的匹配。

⑰"区域重命名"：修改当前选择区域的名称。

（三）模块

模块为开发人员已经绘制好了制板组织，用户制板时可以直接选择调用。鼠标左键点击模块，再左键单击绘图区，模块跟随光标移动，再次单击左键固定模块位置，如图2-171所示。

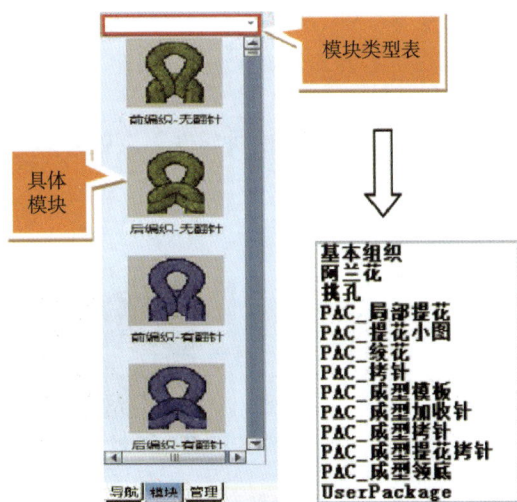

图2-171 模块栏窗口

当鼠标放在模块区域上（不在具体模块图标上），右键单击显示，如图2-172（a）所示属性。

（1）"显示列表"：当前具体模块以图片形式显示，点击后以列表形式显示，再次单击右键，显示如图2-172（b）所示。

（2）"存储路径"：选择模块存储的位置。

（3）"导出模块"：将模块文件（mod格式）另存到一个位置。

（4）"导入模块"：打开存储在某一位置的模块文件。

（5）"秒传模块"：通过"秒传模块"工具将模块传给另一台计算机。

（6）"下载模块"：通过"下载模块"工具将上传的模块下载到自己使用的计算机。

（7）"旧模块导入"：导入旧板本模块文件。当鼠标在具体模块上时，右键单击，如图2-172（c）所示。

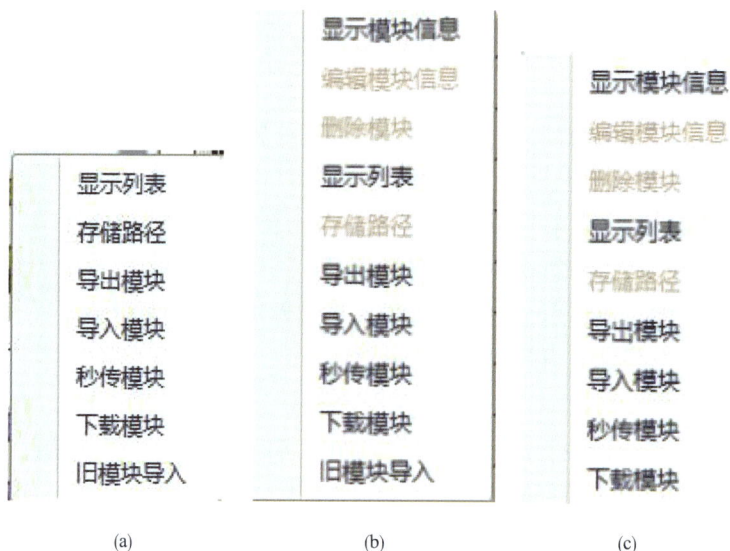

(a)　　　　　　　(b)　　　　　　　(c)

图2-172　模块区域右键属性

（8）"显示模块信息"：点击后打开"模块属性"设置界面，如图2-173所示。

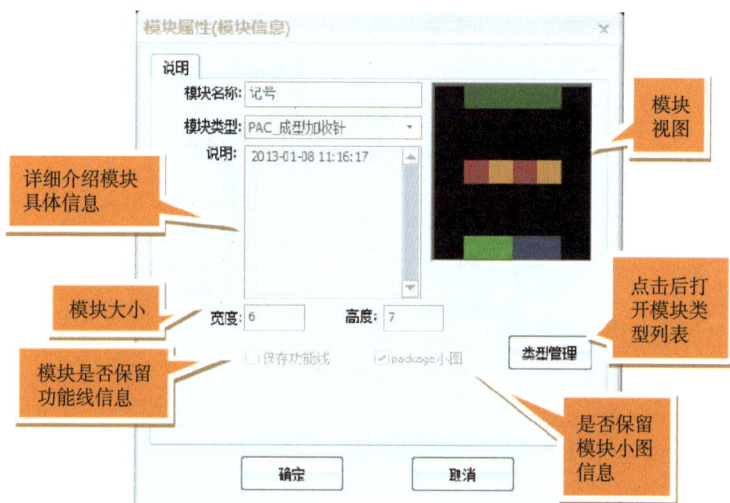

图2-173　模块属性设置界面

（9）"编辑模块信息"：点击后弹出"模块属性"界面，可更改模块信息。

（10）"删除模块"：删除当前模块。

制板人员也可在绘图区绘制模块，然后保存到模块列表里，方便下次使用时可调出。

①绘制模块，如图2-174（a）所示。
②圈选模块，鼠标右键单击，选择【保存所选模块】，如图2-174（b）所示。

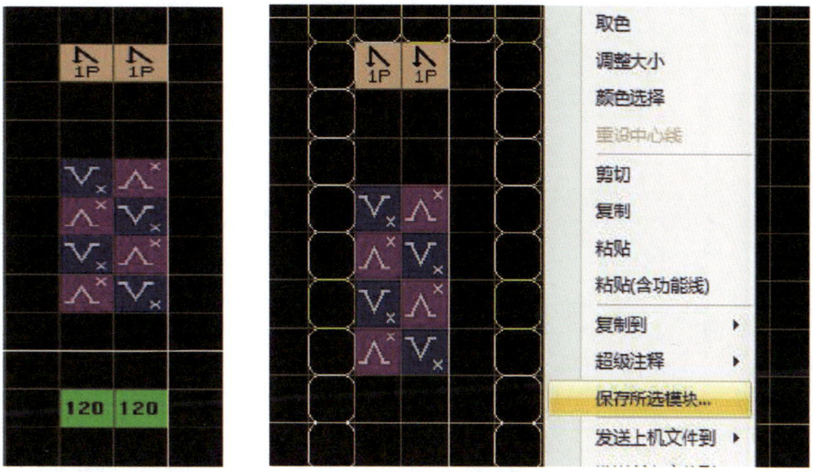

(a) 绘制模块   (b) 圈选模块

图2-174 模块绘制与保存

在保存时，弹出模块属性设置界面，如图2-175所示。设置完毕后，点击【确定】，该模块将保存在模块类型列表中。

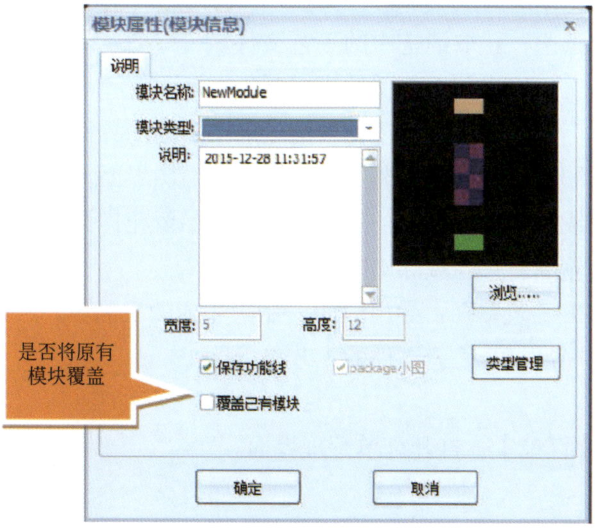

图2-175 模块属性设置窗口

（四）管理

管理包括【工艺】和【订单】，该功能结合琪利工艺设计软件使用，如图2-176所示。

1. 工艺

鼠标左键单击【工艺】，弹出打开工艺文件（rnf文件）对话框，选择需要打开的文件，绘图区会显示对应的制板花型，如图2-177所示。

当光标停在工艺文件名处单击右键，弹出如图2-178菜单栏。

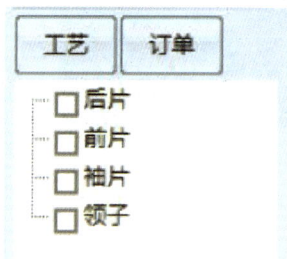

图2-176 管理界面   图2-177 模块区域右键属性   图2-178 模块区域右键属性

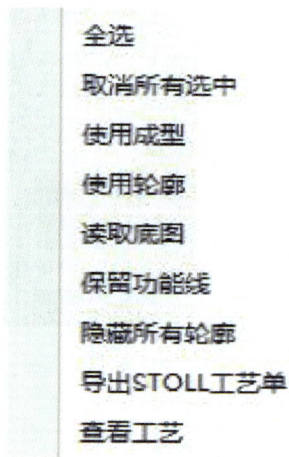

（1）"全选"：选中所有工艺文件。

（2）"取消所有选中"：取消选中的工艺文件。

（3）"使用成型"：将当前工艺文件生成制板。

（4）"使用轮廓"：读取当前工艺文件的轮廓图到绘图界面。

（5）"读取底图"：读取当前工艺文件的底图到绘图界面。

（6）"保留功能线"：保留底图功能线，在成型保留花样详细介绍。

（7）"隐藏所有轮廓"：隐藏导出的所有轮廓图。

（8）"导出STOLL工艺单"：导出STOLL制板生成的工艺单。

（9）"查看工艺"：打开工艺文件的工艺单。

2. 订单

鼠标左键单击该【订单】，打开订单管理界面。

（五）历史

显示系统最近打开的文件历史。"今天"历史在"文件"菜单中查看。

二、信息提示栏

可通过"视图"→"状态栏"菜单控制该部分是否在软件界面显示，如图2-179所示。

图2-179　信息提示栏图解

第四节　作图色码

作图色码区，如图2-180所示。

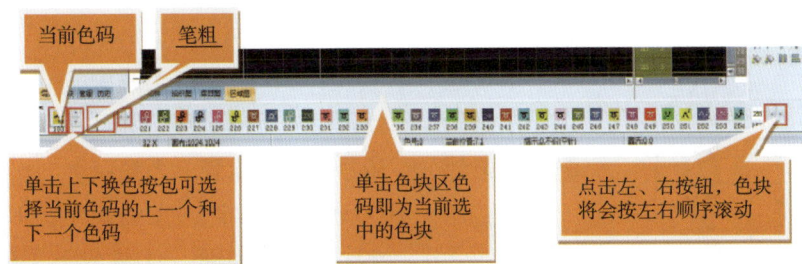

图2-180　作图色码区图解

　　光标放在【当前色码】位置，右键单击弹出色码分类表，选择后，分类组色码显示在色码区最前面，然后按1、2、3……号色码排列，如图2-181所示。

　　例如，当选择提花色码后，色码区排列效果，如图2-182所示。

　　当光标左键双击【当前色码】时，弹出选择色码界面如图2-183所示，可以输入所需色码号，当前色码快速切换到改色码。

　　可通过"视图"→"工具栏"→"颜色"控制该部分是否在软件界面显示。

　　色码总共有256个（0~255），色码在软件的不同区域（主作图区、功能线区等）意义也不同。

　　（1）色码在主作图区主要代表编织的动作。

　　256个色码可分为三类：0~119号色码、167~187号色码、189~200号色码、207~209号色码、227~229号色码、250~254号色码为设计色码；

120～183号色码为使用者巨集色码，其中167～183既可以作为使用者巨集色码，也可以作为设计色码，详情见色码表；

201～206号色码、211～219号色码、221～226号色码为嵌花色码；

231～239号色码、241～249号色码为提花色码；

其他色码为未定义色码。

（2）设计色码中比较特殊的色码为索股色码，需要配对使用。移圈交叉编织主要用于两种花型：绞花和阿兰花。

系统中移圈交叉编织的色码也分为两组，绞花和阿兰花一般都是采用几个色码形成，因此色码搭配时只能使用同组的色码。在同一行中连续使用多组锁骨色码时，为了

图2-181　色码分类选择

图2-182　提花色码排列

图2-183　通过色码号选择色码解

让系统能自动识别每一组独立的锁骨色码，需要不同组的锁骨色码。

第一组：18号色（下索骨，无编织），28号色（前编织，下索骨），29号色（前编织，上索骨），38号色（后编织，下索骨），39号色（上索骨，无编织）。

第二组：19号色（下索骨，无编织），48号色（前编织，下索骨），49号色（前编织，上索骨），58号色（后编织，下索骨），59号色（上索骨，无编织）。

注意：使用时同组色码配合使用，不同组色码不能混用；18号色与39号色，19号色与59号色码为偷吃色码，不能在一起使用。

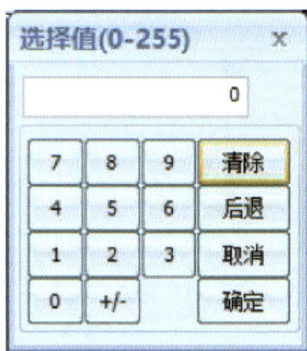

第五节　功能线

功能线作图区是用来描述花样图层的辅助信息，在行上一一对应。必要的信息若不在功能线作图区进行定义，编译时将会出现错误或警告信息提示。例如，普通色码不在"15功能线"上设置纱嘴，编译后将报错"编织行为设置纱嘴"。

在定义绘图区时，用户可以通过功能线下拉列表框或者功能线列表选择需要设置的功能

线，选择后的功能线显示在功能线区域最左边，进行参数设置。在功能线对话框中单击功能线选择下拉图标，将会出现如图2-184所示的1～30号自定义功能线。

一、节约（201）

【节约】即循环，表示绘图区当前行至某一行循环执行，在此功能线作图区所填写的字数代表循环的次数，即所在行重复编织的次数。光标在201色码功能线区域，单击鼠标右键，弹出如图2-185所示。

图2-184　功能线显示

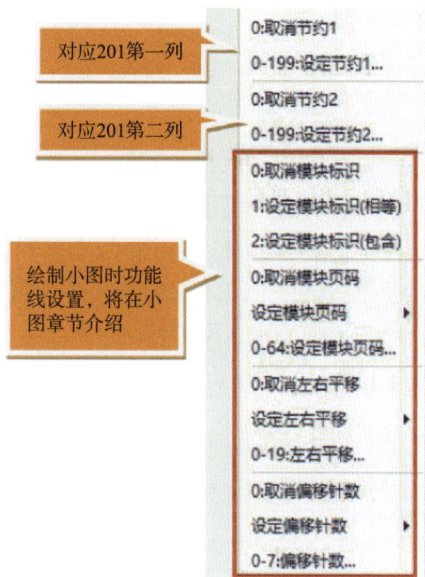

图2-185　节约功能线设置选项

【节约】的起点必须是CNT的奇数行，结束点必须是CNT的偶数行。两个节约次数相连时，必须分别设置在内节约和外节约上。

每执行一次大循环，都要执行n次小循环，例如罗纹循环设置，如图2-186所示。

编译后可以看到总共节约4次，如图2-187所示。

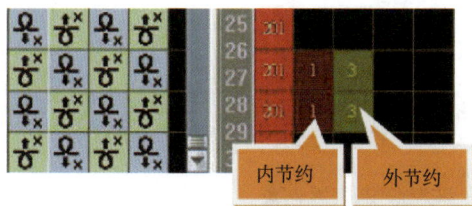

图2-186　节约设置

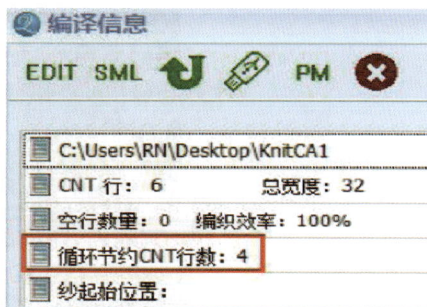

图2-187　节约循环次数显示

当【节约】上设置使用255色码时，代表循环9999次，如图2-188所示。

图2-188 节约循环行数显示

二、使用者巨集（202）

【使用者巨集】功能线用于使用者巨集色码编织动作成立自定义设置，如图2-189所示。当【使用者巨集】自定义的动作色码120~183在绘图区使用时，需设置使用者巨集功能线，否则将被系统默认为小图色码处理。给予【使用者巨集】定义后，自动生成动作文件，使用者色码会自动编译为拆分的动作，如图2-190所示。

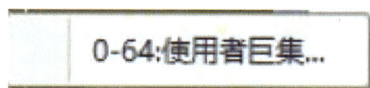

图2-189 使用者巨集选项

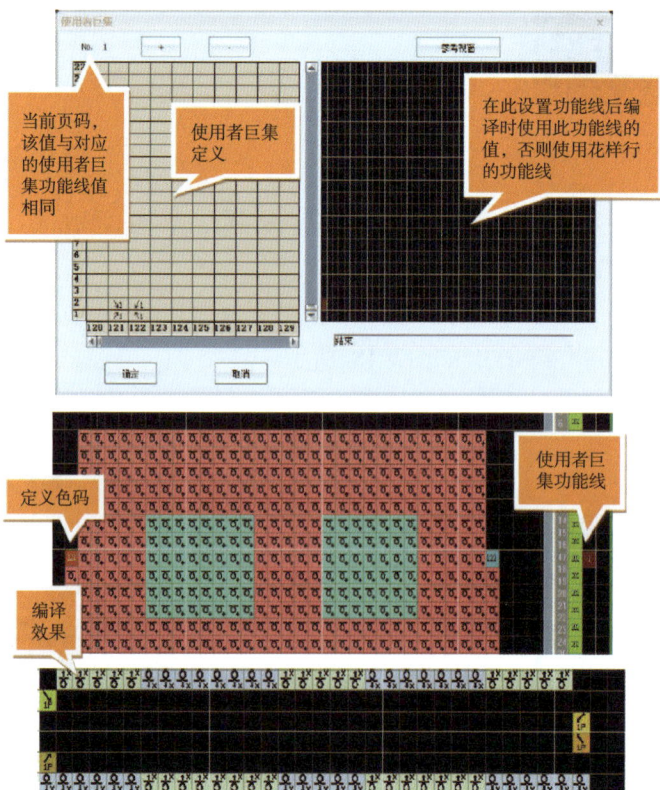

图2-190 使用巨集设置图解

三、取消编织（203）

取消编织选项表示当前花样行无论有无编织色码，都不执行编织动作，如图2-191、图2-192所示。

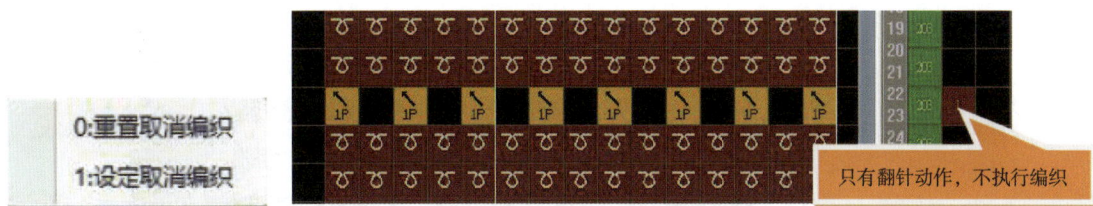

只有翻针动作，不执行编织

0:重置取消编织

1:设定取消编织

图2-191 取消编织选项　　　　　　　　　图2-192 取消编织设置

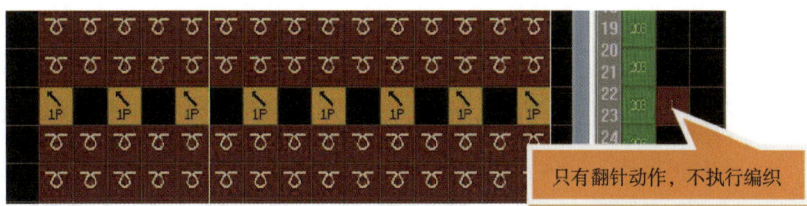

四、禁止连接（204）

禁止连接选项设置当前花样行与下一行是否连接，如图2-193、图2-194所示。

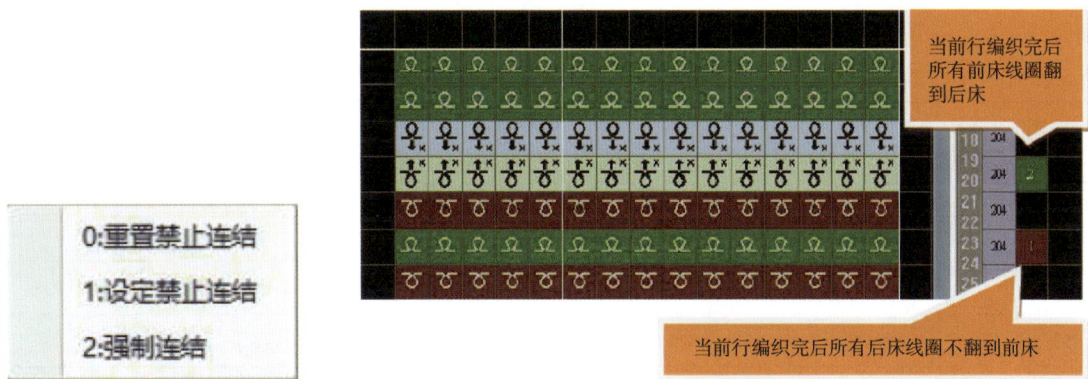

当前行编织完后所有前床线圈翻到后床

0:重置禁止连结

1:设定禁止连结

2:强制连结

当前行编织完后所有后床线圈不翻到前床

图2-193 禁止连接选项　　　　　　　　　图2-194 禁止连接设置

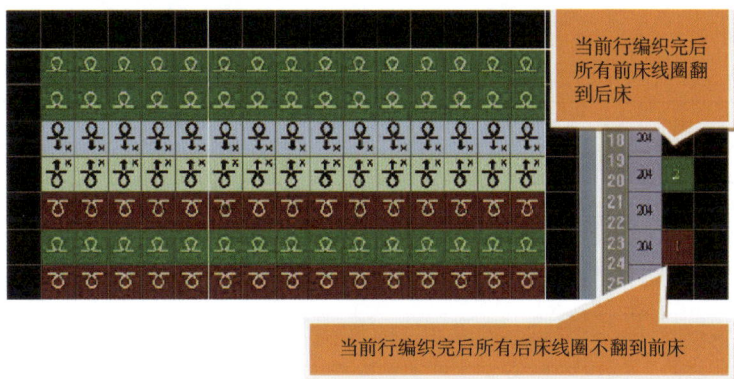

五、空行（205）

空行选项指在当前行后插入一个空白的动作，如图2-195所示。

0:重置空行

1:插入空行

2:消除空行

11:翻针位前编织

12:翻针位后编织

前编织的出针高度为翻针高度

后编织的出针高度为翻针高度

图2-195 插入空行设置

六、背面标识（206）

背面标识选项，如图2-196所示。

第一列：用来指定局部提花背面针床。可手动绘制花型后在此列设置背面针床；也可通过"背面描绘"工具设置好局部提花花型后，点击【执行】自动在206功能线上生成背面针床标识，如图2-197所示。

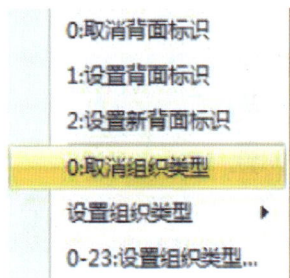

图2-196　背景标识设置选项　　　　　　　　　图2-197　背面针床标识

第二列：用于成型时标记组织类型。在"第二列"对应行上填上相应的数字表示不同的组织类型，见表2-1。成型设计确定后将自动生成对应的组织类型。

表2-1　不同组织类型数字代码

1	鸟眼四平	2	废纱四平	3	废纱拆行
4	主纱起底	5	起底空转	6	螺纹编织
7	过渡行	8	大身	9	（平收）夹边插行左
10	（平收）夹边插行右	11	自动插行	12	领子
13	领底拆行	14	领子左	15	领子右
16	翻针	17	落布	18	棉纱
19	落布2	20	PP线	21	起底板
22	废纱四平2	23	底橡筋		

七、度目(207)

度目选项，如图2-198所示。

（1）"编织时度目"：设定当前花样行中编织时度目段数。

（2）"翻针时度目"：设定当前花样行中翻针时的度目段数。

（3）"局部提花段数"：设定当前花样行中局部提花段的度目段数，如图2-199所示。

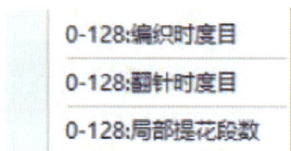

图2-198　度目设置选项

图2-199　度目设置图示

八、摇床（208）

摇床功能设置，如图2-200所示。摇床选项定义执行当前花样行时机器针床的摇床信息。一般机器是后床移动，也有前床移动。

（1）对应摇床功能线区域第一列，表示摇床方向。"0"表示针床右移，"1"表示针床左移。

（2）对应摇床功能线区域第二列，表示摇床针数，输入的值即为摇床的针数。

（3）对应摇床功能线区域第三列，表示摇床控制。"NULL"即0，表示前后针床相错，即针对齿；*表示前后针床相对，即针对针；"+"表示前后针床靠近*位3/4的位置；"–"表示前后针床靠近0位3/4的位置。

（4）对应摇床功能线区域第四列，表示摇床超过针数。

（5）对应摇床功能线区域第五列，表示摇床超过速度。

（6）对应摇床功能线区域第六列。

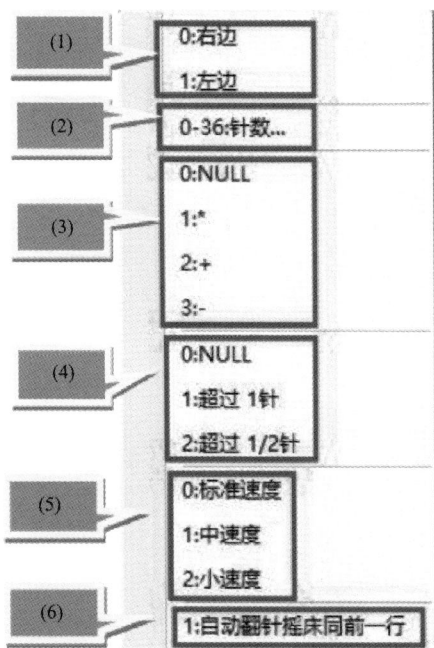

图2-200　摇床功能设置选项

九、速度(209)

速度选项定义执行当前花样行时编织动作的机头速度和翻针时的机头运行速度，如图2-201所示。

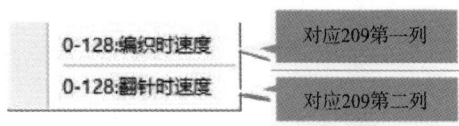

十、卷布(210)

卷布选项设置，如图2-202所示。

图2-201　速度设置选项图示

十一、副卷布（211）

副卷布选项定义当前行的副罗拉卷布速度，如图2-203所示。

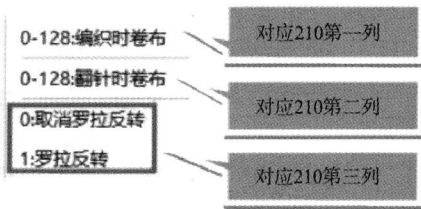

图2-202　卷布设置选项图示

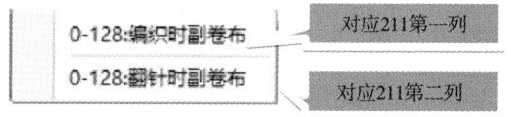

图2-203　副卷布设置选项图示

十二、副卷布开闭（212）

副卷布开闭选项设置，如图2-204所示。

十三、回转距+提花吊目（213）

回转距+提花吊目选项设置，如图2-205所示。

图2-204　副卷布开闭设置选项

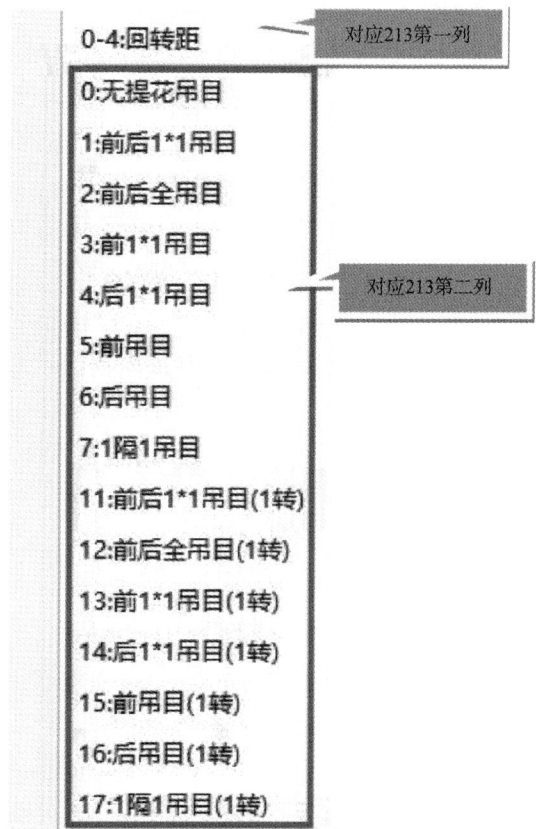

图2-205　回转距+提花吊目设置选项图示

"回转距"：定义当前行机头回转时，出编织区的针数。

功能线第二列设置提花莱卡型式，仅对提花色码有效，具体设置见提花设置。

十四、系统锁定+编织型式（214）

系统锁定+编织型式选项设置，如图2-206所示。

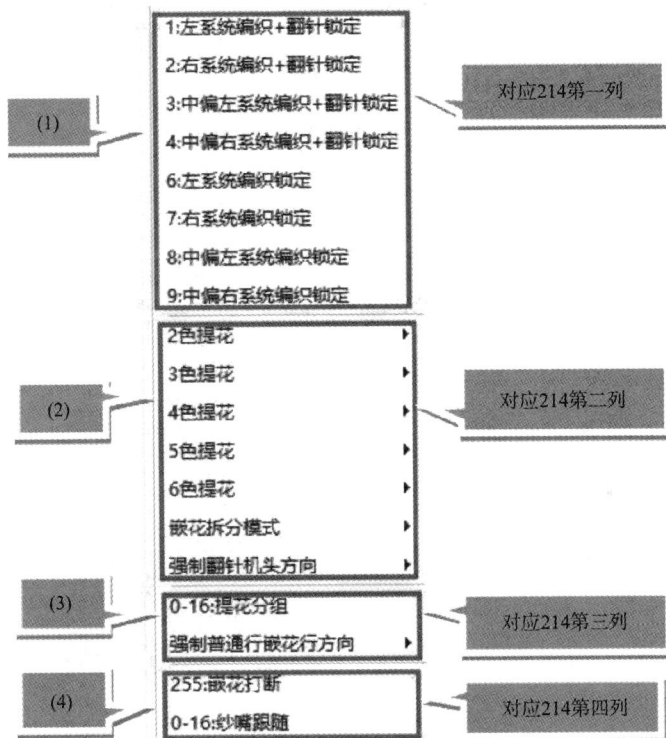

图2-206　系统锁定+编织型式设置选项图示

（一）功能线第一列

系统锁定：设定编织当前花样行时采用机器的哪个系统编织。功能线填写的数字与锁定部位一一对应。

（二）功能线第二列

1. 提花组织

提花组织用来设定绘图区提花色码的背床组织形式。例如，当光标停放在"2色提花"上时，弹出具体的2色提花组织供选择，如图2-207所示。功能线填写的数字与提花组织形式一一对应。

2. 嵌花拆分模式

嵌花拆分模式指的是嵌花、提花拆行编织的先后顺序。当光标停放在"嵌花拆分模式"上时，弹出具体拆分模式选项，如图2-208所示。

（1）"局部提花后行"：编织每行花样时，嵌花区域比局部提花区域先编织。

（2）"嵌花左侧先行"：在编织嵌花时先编织左侧的嵌花区域，如图2-209所示。

图2-207　提花组织主要类型

图2-208　嵌花拆分设置选项

图2-209　嵌花拆分模式图示

3. 强制翻针机头方向

强制翻针机头方向规定执行花样翻针动作时机头的运行方向。当光标停放在"强制翻针机头方向"时，弹出具体的方向指令，如图2-210所示。

（1）"NULL"：不强制机头运行方向，与默认花样行运行方向相同。

（2）"1"：强制翻针方向为右。

（3）"2"：强制翻针方向为左。

（三）功能线第三列

1. 提花分组

提花分组详见提花绘制。

2. 强制普通行嵌花方向

强制普通行嵌花方向规定执行当前花样行时机头的运行方向。当光标停放在"强制普通

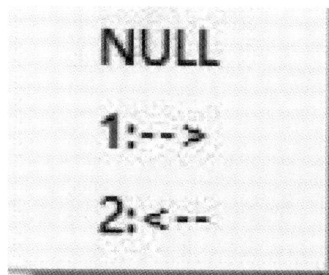

图2-210　强制翻针机头方向设置

行嵌花方向"时，弹出具体的方向指令，如图2-211所示。

（1）"NULL"：不强制机头运行方向，与默认花样行运行方向相同。

（2）"1"：强制编织方向为右。

（3）"2"：强制编织方向为左。

（四）功能线第四列

1. 嵌花打断

嵌花花型在纵向被普通色码间隔，此时需要在普通色码对应的功能线214第4列填上255色码，表示该花型被嵌花打断。嵌花打断后，在编织普通色码间隔区时，编织嵌花的纱嘴不带出，停在编织区域内踢纱嘴，如图2-212所示。

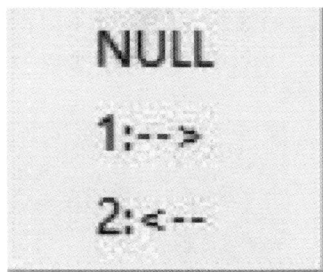

图2-211 强制普通行嵌花机头方向设置

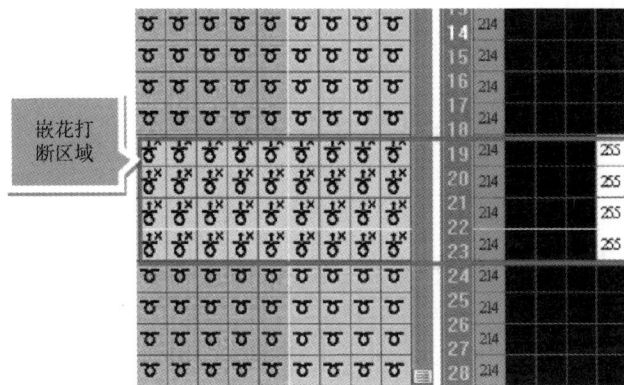

图2-212 嵌花打断图示

2. 纱嘴跟随

在花样行对应的功能线填上需要跟随的纱嘴号。机器在执行当前花样行时，会同时带上纱嘴功能线上所填的纱嘴和跟随的纱嘴。

十五、纱嘴（1）（215）

纱嘴选项设置，如图2-213所示。

"纱嘴方向"：仅仅显示用，编译成功后会自动显示，如图2-214所示。

十六、纱嘴（2）（216）

纱嘴（2）选项设置普通编织的宽纱嘴号，参考功能线215。

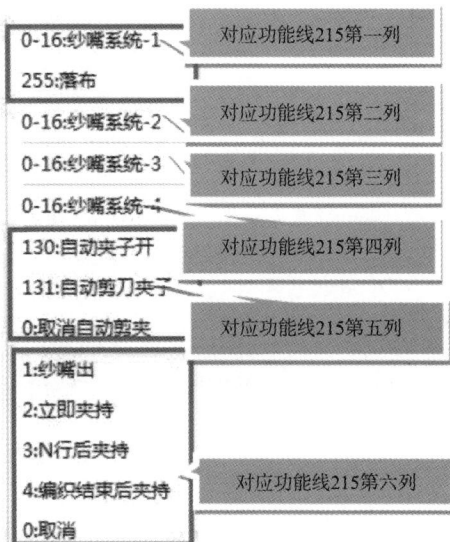

图2-213 纱嘴设置选项图示

十七、嵌花拆分（217）

嵌花拆分选项设置嵌花拆分方式主要有4种，如图2-215所示。

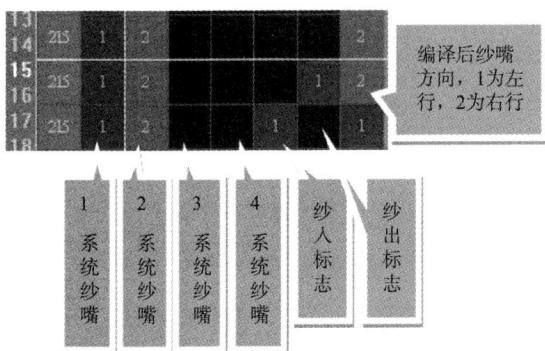

图2-214　纱嘴显示图解

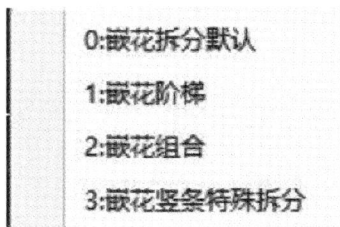

图2-215　嵌花拆分设置选项

十八、纱嘴（3）（218）

纱嘴（3）选项一般情况应用较少。

十九、纱嘴停放点（219）

纱嘴停放点选项设置，如图2-216所示。

（1）"纱嘴停放点"：设定纱嘴停放点段数。

（2）"设定停车"：设定后编织完对应花样行后机器停止运行。

二十、结束（220）

结束选项设定花型工艺结束点，在花样行对应的功能线220第一列填上1，表示工艺结束，如图2-217所示。

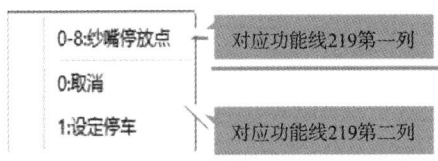

图2-216　纱嘴停放点设置选项

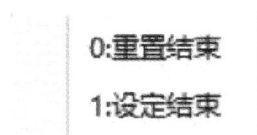

图2-217　结束设置选项

二十一、启动两边，翻针+编织（221）

启动两边，翻针+编织选项设定花样行编织和翻针动作组合形式，如图2-218所示。

二十二、分别翻针（222）

分别翻针（222）选项设定花样行翻针动作形式，如图2-219所示。

图2-218　翻针+编织设置选项　　　　　图2-219　分别翻针（222）设置选项

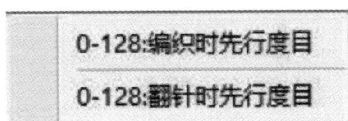

二十三、分别翻针（223）

分别翻针（223）选项设定沉降片度目段数，如图2-220所示。

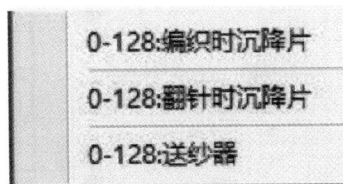

二十四、先行度目（224）

先行度目（224）选项，如图2-221所示。

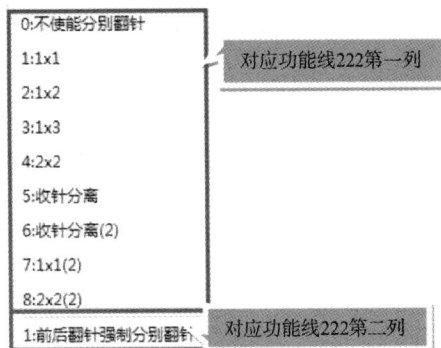

图2-220　分别翻针（223）设置选项　　　　图2-221　先行度目（224）设置选项

二十五、起底板（225）

起底板设置选项，如图2-222所示。

"0"：无起底板动作。

"1"：压线不隐藏时使用。

"2"：无起底板动作形式，与机器起底板模块配合。

"3"：压线隐藏时使用。

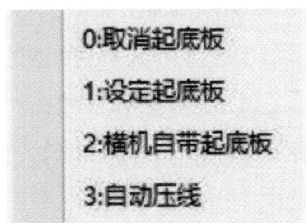

图2-222　起底板设置选项

二十六、起底板卷布（226）

该选项设定起底板卷布段数，如图2-223所示。

二十七、剪刀（227）

电脑横机剪刀设置，如图2-224所示。

"0"：不动作；"1"：左剪刀剪纱；"2"：右剪刀剪纱。

图2-223 起底板卷布设置选项

图2-224 电脑横机剪刀设置

二十八、夹纱闭（228）

电脑横机夹纱闭合设置，如图2-225所示。

"0"：不动作；"1"：左夹子1 夹纱；"2"：左夹子2夹纱；"3"：右夹子1夹纱；"4"：右夹子2 夹纱。

二十九、夹纱开（229）

电脑横机夹纱打开设置，如图2-226所示。

"0"：不动作；"1"：左夹子1 放纱；"2"：左夹子2 放纱；"3"：右夹子1 放纱；"4"：右夹子2 放纱。

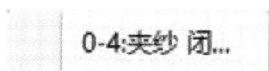

图2-225 电脑横机夹纱闭合设置

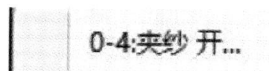

图2-226 电脑横机夹纱打开设置

三十、特殊处理（230）

特殊处理设置的选项，如图2-227所示。

1. 打褶

对应功能线230第一列。色码189和190用于向右缩针，色码199和200用于向左缩针。具体的实现方法与选择的打褶方式有关，在不同的打褶方式下有不同的含义。

（1）打褶—自动：功能线230设置8表示自动处理打褶，系统会根据实际收针数平均计算打褶针位，如图2-228所示。

（2）打褶1：色码189、190用于左侧，向右缩针，两个色码必须连续使用，并且色码189的个数必须是色码190使用个数的整数倍。重叠规则如图2-229所示。

色码199、200用于右侧，向左缩针，两个色码必须连续

图2-227 特殊处理选项

使用，并且200号色码的个数必须是199号色码个数的整数倍。重叠规则如图2-230所示。

功能线230设置9，翻针根据分别翻针设定，如图2-231所示。

（3）打褶1 4×4：功能线230设置10时，打褶的效果与打褶1相同，只是第一行与最后一行使用4×4翻针，如图2-232所示。

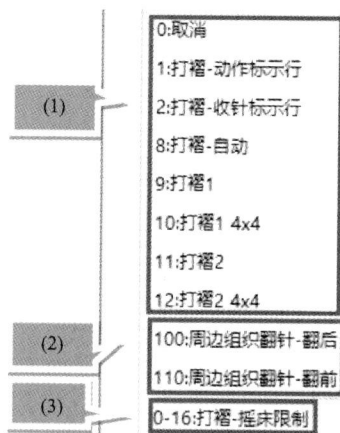

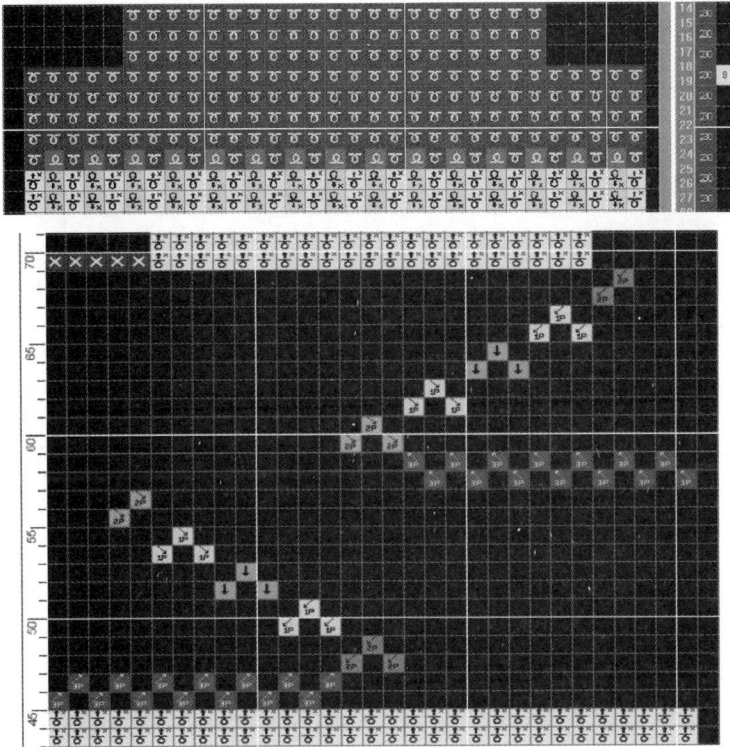

图2-228 自动打褶设置

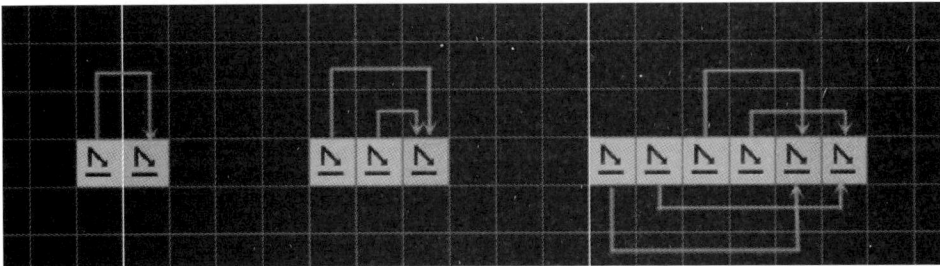

图2-229 打褶1图示

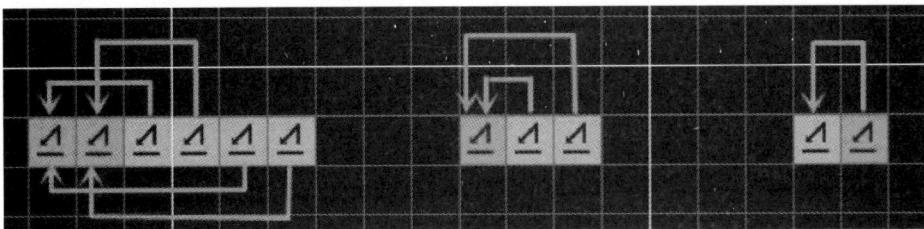

图2-230 打褶1重叠规则图示

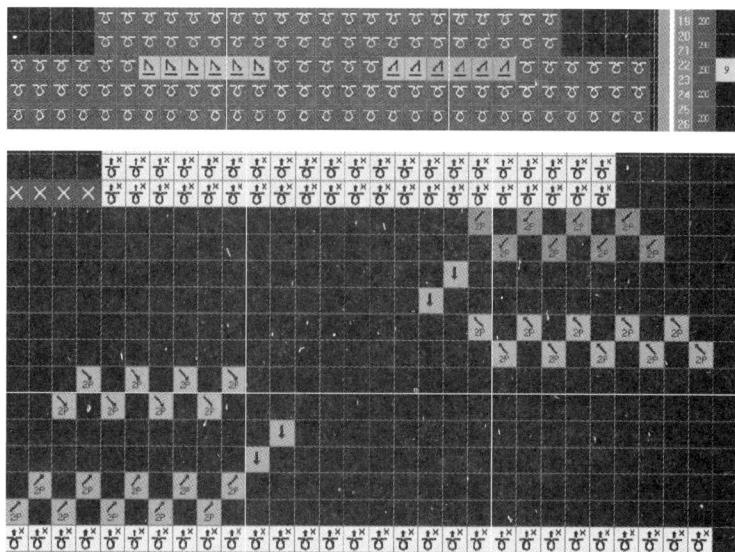

图2-231　打褶1编织工艺图示

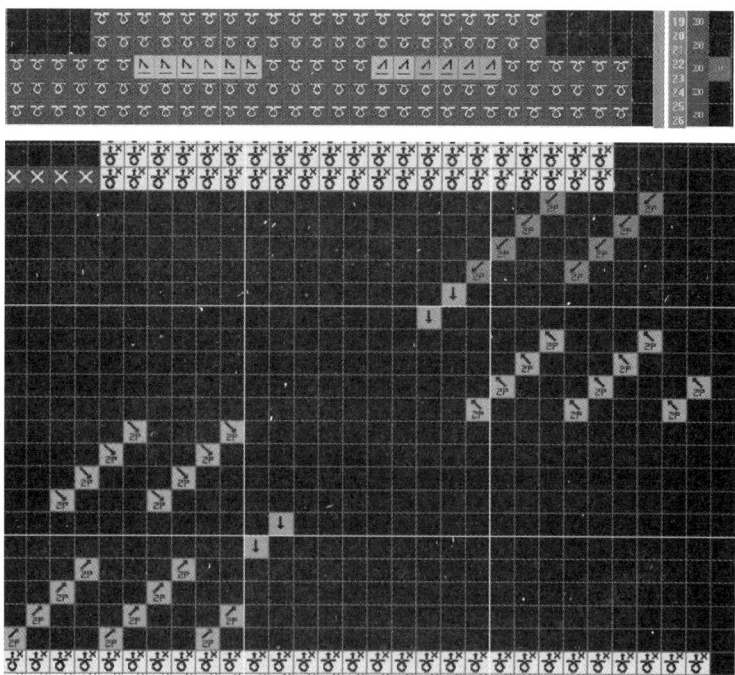

图2-232　打褶1　4×4编织工艺图示

（4）打褶2：如果想将打褶1做成折叠式的效果，可以使用打褶2。色码189、190用于左侧，向右缩针，两个色码必须连续使用，并且189号色码的个数必须是190号色码个数的整数倍；色码199、200用于右侧，向左缩针，两个色码必须连续使用，并且色码199号色码的个数必须是200号色码个数的整数倍。重叠规则如图2-233所示。

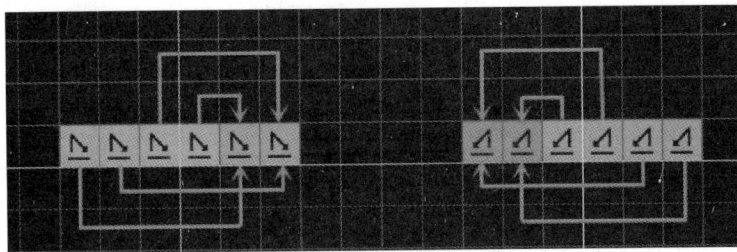

图2-233　打褶2重叠规则图示

功能线230设置11，翻针根据分别翻针设定，如图2-234所示。

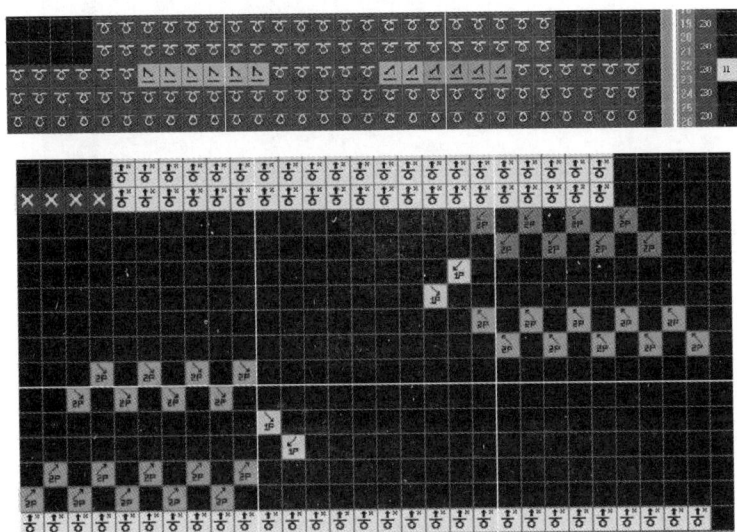

图2-234　打褶2编织工艺图示

（5）打褶2 4×4：功能线230设置12时，打褶的效果与打褶2相同，只是第一行与最后一行使用4×4翻针，如图2-235所示。

（6）打褶—动作标示行：不适用于"8：打褶—自动"。填打褶色码的行上有非前编织的动作色码（例如后编织、索股色码等）时，可将打褶色码单独填在一行，并标识为"打褶—动作标示行"，此行仅仅标识打褶的动作，不影响其他行，如图2-236所示。

（7）打褶—收针标示行：通常用于"8：打褶—自动"后即收针。被标识为"打褶—收针标示行"的仅仅只表示自动打褶的针数，这一行不会被执行编织动作，如图2-237所示。

2．周边组织翻针

周边组织翻针对应功能线第一列。当索股色码周边没有翻针动作时，可以使用该设置，有利于索股中的翻针摇床动作稳定执行，防止拉断线圈。

（1）周边组织翻针—翻后，如图2-238所示。

（2）周边组织翻针—翻前，如图2-239所示。

图2-235　打褶2 4×4编织工艺图示

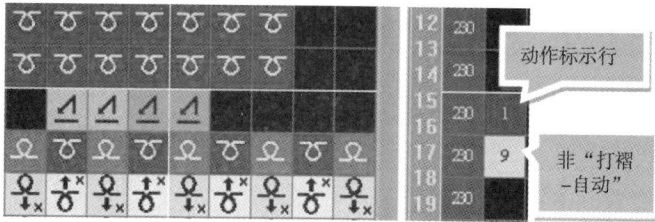

图2-236　打褶—动作标示行图示

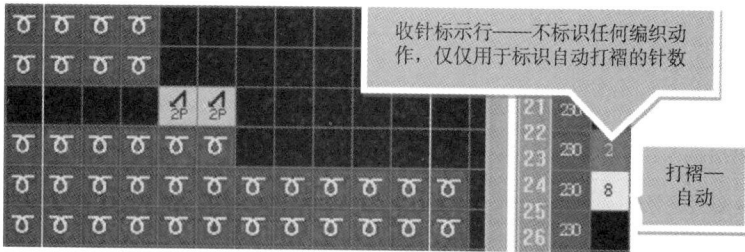

图2-237　打褶—收针标示行图示

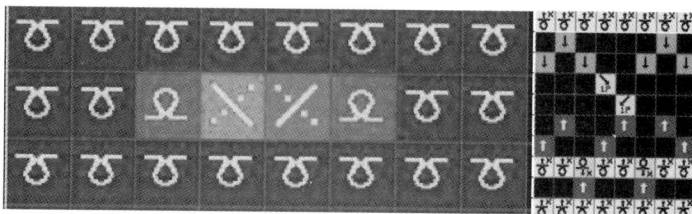

图2-238　周边组织翻针—翻后图解

图2-239　周边组织翻针—翻前图解

（3）打褶—摇床限制：对应功能线第二列，根据机器的情况而定，设置机器最大摇床数，如图2-240所示。

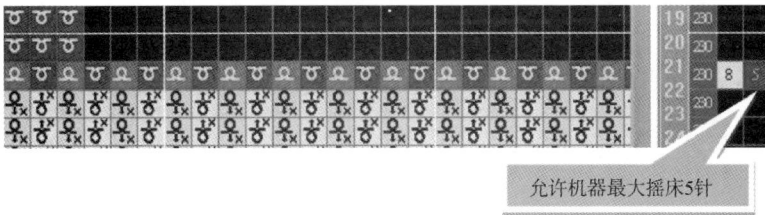

允许机器最大摇床5针

图2-240　打褶—摇床限制设置图解

基础理论与应用实操——

毛织服装花型设计基本组织程序编制

课程名称：毛织服装花型设计基本组织程序编制

课题内容：1. 毛织服装基本组织结构特点及程序编制

2. 毛织服装提花组织结构特点及程序编制

3. 毛织服装嵌花组织和绞花组织结构特点及程序编制

课题时间：20学时

教学目的：学生通过了解毛织服装基本组织结构特点、编织原理、色码使用，掌握基本组织程序编制方法

教学方法：1. 讲授法，掌握常用组织特点和编织原理

2. 演示法，能运用琪利软件对常用花型组织进行编制

教学要求：熟练掌握毛织服装常见花型组织的结构特点和编织原理，能琪利制板软件编制花型组织

课前（后）准备：课前熟悉琪利制板软件常用工具的使用，课后进行常见花型组织程序编制训练

第三章 毛织服装花型设计基本组织程序编制

第一节 毛织服装基本组织结构特点及程序编制

一、单面组织

1. 单面组织的概念

单面组织也称为单面纬平针，是毛织服装生产过程中最常用的组织之一，它是横机单针床编织出来的织物，织针呈满针排列，单元线圈横向相互连接，纵向相互套圈。单面组织线圈的组织结构如图3-1所示。

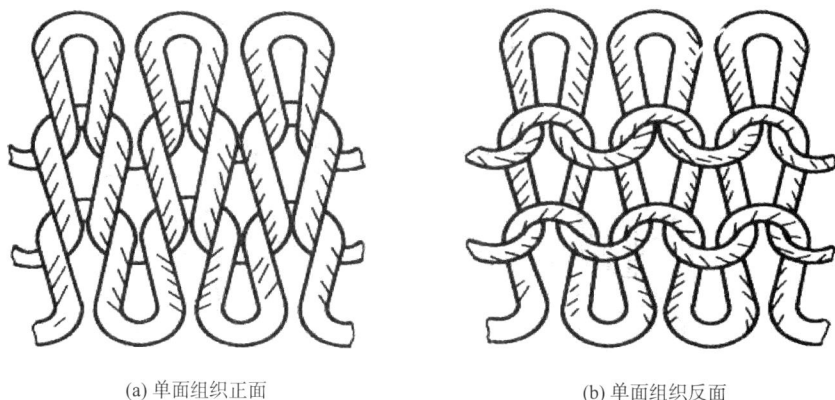

(a) 单面组织正面   (b) 单面组织反面

图3-1 单面组织结构图

2. 单面组织织物的制板

单面组织正面制板使用1号色码或8号色码，1号色码带自动翻针动作，即织完一行后，如果第二行是后针床编织，前针床的线圈会自动翻针到后针床。8号色码不带自动翻针动作，不会自动翻针到后针床，如果需要翻针，后面一行必须使用翻针色码才能进行正常翻针。单面组织的反面制板使用2号色码和9号色码。同样，2号色码带自动翻针动作，9号色码不带翻针动作。单面组织绘制方法如图3-2所示。

3. 单面组织织物的特性

单面组织织物因正反面属于不同的针床编织，所以正反面的外观形态不一样。一旦织片从电脑横机上卸下来之后，很难辨认是前针床编织还是后针床编织，因为编织时单面组织正反面的识别，取决于人在电脑横机前后位置。因编织过程中，线圈各部位受力的情况不一样，单面组织呈现卷边性，单面组织正面左右两边向反面卷边，上下向正面卷边，如图3-3所示。

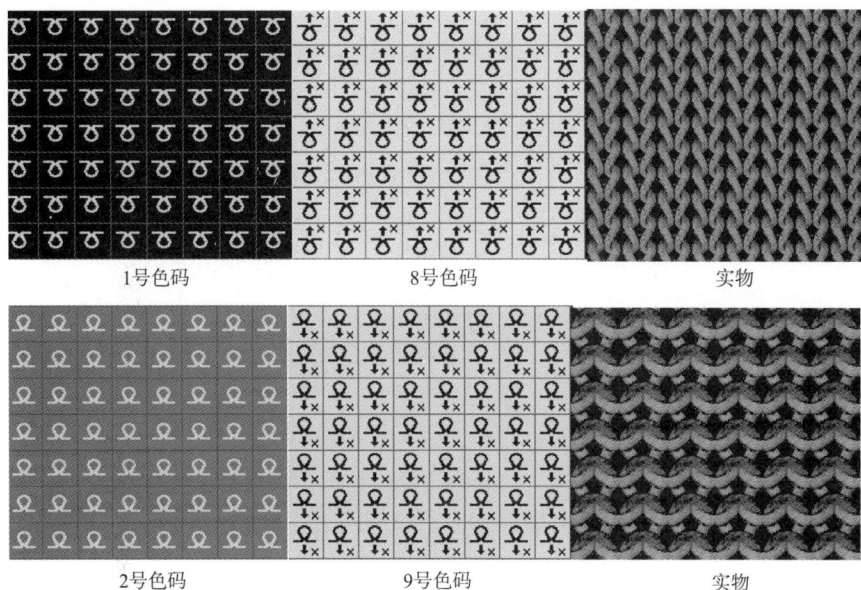

図3-2　单面组织制板与实物图示

図3-3　单面组织正反面实物效果

二、双面组织

1. 双面组织的概念

前后针床同时参与编织的组织成为双面组织。双面组织包括的花型比较多，比如双面平针织物（也称为四平组织）、罗纹组织、双面提花组织、圆筒组织、三平组织、打鸡组织等。双组织能够形成丰富的花型和立体形态，应用较为广泛。

首先讲解一下双面平针组织，其他双面组织结构后续章节将会详细讲解。

2. 双面平针织物的制板

双面平针织物制板采用3号色码或10号色码，3号色码带翻针动作，10号色码不带翻针动作。电脑横机在编织双面平针织物时，前后针床在同一号针上同时编织，前针床作为正面线圈，后针床作为反面线圈，如图3-4所示。

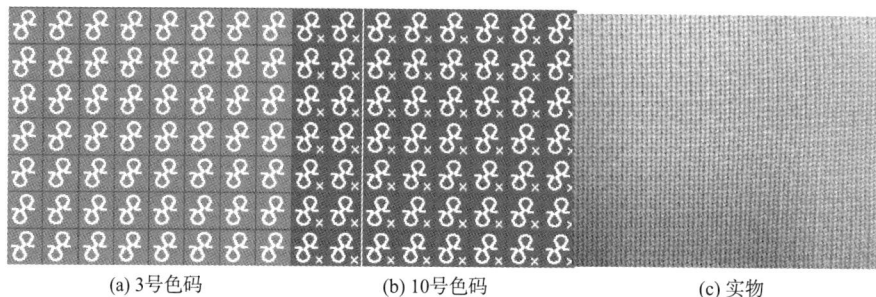

(a) 3号色码　　　　　　(b) 10号色码　　　　　　(c) 实物

图3-4　双面组织制板与实物图示

3. 双面平针织物的特性

双面平针织物的正反面线圈相互挤压，编织好后正反面都像正面线圈，只有将织片拉伸后才能看清楚组织结构。双面平针织物因前后针床同时编织，所以线圈受力均匀，不会出现卷边的现象。四平织物织片挺括，手感厚实，只有从最后一行才能拆散。

三、罗纹组织

1. 罗纹组织的概念

罗纹组织的组织结构与四平组织的组织结构类似，只是前后织针参与编织的织针数和排列方式不同，按照前后针床参与编织的织针数和排列方式，罗纹组织包括1×1、2×2、3×3等，两个数字相加就是罗纹的总针位，×号前面表示面织针数，×号后面表示底织针数。1×1、2×2、3×3罗纹组织属于"针对针"罗纹，即在编织过程中，前后针床的织针相对。

2. 罗纹组织的制板

罗纹组织制板一般采用8号色码与9号色码的组合，有时也采用10号色码，如2×1罗纹组织。2×1罗纹属于"针对齿"，即编织过程中，前后针床同一针位的织针错位排列，如图3-5所示。

3. 罗纹组织织物的特性

1×1罗纹组织前后针床织针按同一频率出针编织，织物的前后外观一致，线圈受力平衡，不会出现卷边的现象，且横向的弹性较好，一般用于毛织服装的下摆、袖口等部位。

2×1罗纹组织属于同一针床相邻两织针出针编织，而不像1×1罗纹组织和四平组织同一针床间隔出针，所以密度和厚度较两者大。2×1罗纹组织因用到10号色码，线圈受力稍不平衡，稍有点卷边，正反面外观一致。

2×2罗纹组织针床织针"针对针"对位编织，每个针床间隔空两针编织两针，前后针床出针规律一样，织物正反面外观形态一样，弹性和厚度大于单面组织织物。2×2罗纹组织常用于衣身、下摆、袖口等部位。

3×3罗纹组织是由3个前针床编织的线圈和3个后针床编织的线圈构成的基本单元组织，前后针床"针对针"对位，每个针床都是间隔空3针编织3针，具有卷边性，织物的正反面外观一致，立体感和装饰性比较强，一般用于衣身、下摆、袖口等部位。

1×1罗纹组织制板示意图　　　　　　　　1×1罗纹实物

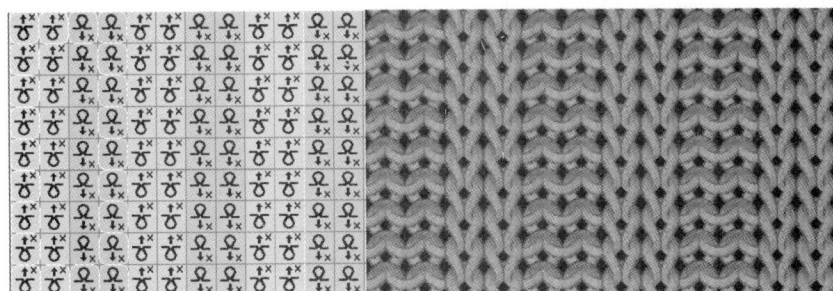

2×2罗纹组织制板示意图　　　　　　　　2×2罗纹实物

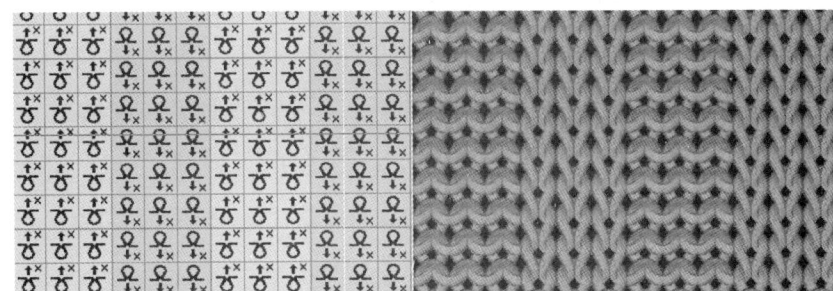

3×3罗纹组织制板示意图　　　　　　　　3×3罗纹实物

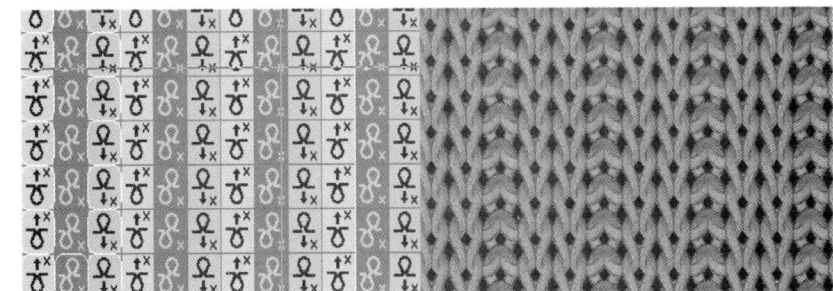

2×1罗纹组织制板示意图　　　　　　　　2×1罗纹实物

图3-5　罗纹组织制板与实物图示

四、圆筒组织

1. 圆筒组织的概念

圆筒组织也称为空转组织，属于双层纬平组织。编织时前后两个针床轮流参与循环式单面组织编织，左右边缘封闭，前后针床线圈无连接，两层分开，呈中空状态，好像一个袋子，因而称为圆筒。

2. 圆筒组织的制板

圆筒组织在琪利制板系统中，圆筒组织的制板一般运用8号色码和9号色码进行纵向"一隔一"行排列，并不断循环，具体色码运用方式如图3-6所示。

(a) 圆筒组织制板示意图

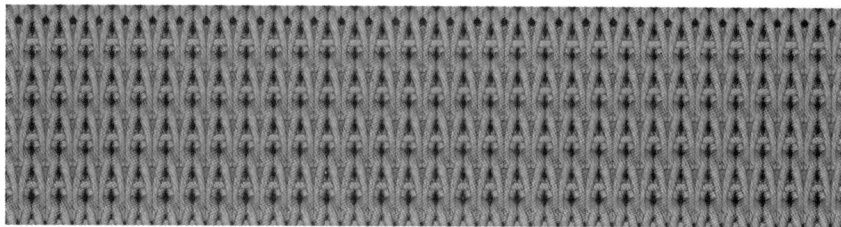

(b) 圆筒组织实物

图3-6　圆筒组织制板与实物图示

3. 圆筒组织织物的特性

圆筒组织有两片平纹组织构成，袋状外侧呈面针状态，内侧呈底针状态，表面光洁，织物性能与单面组织相同，因为是双层平纹组织，所以较单面组织厚实，这种组织结构常用于下摆、衣领、袖口等部位，也用于衣身一些特殊花型结构。

五、双反面组织

1. 双反面组织的概念

双反面组织是由一行正面编织线圈和一行反面编织线圈构成的基本单元组织结构。双反面织物在编织过程中存在前后翻针的现象，即第一行编织完后翻针至后，后编织一行结束后又翻针至前进行编织，前后编织与翻针不断进行循环。

2. 双反面组织的制板

双反面组织织物在编织过程中因涉及翻针动作，所以在制板过程中前编织色码运用1号色码，后编织色码运用2号色码，因为1号色码和2号色码都带自动翻针动作。如果运用8号色码和9号色码，必须添加翻针色码行，这样显得比较复杂。双反面组织制板方法如图3-7所示。

3. 双反面组织织物特性

双反面组织实际上是由一行正面线圈和一行反面线圈构成的花型组织，但因线圈受力和纱线弹性的作用，织片下机后，正面横列线圈的针编弧向后倾斜，反面横列的针编弧向前倾斜，从而形成纵向回缩而产生横向膨胀，所以正反面所观察到的是线圈的针编弧，类似于反面组织结构，因而称之为双反面组织。双反面组织织物因回缩力形成横向膨胀，所以纵向延展性较大，双向弹性较好，织物不卷边，手感蓬松柔和，较单面平针织物厚实，双反面组织常用于衣身花型结构，童装中运用较多。

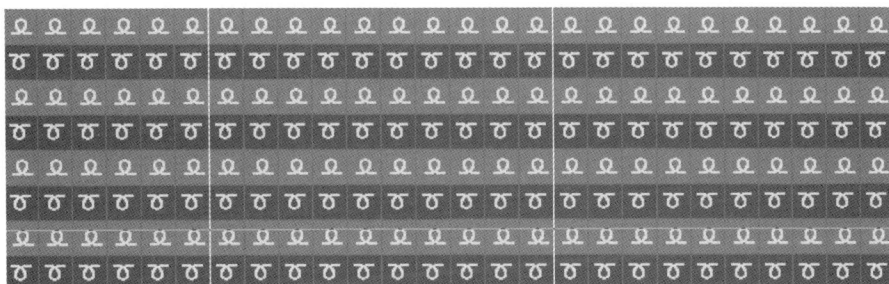

(a) 双反面组织制板示意图

(b) 双反面组织实物

图3-7　双反面组织制板与实物图示

六、吊目组织

1. 吊目组织的概念

吊目组织是在织针上添加集圈形成的，新添加的集圈使织针上的线圈变厚，织物变宽。一行前针床集圈，后针床编织，另一行后针床集圈，前针床编织，不断循环，则形成"双元宝"。

2. 吊目组织制板

琪利制板系统中，吊目组织制板的色码比较多，常用吊目色码包括4号色码（前吊目无连接）、5号色码（后吊目无连接）、6号色码（前编织后吊目）、7号色码（后编织前吊目）、208号色码（前吊目带翻针动作）、209号色码（后吊目带翻针动作）。以下以"双元宝"吊目组织为例，讲解一下吊目组织制板方法，我们使用1、2色码与4、5号色码制板，如图3-8所示。

3. 吊目组织织物特性

吊目组织织物属于双面组织织物，不卷边，因为在特定的线圈上新增加了集圈，形成多个线圈叠加，因而线圈"变胖"，织物变宽，横向弹性较好，织物表面立体感增强，手感蓬松，较单面组织织物厚实。常用于毛衫衣身做装饰性花型。

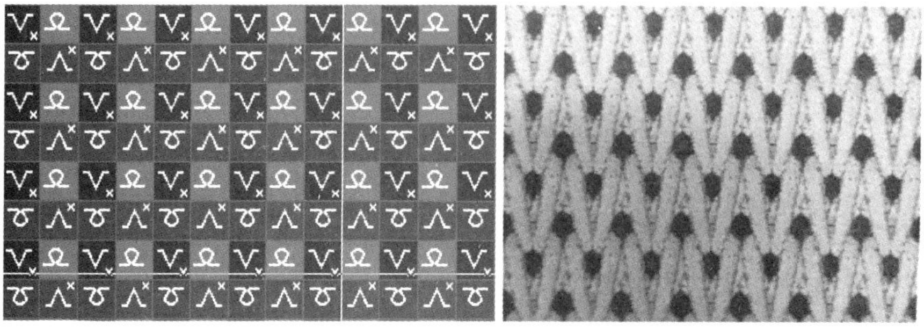

(a) "双元宝"吊目组织制板示意图　　　　(b) "双元宝"吊目组织实物

图3-8　吊目组织制板与实物图示

七、挑孔组织

1. 挑孔组织的概念

挑孔组织是指根据花型设计要求，通过对特定针床织针上的线圈转移到相邻的织针上而形成的孔状组织。其原理是将特定针床织针上的线圈翻针到另一个针床的织针上，然后通过针床横移，使翻针线圈偏移原来的位置，然后将线圈再一次翻针到原来的针床相邻的织针上。这样一来，原来针床被移走线圈的织针再次编织时形成空针起针，线圈无连接，从而形成孔眼，如图3-9、图3-10所示。

图3-9　挑孔组织实物图

图3-10　挑孔组织制板与实物图示

2. 挑孔组织制板

在琪利制板系统中，用于挑孔组织制板的色码比较多（详见琪利制板系统色码附录表），常用的色码组合包括21、31号色码、41、51号色码、61、71号色码等，每一种色码箭头的方向表示移针的位置，P前面的数字表示移针的针数。挑孔组织的制板主要按照花型结构网孔的排列方式和具体移针的位置来选择色码和确定色码的排列方式。同时在挑孔花型制板中，首先选定花型组织不断发生重复的单元组织，在完成基本单元制板后，进行复制，不断重复，如图3-10所示。

3. 挑孔组织织物特性

挑孔组织是在纬平组织基础上，将特定针床织针上的线圈转移到相邻的织针上，整个编织过程因涉及前后翻针移圈，所以机头动程增加，编织时间较长。挑孔组织织物因移针形成网状，轻薄透气，手感柔和。挑孔组织通过对称排列可以形成丰富多样的网眼组织，花型易形成丰富的节奏和韵律感，形成多样，变化丰富，款式时尚，常用夏装针织产品。

第二节 毛织服装提花组织结构特点及程序编制

一、提花组织的概念

提花组织是指两种或两种以上颜色的纱线交替编织而形成色彩丰富的图案组织结构。整个组织结构中，有几种颜色就叫几色提花。提花组织分为单面和双面提花，单面提花包括：浮线提花；双面提花包括：横条提花、芝麻点提花、空气层提花等。

二、提花组织的制板

提花组织制板的基本步骤：

（1）在花样页用提花色码绘制提花花型。

（2）根据实际需要设置功能线214。

（3）检查花型是否需分组，如需要分组，则使用第一组提花色码和第二组提花色码进行分组。

（4）根据相应的背床进行过渡。

（5）设置纱嘴。

（6）将功能线补充完整。

（7）编译检查，存盘上机编织。

三、典型提花组织类型

（一）浮线提花

1. 浮线提花的概念

在浮线提花组织中，彩色纱线编织时成圈，不参与编织时，在后面拉浮线，所以称为浮线提花。浮线提花织物背面我们能够看到较长的浮线，如果浮线过长，会影响编织，所以我们经常通过间隔性集圈将纱线固定在织片上，一般情况下拉浮线不能超过25.4mm（1英寸），浮线提花需修边，尽量让每把纱嘴以编织的形式回到边上，如图3-11所示。

(a) 正面   (b) 反面

图3-11　浮线提花成圈方式

2. 浮线提花的特点及制板

（1）提花组织常用色码。

第一组：

231 232 233 234 235 236 237 238 239

第二组：

241 242 243 244 245 246 247 248 249

当一片织片部分提花花型为两色，部分提花花型为三色时，需将提花进行分组，否则两色提花部分第三个颜色也参与后床。颜色数相同，用到相同纱嘴的为一组。

（2）浮线提花绘制，以两色提花为例：

第一步：首先用231号色码作为底色，232号色码用作提花色，花型绘制如图3-12所示。

第二步：选择14号功能线，在214号色码功能模式上单击右键，选择两色提花，选择"12：空针"，具体操作如图3-13所示。

图3-12　浮线提花编织组织结构图

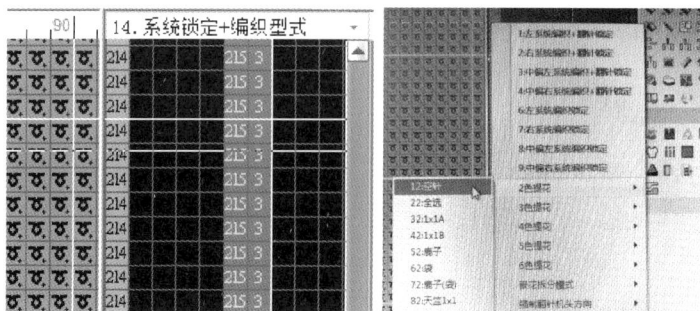

图3-13　浮线提花设置

3. 浮线提花实物

浮线提花实物如图3-14所示。

(a) 正面

(b) 反面

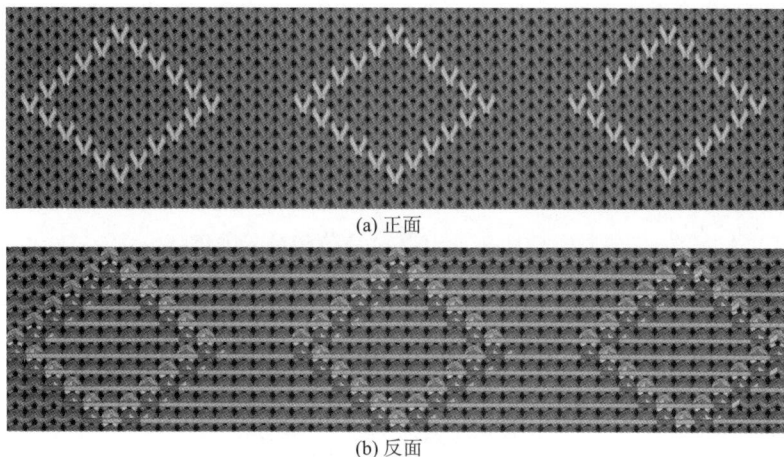

图3-14　浮线提花实物图

（二）横条提花

1. 横条提花的概念

横条提花也称全选提花，在编织过程中，正面的花型前针床按照图案设计的颜色进行正常编织，后针床每一种颜色所有的织针都进行编织，从而导致前后针床线圈行数不一致。比如，编织一个两色花型，前针床编织1行，后针床则编织2行，前后针床线圈比1∶2，如果是3色提花，前后针床线圈比则是1∶3，以此类推。

2. 横条提花的特点及制板

（1）横条提花成圈方式，如图3-15所示。

(a) 正面　　　　　　　　　　　　　　　(b) 反面

图3-15　横条提花成圈方式

（2）横条提花编织方式，如图3-16所示。

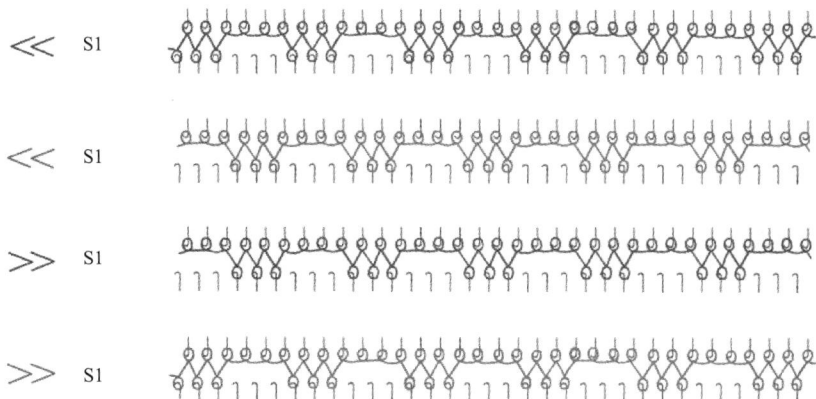

图3-16　横条提花编织方式

3. 横条提花制板

横条提花在制板过程中同样用上述两种色码进行绘制，之所以存在两组色码，是因为便于分组，比如在V领羊毛衫当中，如果左右两边都存在提花图案，将用不同的纱嘴进行编织，为了区分编织时使用的纱嘴，所以必须对色码进行分组，两组色码本身的意义差别不大。横条提花制板方式如下：

第一步：用231号色码作为底色，然后用232号色码作为图案的颜色，绘制出需要的图案花型，如图3-17所示。

图3-17 横条提花编织组织结构图

第二步：选择14号功能线，在214号色码功能模式上单击右键，选择两色提花，选择"22：全选"，具体操作如图3-18所示。

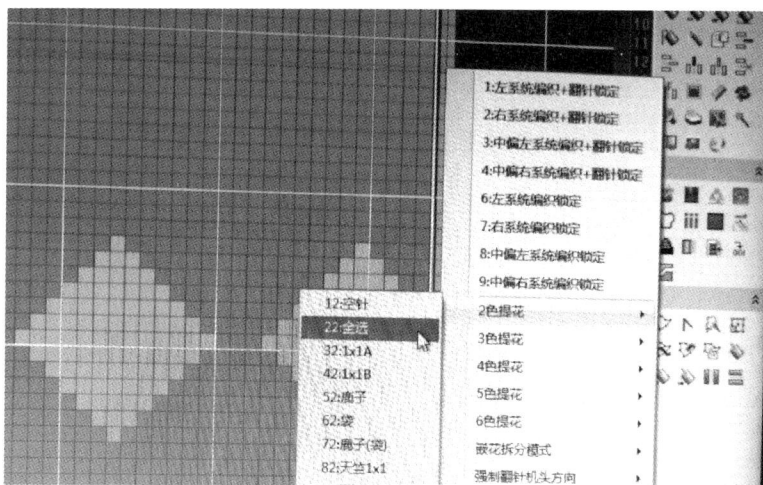

图3-18 横条提花设置

4. 横条提花实物图

横条提花实物图如图3-19所示。

（三）芝麻点提花

1. 芝麻点提花的概念

芝麻点提花是指前后针床织针上不同颜色的线圈前后交替编织，从而形成繁星般的芝麻点图案，因而称为芝麻点提花。

(a) 正面　　　　　　　　　　　　　　　(b) 反面

图3-19　横条提花实物图

2. 芝麻点提花的特点及制板

（1）芝麻点提花成圈方式，如图3-20所示。

(a) 正面　　　　　　　　　　　　　　(b) 反面

图3-20　芝麻点提花成圈方式

（2）芝麻点提花编织方式，如图3-21所示。

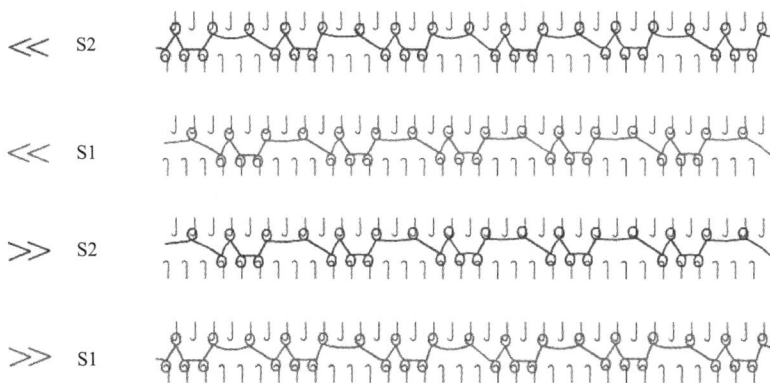

图3-21　芝麻点提花编织方式

（3）芝麻点提花制板。两色芝麻点提花，1×1—A，1×1—B，鹿子三者都是通用的，若做三色或三色以上，后板的斜度比较有规律的为鹿子，否则为1×1—A或1×1—B，两者通用。

第一步：我们使用提花色码231号色码和232号色码，画出需要的花型组织，如图3-22所示。

第二步：选择14号功能线，在214号色码功能模式上单击右键，选择两色提花，选择"32：1×1A"，具体操作如图3-23所示。

（4）芝麻点提花实物图

芝麻点提花实物图如图3-24所示。

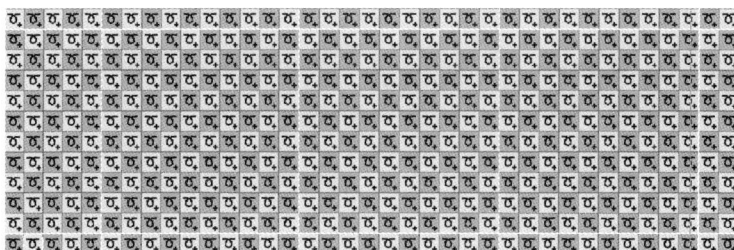

图3-22　芝麻点提花编织组织结构图

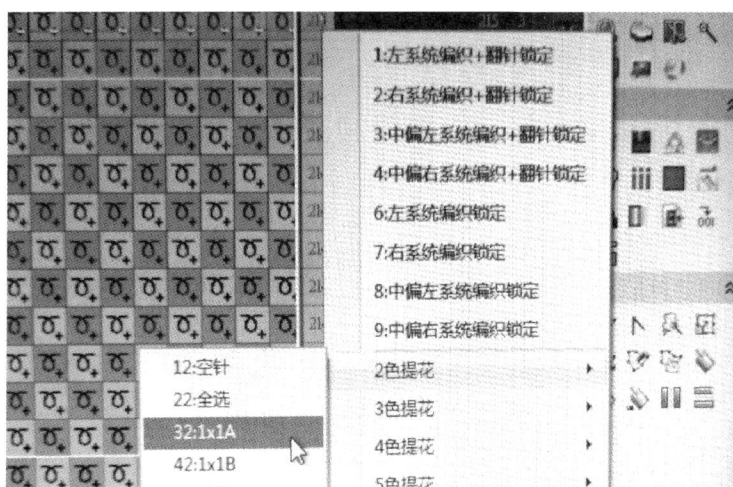

图3-23　芝麻点提花设置

图3-24　芝麻点提花实物图

（四）空气层提花

1. 空气层提花的概念

空气层提花织物正面按照花纹需要选针编织，织物反面与正面选针相反，正面编织时，反面不编织，正面不编织时，反面选针编织，其结构类似于圆筒，也称圆筒提花、空转提花。空气层提花要注意封口，让编织的两种颜色以芝麻点的图案形式相互交替编织可使织物边缘封口，否则织物前后片会出现脱离的现象。为节省纱线，后针床可以进行一隔一出针编织，形成网底，抽空1针称之1×1网底、抽空2针叫1×2网底，以此类推。

2. 空气层提花的特点及制板

（1）空气层提花成圈方式，如图3-25所示。

(a) 正面   (b) 反面

图3-25 空气层提花成圈方式

（2）空气层提花编织方式，如图3-26所示。

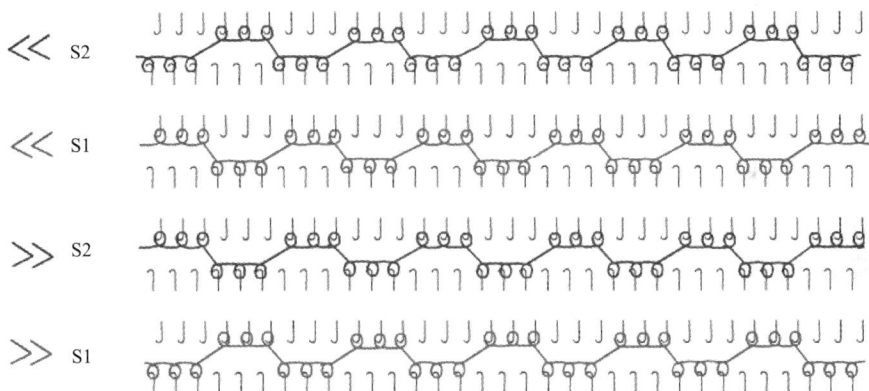

图3-26 空气层提花编织方式

（3）空气层提花制板。

第一步：使用提花色码分别画出底色和花型色，如图3-27所示。

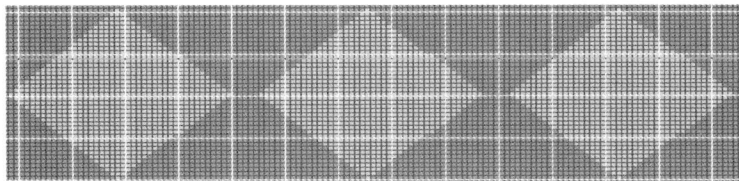

图3-27 空气层提花编织组织结构图

第二步：选择14号功能线，在214号色码功能模式上单击右键，选择两色提花，选择"62：袋"，具体操作如图3-28所示。

（4）空气层提花实物图如图3-29所示。

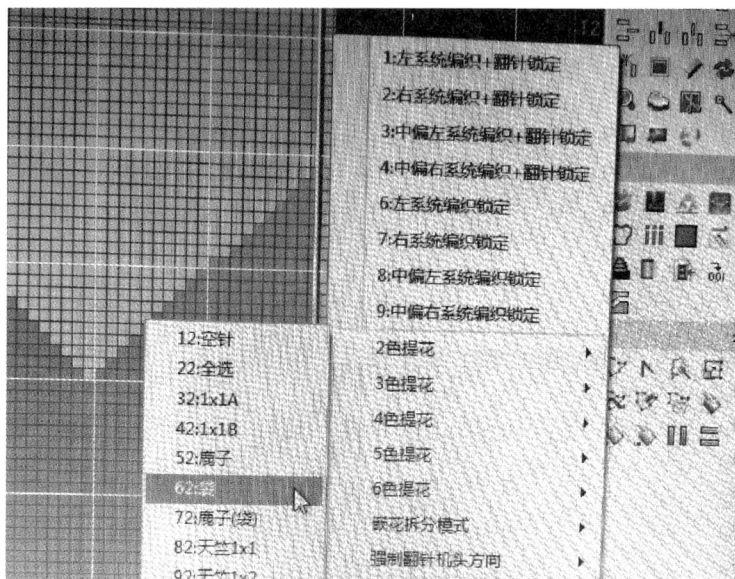

图3-28 空气层提花设置

(a) 正面   (b) 反面

图3-29 空气层提花实物图

三、其他提花组织类型

1. 鹿子（袋）

鹿子适用于三色或三色以上的提花，三色提花，前板一种颜色，后板两个颜色以芝麻点的图案形式交替编织。

2. 1×1天竺

后板1隔1空一针，第一个1代表编织的针数，第二个1代表不编织的针数。天竺也是袋的一种，同样需要注意边缘的封口问题。1×1天竺适用于两色提花。

3. 1×2天竺

后板空两枚针，适用于两色提花。

4. 1×2×2天竺

效果类似于1×2天竺，适用于三色或三色以上提花。

第三节　毛织服装嵌花组织和绞花组织结构特点及程序编制

一、嵌花组织

（一）嵌花组织的概念

嵌花是指形成组织时由两块或两块以上的不同颜色或不同种类的纱线编织成的花块，是纵向镶拼形成的花色织物。由于提花组织绝大多数属于双面，如果大面积进行提花，使用的纱线较多，织物厚重，为节省耗材，保持织物轻薄，手感柔和，很多色织花型经常使用嵌花组织进行编织。

（二）嵌花组织的制板

嵌花组织制板步骤如下：

第一步：纱嘴数量识别。

纱嘴数量识别是指嵌花组织在编织过程中需要添纱纱嘴的数量确认，便于设置纱嘴。一行里面如果一种颜色被其他颜色隔开，就需要用另外一把纱嘴来编织。如图3-30所示，虽然整个嵌花组织只有两种颜色，即红色和绿色，但是红色被绿色隔开了，所以要用到三把纱嘴，即两把红色纱嘴，一把绿色纱嘴。

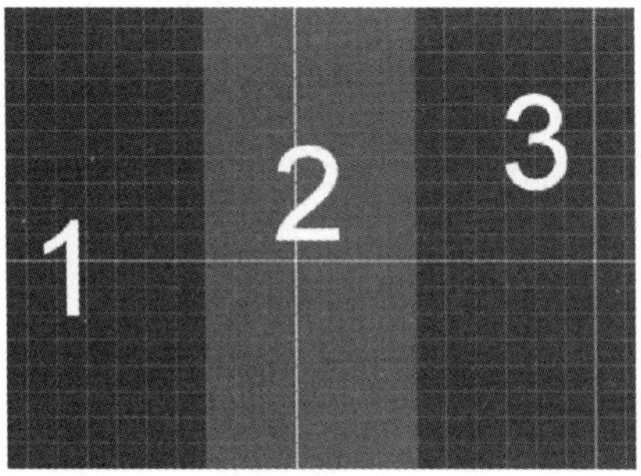

(a) 3把纱嘴 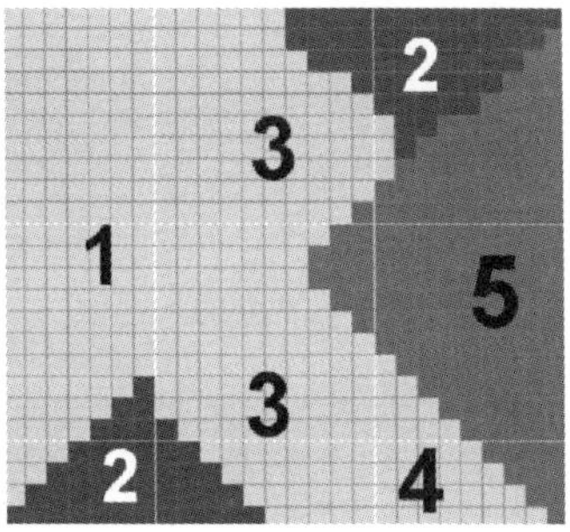　　　　　　　　　(b) 5把纱嘴

图3-30　嵌花组织纱嘴分析

第二步：选择嵌花色码。

嵌花组织的色码包括以下三组：

第一组：前编织色码：211～219号色码

第二组：后编制色码：201～209号色码

第三组：四平编织色码：221～229号色码

如果色码不够用，封闭区域可重复使用色码，封闭的嵌花区域内，也可使用其他普通色码。

第三步：引塔下纱嘴设置。

点击纱嘴设置图标，对纱嘴进行设置，如图3-31所示。L2是指2号纱嘴，L3是指3号纱嘴，以此类推。

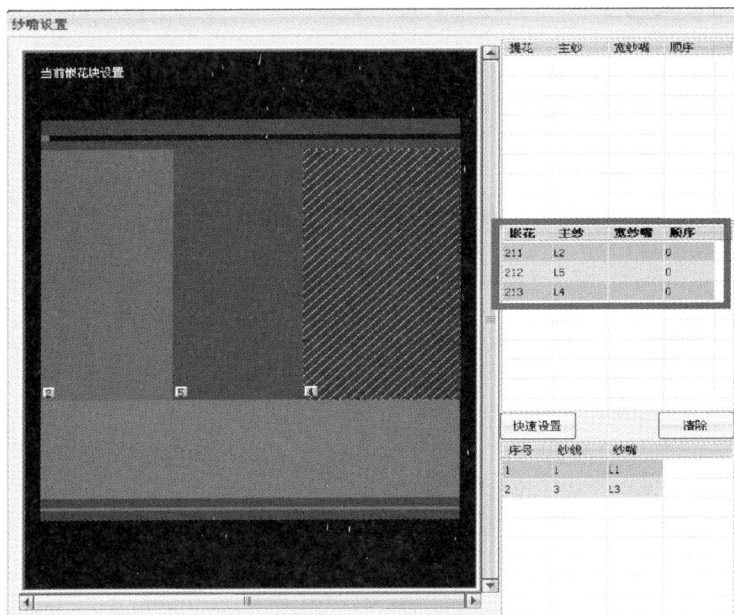

图3-31　嵌花组织纱嘴设置

第四步：编译。

纱嘴设置好后进行编译，编译成功才能作为上机文件，如图3-32所示。

图3-32　制板文件编译

二、绞花组织

（一）绞花组织的概念

将两组相邻纵行的线圈相互交换位置，就可以形成绞花效果。根据相互移位的线圈纵行数不同，可编织2×2、3×3等绞花。绞花具有方向性，绞花的先后顺序就决定了绞花的方向，先绞的在上面，线圈是看得见的，后绞的在下面，线圈被盖在下面。绞花可分为左压右绞花和右压左绞花，如图3-33所示。

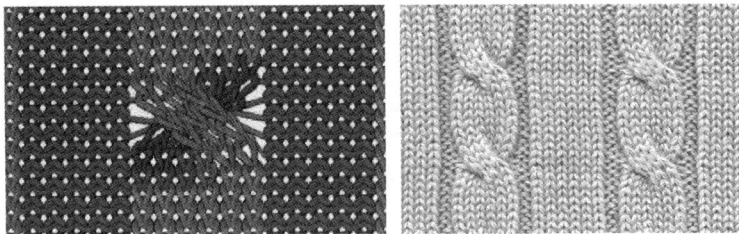

图3-33　绞花组织

（二）绞花组织的编织原理与步骤

（1）线圈正常编织。

（2）绞花线圈翻针至后针床。

（3）摇床移针，绞花线圈移动位置。

（4）绞花线圈交换位置后翻针至前正常编织。

为确保绞花正常进行，需对参与绞花的线圈进行放松，以免后针床横移将绞花线圈拉断或者脱圈，最简单的线圈放松方法为相邻的线圈"偷吃（拉浮线）"，使线圈的圈弧增长。"偷吃"要错行，不可在同行。

（三）绞花组织色码选择

1. 绞花组织色码解析

绞花组织所用的色码称之为索股色码，常用色码主要包括以下几种：

（1）18号色码：下索股（1），自带"偷吃"动作，在前后编织上面都进行。

（2）28号色码：前编织，下索股（1），带有编织动作，在前编织上面进行。

（3）29号色码：前编织，上索股（1），带有编织动作，在前编织上面进行。

（4）38号色码：后编织，下索股（1），带有编织动作，在后编织上面进行。

（5）39号色码：上索股（1），只进行翻针和移针动作，且自带"偷吃"动作，在前后编织上面都进行。

（6）19号色码：下索股（2），自带"偷吃"动作，在前后编织上面都进行。

（7）48号色码：前编织，下索股（2），带有编织动作，在前编织上面进行。

（8）49号色码：前编织，上索股（2），带有编织动作，在前编织上面进行。

（9）58号色码：后编织，下索股（2），带有编织动作，在后编织上面进行。

（10）59号色码：上索股（2），自带"偷吃"动作，只进行翻针和移针动作，在前后编织上面都进行。

2. 绞花组织色码使用及其基本原则

（1）有一个上索股必有一个下索股，且其中一个必带有编织动作，两个不带编织动作的色码不能在同行上出现。

（2）同组色码要配合使用，不同组色码不能混用。

（3）绞花色码的配对。根据绞花色码配合使用的原则，常用绞花色码配对如下：

A、18号色码—29号色码　　　B、28号色码—29号色码

C、28号色码—39号色码　　　D、29号色码—38号色码

E、38号色码—39号色码　　　F、19号色码—49号色码

G、48号色码—49号色码　　　H、48号色码—59号色码

I、49号色码—58号色码　　　J、58号色码—59号色码

（4）用拆分动作做绞花，需在空行的移针处将编织动作取消。

（5）绞花"偷吃"原则，若上索股"偷吃"，则"偷吃"结束后翻针，若下索股"偷吃"，在"偷吃"前需翻针。

（6）为了增强绞花的立体感，通常在绞花旁边加翻针。在摇床时，为避免摇床对后针床线圈的牵拉影响，在绞花前先把后针床线圈翻到前床，绞花结束再把线圈翻到后针床。

（7）为增加绞花线圈长度，放松绞花线圈，通常在"偷吃"的基础上通过前编织和后编织再落布来增加"偷吃"的浮线长度。编织不带纱嘴相当于落布，在落布行需在对应行的215号色码里填纱嘴255号色码。不好落布时可在208号色码摇床里对应落布行第二列里填1或2。

3. 绞花组织的制板

以最常见的阿兰花绞花组织为例。

（1）阿兰组织的概念：阿兰花组织是毛织服装中最常用的绞花组织。阿兰花绞花组织是利用移圈的方式使两个相邻纵行上的线圈相互交换位置，在织物中形成凸出于织物表面的倾斜线圈纵行，组成菱形等各种结构花型。

（2）阿兰花绞花组织的制板方法，如图3-34所示。

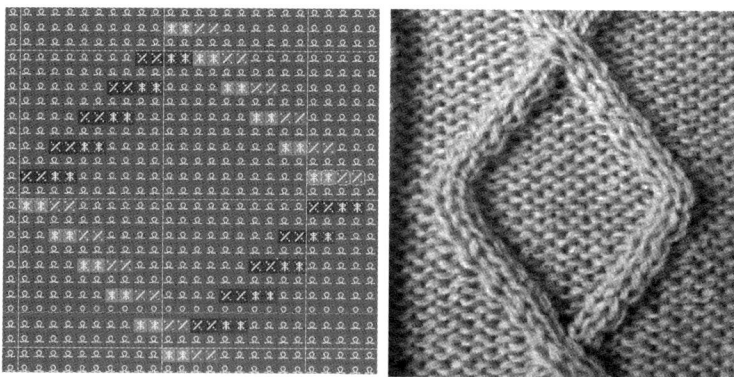

图3-34　阿兰花制板及实物图

画图时用2号色码画反针地组织，29号色码与18号色码为一组，49号色码与19号色码为一组，画出菱形块的四条边，在合并处需将其中一组不带编织的下索股改成带编织的下索股色码。

实战案例——

毛织服装生产工艺任务实操案例

> **课程名称：** 毛织服装生产工艺任务实操案例
>
> **课题内容：** 1. 普通圆领衫生产工艺实操案例
>
>   2. 多花型组织毛衫生产工艺实操案例
>
> **课题时间：** 20学时
>
> **教学目的：** 通过掌握毛织服装生产工艺单花型编制与编织工艺处理，形成系统的程序编制知识
>
> **教学方法：** 1. 案例法，通过案例了解毛织服装花型编制基本程序与方法
>
>   2. 讲授法，掌握毛织服装成衣生产花型编制系统知识
>
> **教学要求：** 引导学生进行案例分析，掌握系统的服装制板知识
>
> **课前（后）准备：** 课前熟悉案例，课后进行案例总结，掌握相关知识点

第四章　毛织服装生产工艺任务实操案例

　　毛织服装在生产之前，必须对客户提供的款式进行详细分析。首先对客户提供的样衣进行各部位尺寸测量，了解所用纱线要求，算出各种花型组织的横密与纵密，制作生产工艺单。然后对款式的花型组织进行分析，确定样衣各部位所采用的花型组织，通过制板软件对花型组织进行编制，然后对整个款式的生产工艺进行合理处理，确保毛织服装生产的质量和效率。所以，毛织服装生产需要吓数师傅与画花师傅的紧密配合。

第一节　普通圆领衫生产工艺实操案例

一、毛衫款式分析
　　在制作毛衫之前应对该毛衫的款式进行分析，以便制作服装生产工艺单和确定款式的花型。对毛衫的款式进行分析主要包括以下几个方面的内容。

（一）毛衫款式特征
1. 领型

毛衫的领型有：圆领、V领、方领、立领、翻驳领、不规则领型等。

2. 门襟

毛衫的门襟有：闭门襟、开衫门襟、偏门襟、不规则门襟等。

3. 袖子

毛衫的袖有：无袖、短袖、长袖、插肩袖、泡泡袖、不规则袖型等。

（二）毛衫各部位尺寸
主要尺寸包括：领宽、领深、肩宽、胸围、下摆围、衣长、袖长、袖口罗纹宽、下摆罗纹宽、领口罗纹宽等。

（三）衣身花型组织
衣身花型织主要包括：单面组织、双面组织、提花组织、嵌花组织、罗纹组织、挑孔组织、阿兰花组织等。

（四）纱线材料
主要纱线材料包括：包芯纱、羊毛、羊绒、兔毛、马海毛、棉纱等。

二、制作吓数工艺单
　　吓数工艺单制作包括尺寸测量、纱线选择、织片横密纵密测算、相关参数录入等，以女士普通圆领毛衫为例。

（一）款式分析

1. 款式特点

圆领、长袖、直筒套头毛衫。

2. 衣身花型组织

衣身为单面组织，领贴、袖口、下摆为2×1罗纹组织。

3. 纱线

2/48公支羊毛纱线，2代表两股纱线，48公支表示纱线粗细指标。

4. 尺寸

毛织服装由线圈结构构成，因纵横向有较大弹性，尤其横向弹性较大，同时在后整理过程中服装的尺寸会发生变化，所以在制作吓数工艺时，必须根据毛织服装在后整理过程中可能发生的尺寸变化，对毛织服装所测量尺寸进行处理。比如，毛织服装在整烫过程中，需用木制定型板套入毛衫内部进行定型性整烫，因定型板的宽度等同于胸围宽度，套入定型板整烫时，肩宽会被拉宽2cm左右，所以我们在处理肩部测量尺寸时一般会减少2cm。具体数据处理方式，根据款式特点和衣身花型组织特征酌情而定。圆领毛衫具体测量尺寸，见表4-1。

表4-1　毛衫各部位尺寸

毛衫部位	尺寸（cm）
胸阔（$\frac{胸围}{2}$）	42
肩阔（肩宽）	34
身长（衣长）	58
夹阔斜度（袖窿斜长）	20
膊斜（肩斜垂直高度）	2.5
领阔（领宽）	20
前领深	18
后领深	2.5
腰距（背长）	37
下脚阔（下摆宽）	36
领贴高（领口罗纹宽）	2
衫脚高（下摆罗纹宽）	6
袖嘴高（袖口罗纹宽）	6
袖口阔（袖口宽）	7.5
袖长膊边度（袖长）	58
袖阔（$\frac{袖肥宽}{2}$）	14

图4-1　女士圆领毛衫

（二）吓数工艺制作

毛衫在制作过程中，必须制作吓数工艺单，目前市场上普遍使用的吓数工艺单制作软件是智能吓数软件。打开智能下数软件就可以开始制作吓数工艺单。

1. 吓数软件界面

双击智能吓数软件，出现如图4-2的界面。

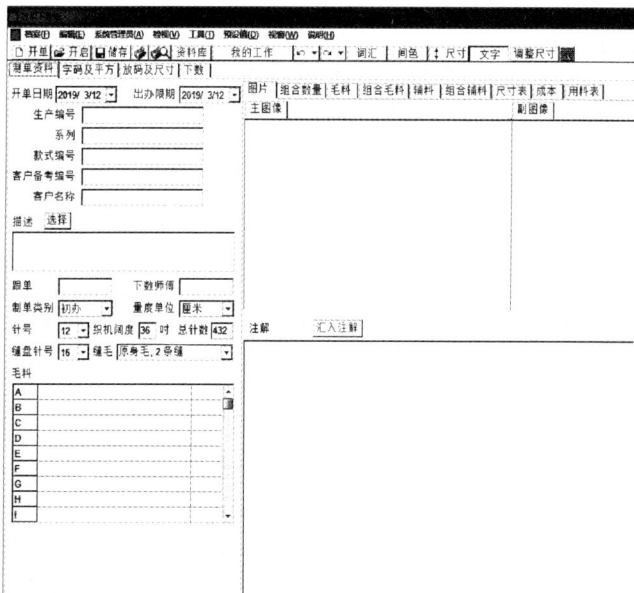

图4-2　智能吓数软件主界面

2. 输入毛衫信息资料

输入毛衫相关的信息资料，根据款式具体信息要求进行输入，包括客户信息、生产数量、纱线材料、尺寸等，选择电脑横机针号和用于缝盘的针号，如图4-3所示。

图4-3　毛衫客户资料输入

客户信息根据实际情况填写，款式描述根据毛织服装的款式特征填写，跟单和吓数师傅可以根据公司的具体情况填写，制单类别根据下拉菜单的实际情况选择，量度单位有厘米和英寸，根据客户样板提供的尺寸信息填写，针号根据款式要求填写，缝盘针号一般情况下12针电脑横机选用16针的缝盘机型，缝毛的选择则根据客户要求填写。

3. 输入款式制作数量

数量单位可以选择"件"或者"打（12件）"，输入具体的数值，表示每个款式生产的总数量，如图4-4所示。

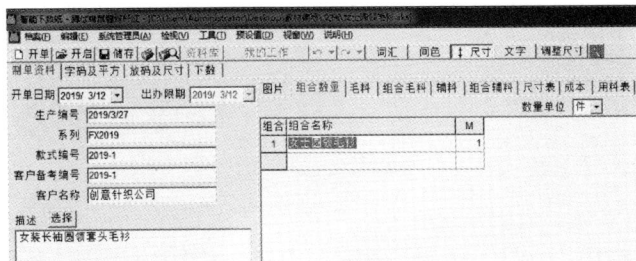

图4-4　毛衫制作数量资料输入

4. 毛料信息资料录入

如果款式中涉及辅料，则按款式要求录入所用辅料信息，如果没有涉及，则不用输入。

5. 毛衫各部位尺寸输入

在毛织行业中，毛衫各部位的称呼不同于机织服装，比如机织服装中的"胸宽"，在毛织行业中一般约定俗成称之为"胸阔"，毛衫与针织服装各部位称呼详见"表4-1　毛衫各部位尺寸"。以表4-1为依据，按照毛衫具体测量尺寸，输入相关的数据信息，如图4-5所示。

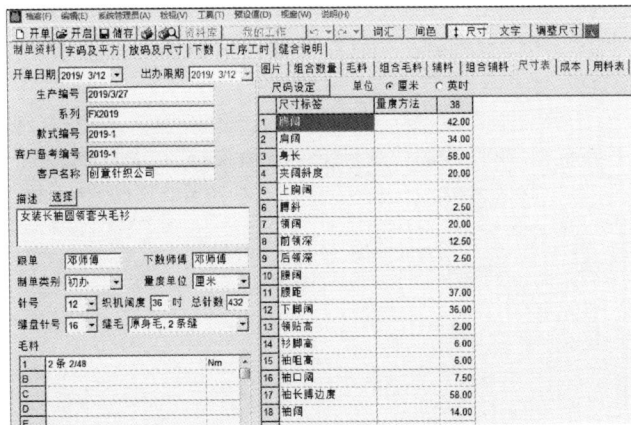

图4-5　毛衫各部位尺寸输入

6. 输入字码平方

"字码平方"是指织物的横向密度和纵向密度，横向密度是指单位厘米有多少支针，即多少个线圈；纵向密度是指单位厘米有多少转线圈，1转等于2行。"面字码10支拉"是指横向10个线圈用力拉后的长度，单面组织一般为1.5寸。

　　"平方6.15支×4.12转/平方厘米"是指制作的毛衫横向密度每单位厘米6.15支针，纵向密度每单位厘米4.12转，织物的横密和纵密根据具体织物的密度来填写。在计算织物横密与纵密时，一般选择"全长拉"，"吊度拉力""手拉拉力""落机重量"等，根据具体测量数据填写，如图4-6所示。

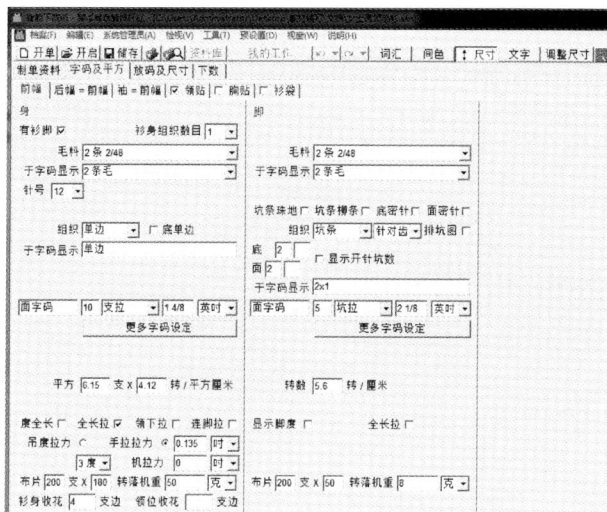

图4-6　毛衫字码平方输入

　　"脚"是指袖口、下摆、领口等所使用的罗纹组织参数，根据具体情况来填写。
　　目前制作毛衫款式的前幅、后幅、袖子的花型组织都是单面组织，所以选择前幅、后幅、袖子的字码平方一样，如果花型组织存在变化，则根据实际测量的字码平方填写。
　　"领贴"即领口罗纹，因为"领贴"跟衣身花型组织不一样，所以字码平方要根据实际情况填写，如图4-7所示。

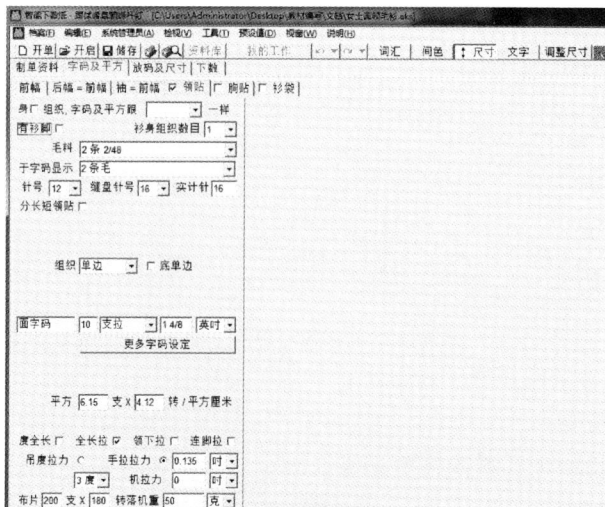

图4-7　领贴字码平方输入

7. 放码尺寸

当制作的毛衫是单件时，可以不用放码，如果是批量生产，则根据具体每个码生产的数量进行放码，放码的方式包括相差方法和数值放码。

8. 款式选择

相关的参数资料输入完毕后，点击【吓数】，智能下数软件将会弹出款式特征选择的相关信息，如图4-8所示。

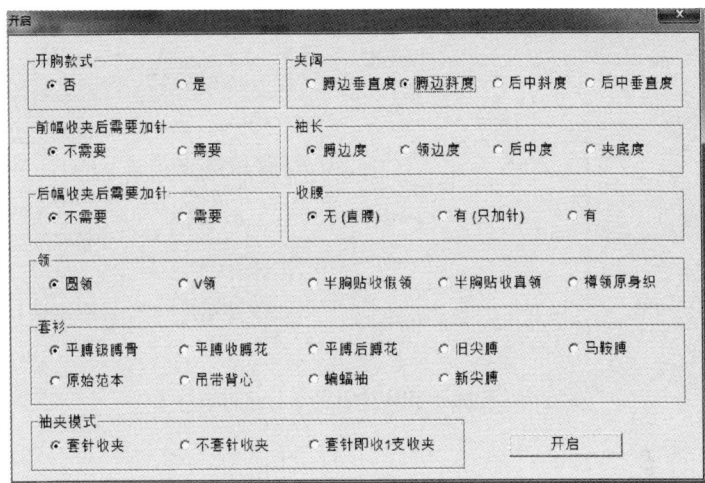

图4-8 款式特征信息选项

（1）"开胸款式"是指前开胸，毛衫前幅分为左右两片，当制作的是套头衫，所以选"否"；"夹阔"是指袖窿深的测量方法；"膊边垂直度"是指肩端点到袖窿底点的垂直距离；"膊边斜度"是指肩端点到侧缝袖窿底点的斜向距离。

"后中斜度"是指后幅横开领中点到侧缝袖窿底点的斜向距离；"后中垂直度"是指后幅横开领中点到袖窿底点的垂直距离，通常做法选择"膊边斜度"。

（2）"前幅收夹后需要加针"，该选项一般选择"否"，因为选"是"，在制作过程中会增加难度，影响编织效率，如果客户有特需要求时才选择"是"。

（3）"袖长"是指袖子长度的测量方法，通常选择"膊边度"，即肩端点到到袖口的长度；"领边度"是指颈测点到袖口的长度；"后中度"是指后横开领的中点到袖口的长度；"夹底度"是指袖窿底点到袖口的距离。

（4）"后幅收夹后需要加针"，跟前幅一样，一般选择"否"。

（5）"收腰"根据具体情况选择，这里选择"无（直腰）"。

（6）"领"是指领型的选择，该款选"圆领"。

（7）"套衫"选择项包含各种袖型，该项要根据具体款式来选择，该款选"平膊收膊花"。

（8）"袖夹模式"是袖窿底点平位收针的方式，该款选择"套针收夹"，即以套针的方式收针。

9. 生成吓数

款式特征勾选完后，点击"开启"，智能吓数软件将会自动生成吓数工艺，如图4-9所示，但系统自动生成的吓数工艺并不是该款需要的，因此必须根据具体款式对吓数工艺进行修改。

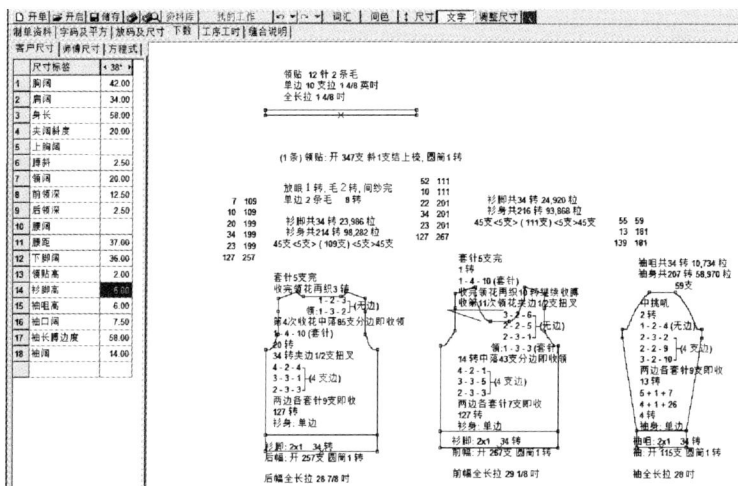

图4-9　智能吓数软件自动生成的吓数工艺

10. 吓数尺寸调整

因针织物弹性属性及在后整理过程中，织物的尺寸会发生变化，所以，在制作吓数工艺之前，必须对吓数尺寸进行调整。在调整尺寸过程中，首先调整衣身横向尺寸，然后调整衣身纵向尺寸。在进行尺寸调整过程中，从后幅开始。为方便放码，在调整吓数尺寸时，一般使用方程式的模式进行调整。同时为了界面干净整洁，在操作界面上的菜单栏中关闭【文字】，点击【尺寸】，这样操作界面只显示尺寸，如图4-10所示。

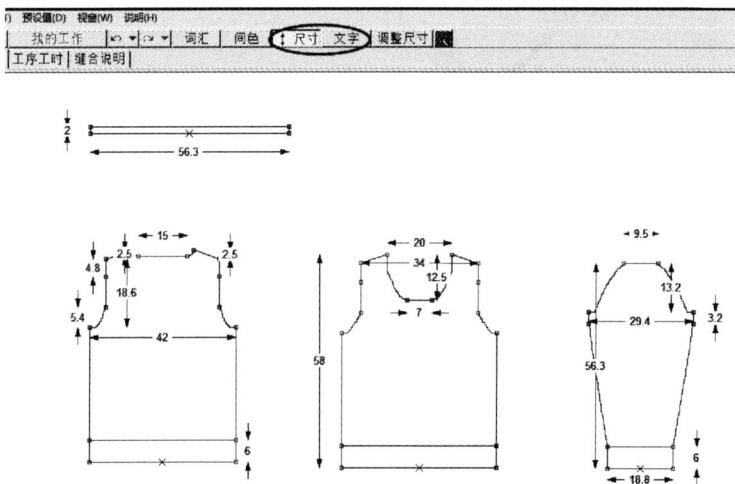

图4-10　操作界面优化

（1）后幅吓数横向尺寸调整步骤如下：

第一步：点击后胸宽的"起始点"，当"起始点"变成红色时，单击右键，选择"新增横向方程式"，如图4-11所示，然后在光标处出现一条指示线，将指示线从起始位置延伸到右边袖窿底点，然后点击左键，将会出现如图4-12所示的对话框，点击"尺寸标签"的空白框，输入"实际后胸阔"，然后点击"算式"的空白框，"可用的变数"栏被激活，在下拉菜单中选择"胸阔"，然后结合对话框右边的运算符号，完成算式栏的方程式形成运算公式，从而对后胸宽的尺寸进行调整，点击【确定】后，后幅前胸宽（阔）将变成41cm。

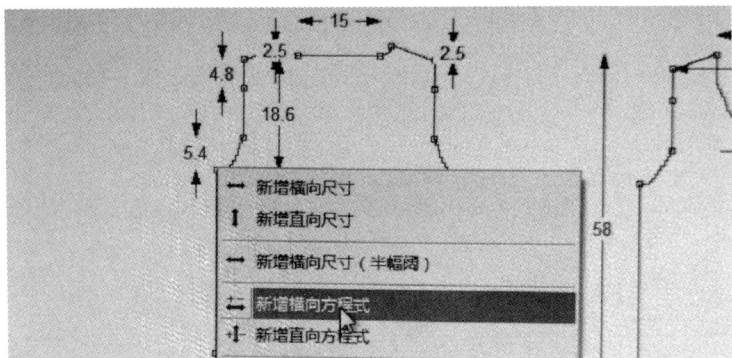

图4-11　操作界面优化

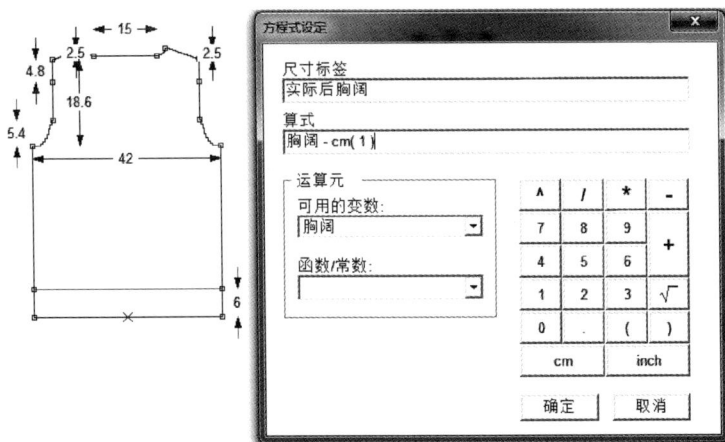

图4-12　后胸宽尺寸调整方程式输入

第二步：如图4-13所示，将光标放在后胸宽（阔）横向标注线上，当标注线变成红色时，单击右键，选择"用作横向尺寸"，将前胸宽（阔）的尺寸分别复制给下摆横向尺寸的两条标识线，如图4-14（a）所示。

点选"用作横向尺寸"后，将光标的指示线分别连接需要复制的两个点，实现后胸宽（阔）尺寸复制。如图4-14（b）所示，这样一来，下摆（脚）宽也变成了41cm。

第三步：用同样的方法调整后领宽（阔）、后领底平位、后肩宽吓数尺寸。

实际后领宽（阔）尺寸调整方程式：

图4-13 前胸宽（阔）横向尺寸复制

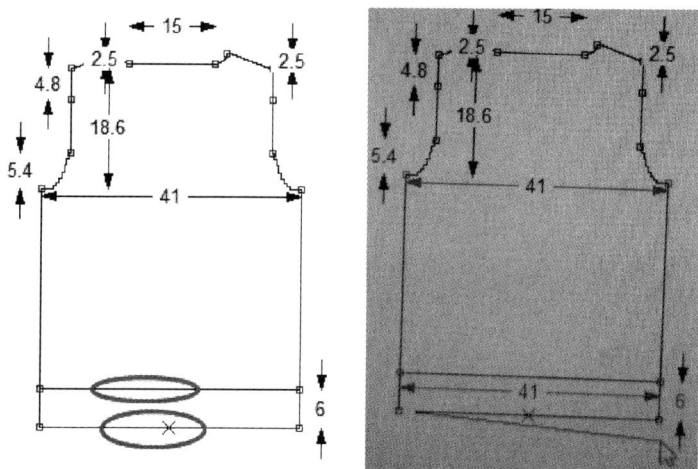

(a) 尺寸复制标识线   (b) 尺寸复制方法

图4-14 前胸宽（阔）横向尺寸复制

$$领款（阔）-cm（2） \tag{4-1}$$

实际后领底平位尺寸调整方程式：

$$实际后领宽（阔）\times 0.5 \tag{4-2}$$

实际后肩宽（阔）尺寸调整方程式：

$$肩宽（阔）-cm（2） \tag{4-3}$$

然后将尺寸复制给以下两个横向尺寸，如图4-15所示。

（2）后幅吓数纵向尺寸调整：

第一步：衣长（身长）吓数尺寸调整，如图4-16（a）所示，将光标放在左下角点，当点变成红色的时候，点击右键，选择"新增直向方程式"，将光标指示线从左下角的点连接到纵向最高点，如图4-16（b）所示，输入吓数尺寸调整方程式，如图4-17所示。实际衣长衣长（身长）的吓数尺寸不变。

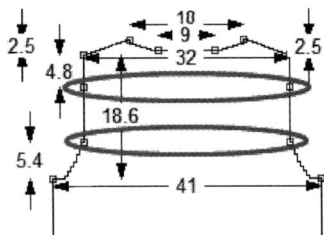

图4-15　后肩宽（阔）尺寸复制

(a)　　　　　　　　　　　　(b)

图4-16　后肩宽（阔）尺寸复制方法

第二步：膊斜（肩斜高）吓数尺寸调整，光标放在肩端点上，当肩端点变成红色时，点击右键，选择"新增直向方程式"，将光标指示线从肩端点连接到颈测点，如图4-18（a）所示，弹出对话框后，用同样的方式输入膊斜（肩斜高）吓数尺寸调整方程式：［实际肩阔（肩宽）-实际后领阔（领宽）/2/3］，即单肩宽的$\frac{1}{3}$作为膊斜（肩斜高），点击【确定】。

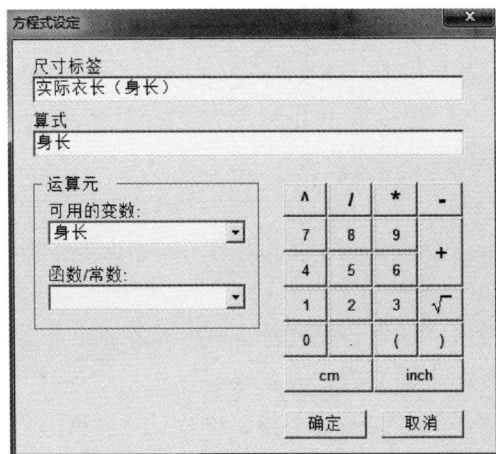

图4-17　衣长（身长）尺寸

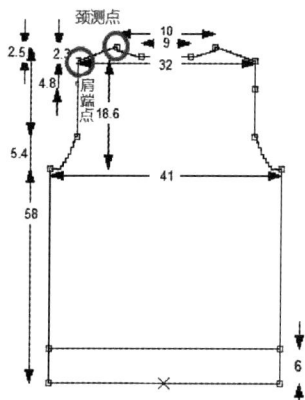

(a) 肩端点与颈测点示意图   (b) 膊斜吓数尺寸调整方程式输入

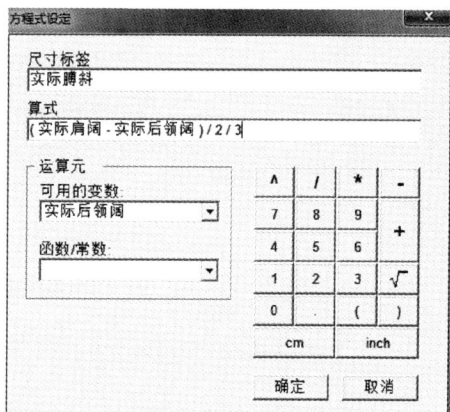

图4-18　膊斜（肩斜高）吓数尺寸调整方法

　　第三步：后夹阔斜度（袖窿深斜长）吓数尺寸调整，把光标放在"袖窿底点"上，当"袖窿底点"显示红色时，单击右键，选择"新增直向方程式"，弹出方程式设定对话框，输入夹阔斜度（袖窿深斜长）吓数尺寸调整方程式：实际夹阔斜度-cm（1.5），点击【确定】，然后将光标指示线从"袖窿底点"连接到"肩端点"，夹阔斜度将减少1.5cm，具体操作详见图4-19所示。

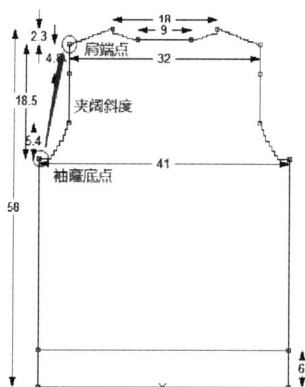

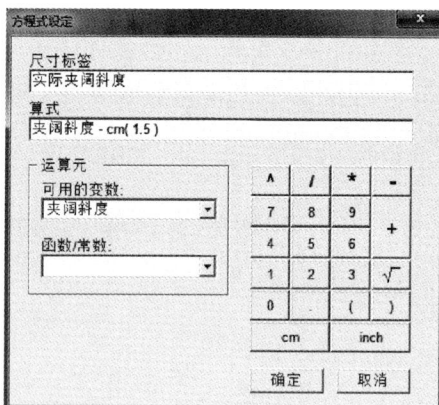

图4-19　夹阔斜度（袖窿深斜长）吓数尺寸调整方法

　　第四步：后夹花高吓数尺寸调整，把光标放在"袖窿底点"上，当"袖窿底点"显示红色时，单击右键，选择"新增直向方程式"，将光标指示线连接"夹花高"的两个端点，弹出方程式设定对话框，用同样的方法输入夹花高吓数尺寸调整方程式，如图4-20所示，设置实际夹阔斜度/2.5，然后点击【确定】。

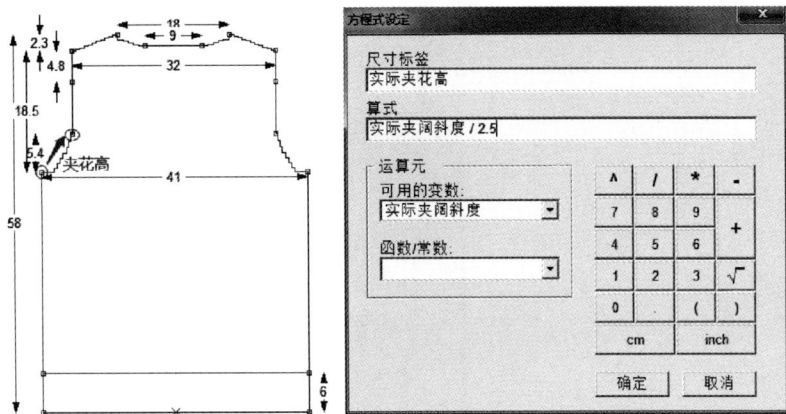

图4-20 夹阔斜度（袖窿深斜长）吓数尺寸调整方法

第五步：后袖尾缝位，如图4-21（a）所示，吓数尺寸调整，将光标放在后袖尾缝位其中一个点上，当变成红色时，点击右键，选择"新增直向方程式"，将光标指示线连接袖尾缝位的两个端点，弹出"方程式设定"对话框后，输入后袖尾缝位吓数尺寸调整方程式，如图4-21（b）所示，设置实际后夹阔斜度/5，即实际后夹阔斜度的的1/5作为后袖尾缝位的尺寸。

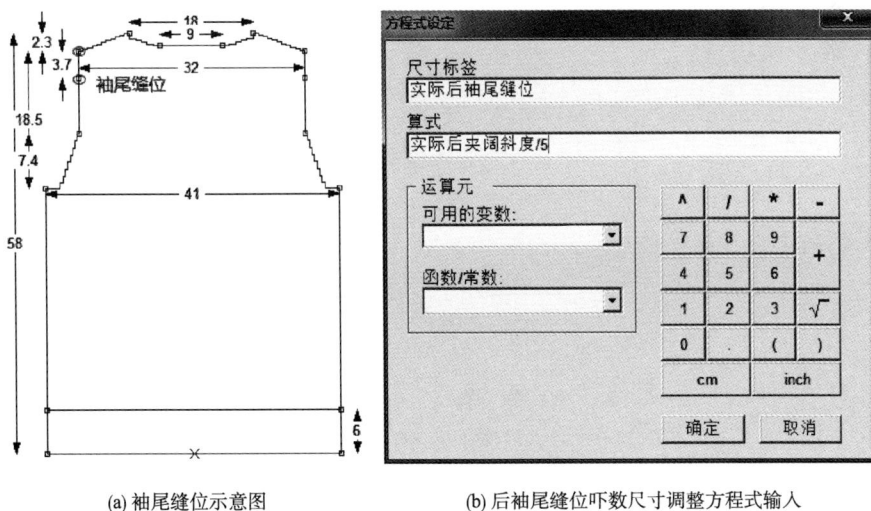

(a) 袖尾缝位示意图　　　　　　　　(b) 后袖尾缝位吓数尺寸调整方程式输入

图4-21 后袖尾缝位吓数尺寸调整方法

（3）前幅横向吓数尺寸调整：

第一步：前胸宽（胸阔）吓数尺寸调整，目前前胸宽为42cm，将光标放在"袖窿底点"其中一个点，"袖窿底点"变成红色后，点击右键，选择"新增横向方程式"，然后将光标指示线连接左右两个"袖窿底点"，点击右键，弹出"方程式设定"对话框，用同样的方式输入前胸宽（胸阔）吓数尺寸调整方程式：实际后胸阔+cm（2），点击【确定】，前胸阔（胸宽）的尺寸变成43cm，如图4-22所示。然后将光标放在胸阔（胸宽）线上，变成红色时点击右键，选择"用作横向尺寸"，将实际前胸阔的尺寸（43cm）复制给下脚（下摆）等同胸阔（胸宽）尺寸的标识线，如图4-23所示。

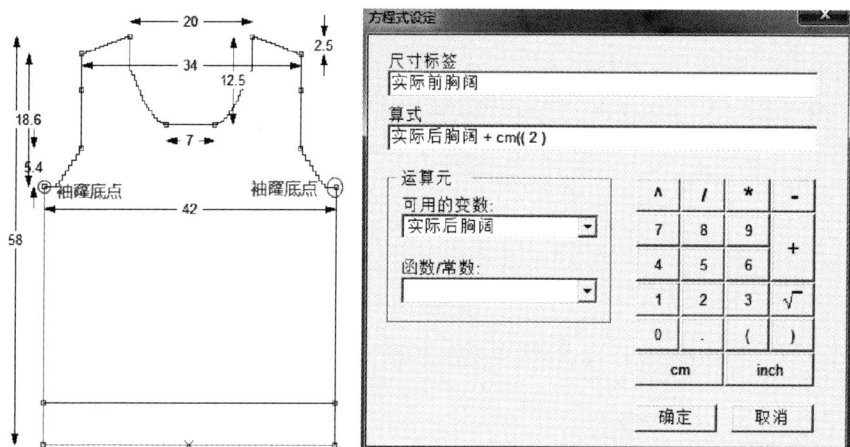

图4-22　前胸阔（胸宽）吓数尺寸调整方法

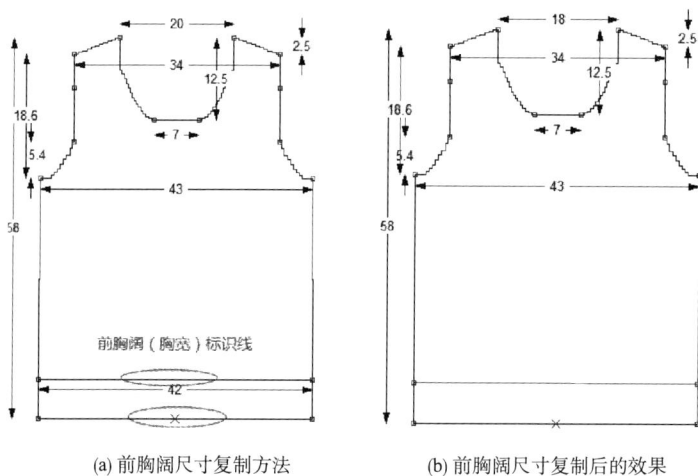

(a) 前胸阔尺寸复制方法　　　　　(b) 前胸阔尺寸复制后的效果

图4-23　前胸阔（胸宽）吓数尺寸调整方法

第二步：前领阔（领宽）尺寸调整，将光标放在两个标识前领阔（领宽）的点，当点变成红色，点击右键，选择"新增横向方程式"，将光标指示线连接两个标识前领阔（领宽）的两个点，单击左键，弹出【方程式设定】对话框，以同样的方式输入前领阔（领宽）尺寸调整方程式：领阔-cm（2），点击【确定】，实际前领阔（领宽）变成18cm，如图4-24所示。

第三步：前肩阔（肩宽）吓数尺寸调整，因前后幅肩宽相等，所以可以将后幅肩阔的尺寸复制给前幅肩阔，复制的方法相同。

第四步：前领底平位吓数尺寸调整，将光标放在前领底平位标识起始点，当变成红色时，单击右键，选择"新增横向方程式"，将光标指示线连接前领底平位宽度的两个点，单击左键，弹出"方程式设定"对话框，按同样的方式输入前领底平位吓数尺寸调整方程式：
实际前领阔×0.25，点击【确定】，如图4-25所示。

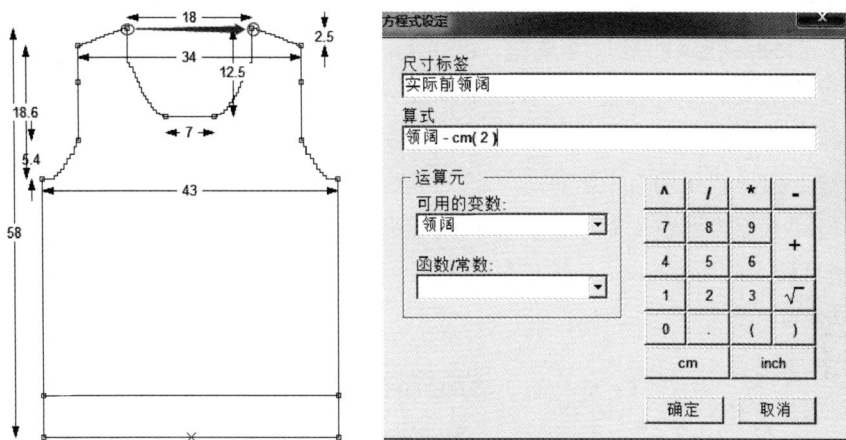

图4-24　领阔（领宽）吓数尺寸调整方法

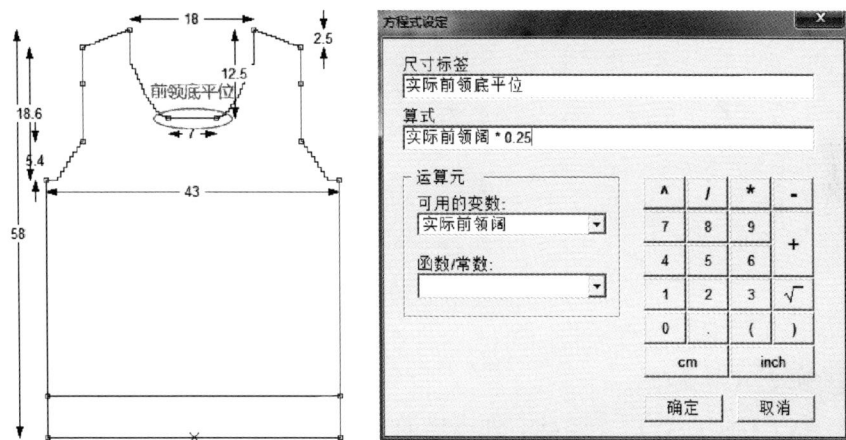

图4-25　前领底平位吓数尺寸调整方法

（4）前幅纵向吓数尺寸调整：

第一步：前身长（衣长）吓数尺寸调整，前衣长吓数尺寸调整的方法与后衣长吓数尺寸调整的方法一样。但是，为了美观，毛衫肩部的缝位必须往后移1cm，所以前衣长吓数尺寸调整的方程式为：实际后身长+cm（1）。

第二步：前膊斜（肩斜高）吓数尺寸调整，前膊斜与和膊斜相同，可以从后膊斜复制尺寸。

第三步：前夹阔斜度（袖窿深斜长）吓数尺寸调整，因女人体胸部结构起伏较大，所以前夹阔斜度比后实际夹阔斜度长1cm，实际前夹阔斜度吓数调整的方程式为：实际后夹阔斜度+cm（1）。

第四步：前夹花高吓数尺寸调整，前、后幅夹花高相等，前夹花高的尺寸可以从后幅复制。

第五步：前袖围缝位吓数尺寸调整，一般情况下，前袖尾缝位比后袖尾缝位长1cm，所以实际前袖围缝位吓数尺寸调整的方程式为：实际后袖尾缝位+cm（1）。

第六步：前领夹花高吓数尺寸调整，将光标放在前领口弧线上，当变成红色时，单击右键，选择"新增交点"，在前领口弧线上增加一个交点，然后将实际前领阔（领宽）尺寸复制给两个新增的交点。接下来，将光标放在前领底平位的一个点上，当新增交点变成红色时，点击右键，选择"新增直上方程式"，用光标指示线连接领底平位的点和新增交点，单击左键，弹出"方程式设定"对话框，输入前领夹花高吓数尺寸调整方程式：（实际前领阔+实际前领底平位）/2+cm（1），点击【确定】，如图4-26所示，按照方程式计算，前领夹花高尺寸为7.8cm。

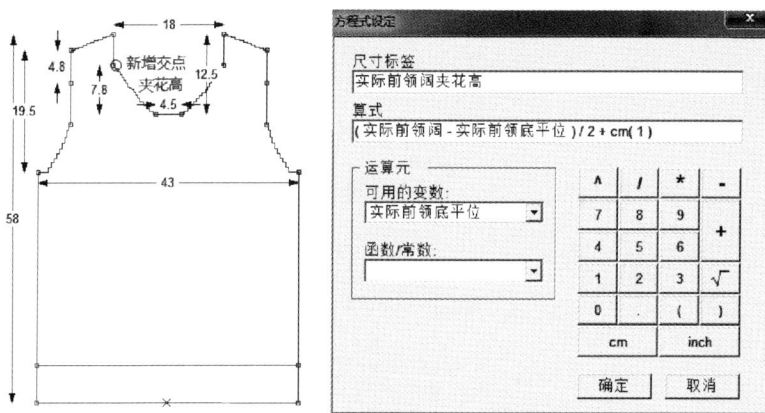

图4-26　前领夹花高吓数尺寸调整方法

（5）袖子吓数尺寸调整：

第一步：袖子横向吓数尺寸调整。袖子横向吓数尺寸调整的部位包括袖口全阔（袖口宽）、袖宽（袖肥宽）、袖尾平位，如图4-27（a）所示。首先，修改袖口全阔吓数尺寸，将光标放在袖口阔尺寸指示线上，当显示红色时，点击右键，选择"修改方程式"，如图4-27（b）所示，袖口全阔的方程式为：袖口阔×2×1.25，如图4-28（a）所示，点击【确定】。接下来修改袖宽，将光标放在袖宽尺寸指示线上，当显示红色时，点击右键，选择"修改方程式"，输入方程式：袖阔×2×1.05，如图4-28（b）所示，点击【确定】。最后修改袖尾平位吓数尺寸，同样，将光标放在袖尾平位横向尺寸指示线上，当变成红色时，用鼠标单击右键，选择"修改方程式"，输入方程式：前袖尾平位+后袖尾平位，点击【确定】，如图4-29所示。

第二步：袖子纵向吓数尺寸调整，袖子纵向吓数尺寸包括袖长尺寸和袖山高尺寸。将鼠标光标放在袖长指示线上，当变成红色时，点击右键，选择"修改方程式"，输入袖长吓数尺寸调整方程式：袖长膊边度×0.97，点击【确定】，袖长由原来的58cm变成56.3cm。同样将光标放在袖山高尺寸标识线上，当变成红色时，点击右键，选择"修改方程式"，输入袖山高吓数尺寸调整方程式：（实际夹阔直度－袖尾缝合位置）×0.95，点击【确定】，如图4-30所示。

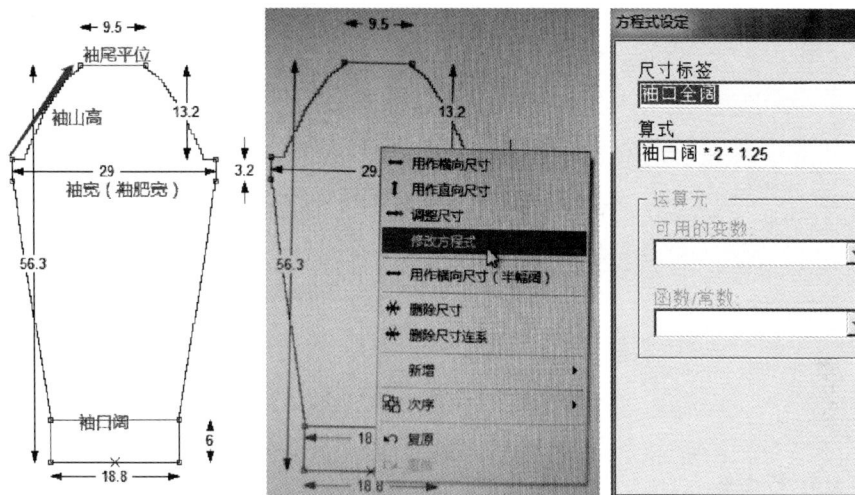

(a) 袖片横向各部位名称　　　　(b) 袖片横向吓数尺寸调整方法

图4-27　袖片吓数尺寸调整方法

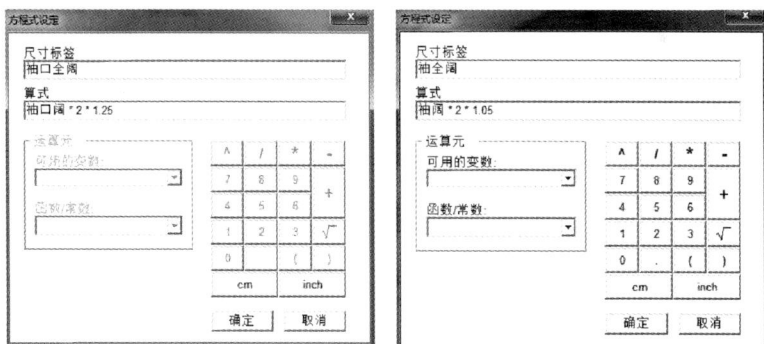

(a) 袖口全阔吓数尺寸调整方程式　　　(b) 袖宽吓数尺寸调整方法

图4-28　袖子吓数尺寸调整方程式

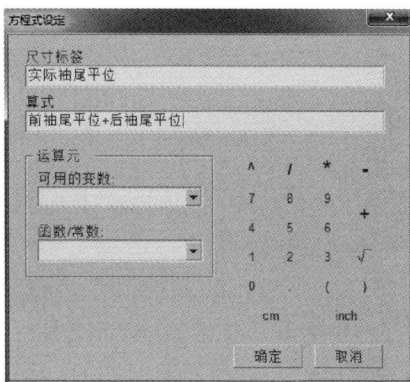

图4-29　袖位平位吓数尺寸调整方程式

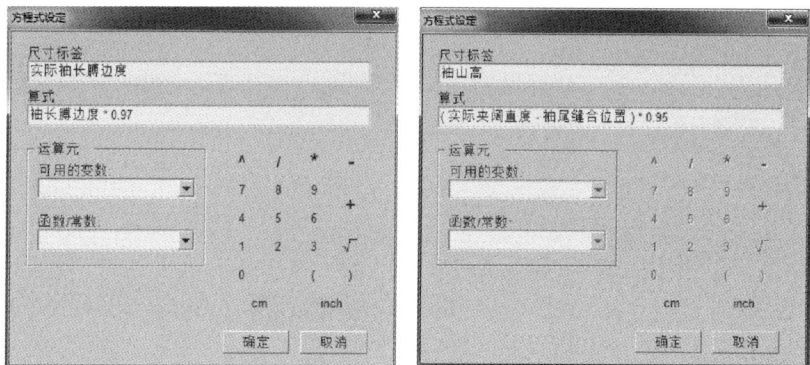

(a) 袖长   (b) 袖山高

图4-30　吓数尺寸调整方程式

11. 吓数工艺调整

吓数工艺调整是指毛织服装在编织过程中相关编织工艺的调整，以确保毛织服装能够正常编织，并达到理想效果和理想编织效率。吓数编织工艺调整一般遵循"后幅—前幅—袖子，从下至上"的顺序，逐步进行调整。调整的内容包括编织方式、加减针方法、记号标注、造型调整等。

（1）后幅吓数工艺调整。后幅吓数工艺调整的部位包括：衣身下脚（下摆位置）、夹花高（袖窿弧线部位）、袖窿直位、肩部、衣领，如图4-31所示。

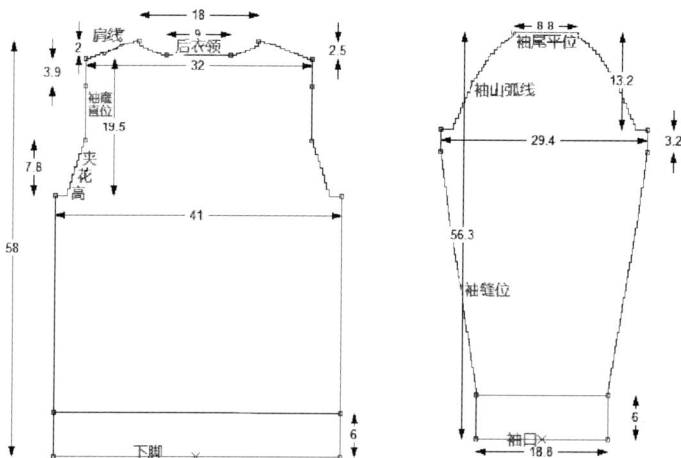

图4-31　毛织服装吓数工艺调整部位示意图

第一步：下脚（下摆）吓数工艺调整，将光标放在下脚宽指示线上，当变成红色时，单击右键，选择"修改吓数"，弹出图4-32所示的对话框，选择或输入红色框内的信息资料。

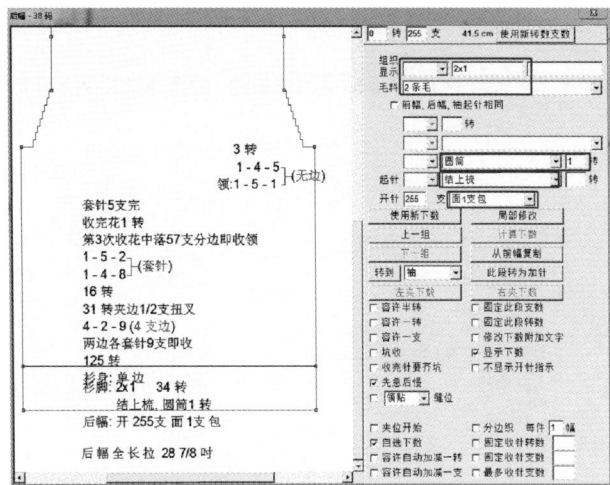

图4-32　袖子吓数❶尺寸调整方程式

下脚罗纹"面1支包"是指左右两边都是面组织，"底1支包"是指左右两边都是底组织，"斜1支"是指左右两边一个面组织一个底组织，具体选择根据实际需要。

"结上梳"是指编织的第一行度目较小，比较紧，具体上梳形式根据实际需要选择，一般情况选择"结上梳"。"圆筒1转"是指以圆筒组织作为起针方式，是常用选项。

"2条毛"是指使用两股纱线进行编织，具体需要多少股纱线进行编织，看具体款式需要。"2×1"是指袖口罗纹使用"2×1"组织。

红色框以下的参数信息根据实际需要进行勾选，相关信息参数设置好后，点击"使用新吓数"，表示吓数工艺调整完毕，吓数工艺相关参数可以根据实际需要随时进行更改。

第二步：夹花高（袖窿弧线）吓数工艺调整，下脚吓数工艺调整好后，连续点击【上一组】，直到吓数工艺调整位置转移到"夹花高"位置（显示红色），开始调整吓数工艺相关参数。因侧缝位置属于正常编织没有特殊工艺要求，所以可以直接跳过。"夹花高"位置的吓数工艺调整主要解决收针的问题，为了确保收针后，袖窿弧线结构更合理而且弧线显得更圆顺，所以必须对收针方式进行调整。如图4-33所示，38转必须收掉29支针，首先以套针（平收）方式收掉9支针，然后2转收3支针收4次（2-3-4），4转收1支针收8次（4-8），"4支边"是指最边缘留4支针使用纬平组织进行编织，以方便缝盘。点击"使用新吓数"，袖窿弧线的造型被调整。

第三步："袖窿直位"吓数工艺调整，如图4-32所示，点击【上一组】，"袖窿直位"标识线显示红色，开始调整吓数工艺。因为"袖窿直位"没有涉及收针或放针，只涉及后袖尾缝位的对位记号，所以织30转后勾选"先织后1/2支扭叉"，即用2绞1绞花组织作为后袖尾缝位的缝盘对位记号，图4-34红色框设置所示。

第四步：肩部吓数工艺调整，点击【上一组】，直到肩线显示红色，调整吓数工艺。这里的肩斜使用"铲膊（停针）"做法，即使用铲针的方式调整肩斜的造型，其吓数工艺调整

---

❶　软件中自带系统为"下数"。

如图4-35红色框内参数设置所示。

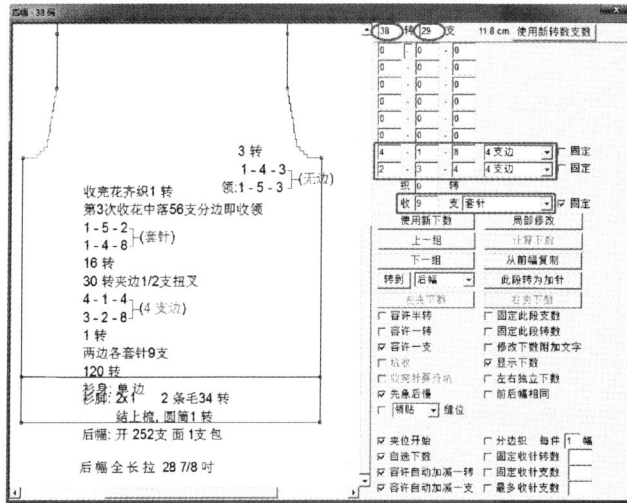

图4-33　夹花高收针方式吓数工艺调整

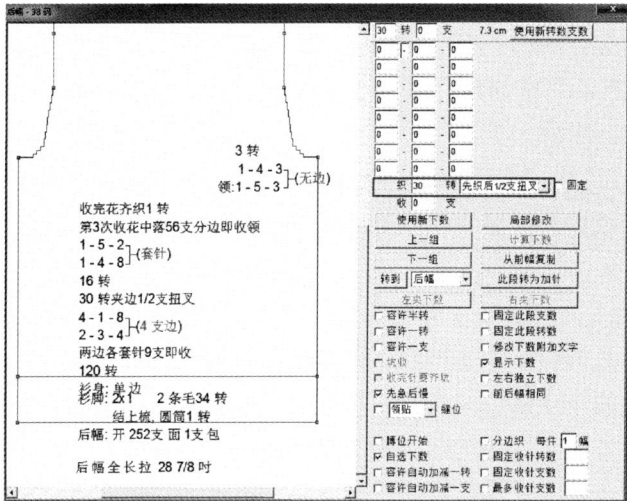

图4-34　"袖窿直位"吓数工艺调整

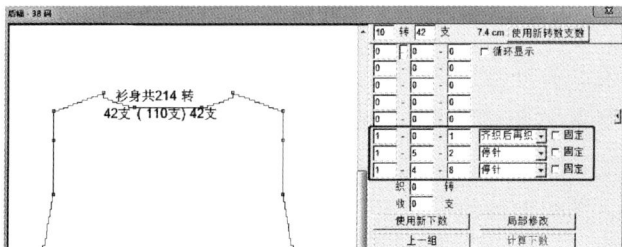

图4-35　肩部吓数工艺调整

第五步：领口吓数工艺调整。在调整领口吓数工艺之前，首先通过点击【上一组】将调整的部位移到后领底平位，当后领底平位指示线显示红色时，勾选"收假领"，如图4-36所示，接下来点击【下一组】，将吓数工艺调整部位转移到后领口弧线位置，当显示红色时，调整吓数工艺，如图4-37所示。"无边"是指不用留边，因为领贴采用包缝的形式。

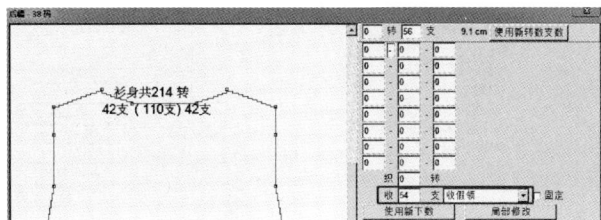

图4-36　后领底平位吓数工艺调整

图4-37　后领口弧线吓数工艺调整

（2）前幅吓数工艺调整。前幅吓数工艺调整的部位同样包括下脚（下摆）、夹花高、袖窿直位、肩部、衣领。其中夹花高和肩的吓数工艺同后幅一样，可以通过点选【从后幅复制】来完成。前幅吓数工艺调整的步骤如下：

第一步：下脚吓数工艺调整。将光标放在下脚指示线上，显示红色时，点击右键，选择"修改吓数"，设置相关的参数，如图4-38所示。因为后幅开针选择的是"面1支包"，所以前幅应该选择"底1支包（边针为底针）"，这样下脚罗纹的组织结构才是完整的循环，其他的参数设置与后幅一样，详见图4-38红色框内的参数设置。

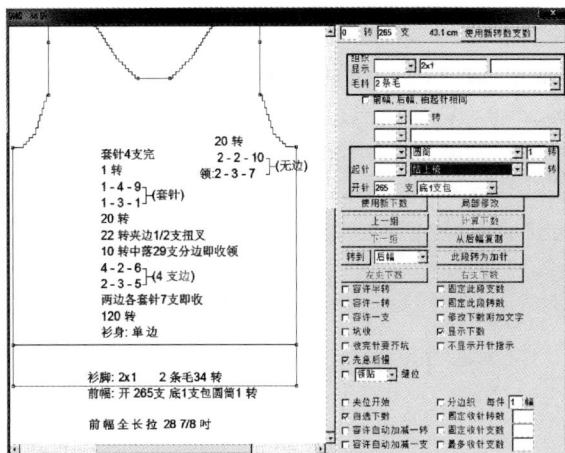

图4-38　下脚吓数工艺调整

第二步：前幅侧缝吓数工艺复制。因为前、后幅侧缝的尺寸和制作工艺相同，所前幅侧缝的吓数工艺可以从后幅复制，即通过点选【从后幅复制】来实现。如图4-39所示。同理，袖窿直位、肩部的吓数工艺都可以从后幅复制，即同样通过点选【从后幅复制】来实现。

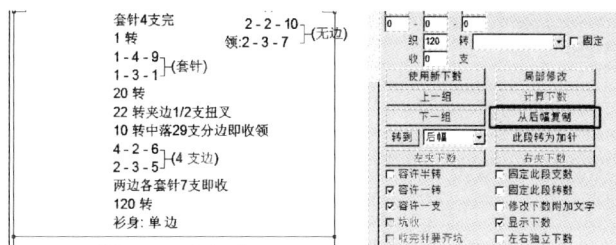

图4-39　前幅侧缝吓数工艺复制

第三步：前幅夹花高吓数工艺调整，点击【上一组】，将吓数工艺调整部位转移到夹花高位置，对相关的参数进行设置，首先以套针的方式收掉7支针，然后分4段进行收针，使袖窿弧线更圆顺，如图4-40所示。一般情况下，收针的段数越多，弧线越圆顺，但编织的时间相应会增加。前袖窿直位和袖尾缝位没有涉及特殊的制作工艺，遵循系统默认参数。

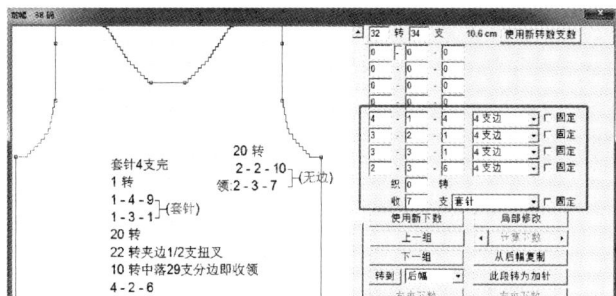

图4-40　前幅夹花高吓数工艺调整

第四步：前衣领吓数工艺调整。首先将调整部位移到前领底平位，当显示红色时，调整相关参数。领底平位宽27支针，选择"收假领"，如图4-41所示。单击【下一组】，将吓数工艺调整部位移到衣领弧线部位，调整相关的参数。因为领口中留27支针后马上收针太快，所以一般先织一转后再收针。为了使领口弧线显得很圆顺，这里用5段进行收针，如图4-42所示。同时，领贴采用包缝，所以选择"无边"。领口直位没有特殊工艺要求，默认系统参数。

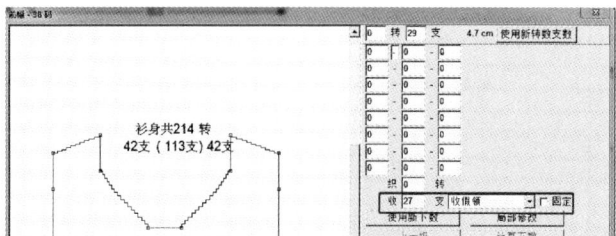

图4-41　前领底平位吓数工艺调整

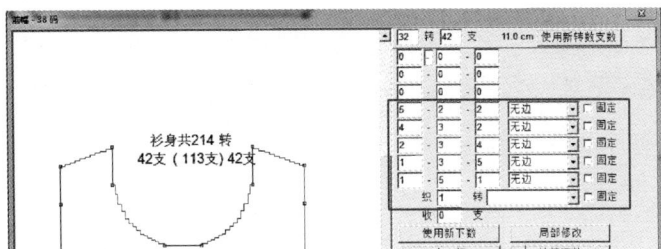

图4-42 前领口弧线吓数工艺调整

（3）袖子吓数工艺调整。袖子吓数工艺调整的部位包括袖口、袖缝位、袖山弧线，袖尾缝位，详见图4-29所示。

第一步：袖口吓数工艺调整。将光标放在袖口指示线上，显示红色时，点击右键，选择"修改吓数"，对相关参数进行调整。袖口罗纹和下脚罗纹做法一样，所以相关的参数设置类似，如图4-43所示。

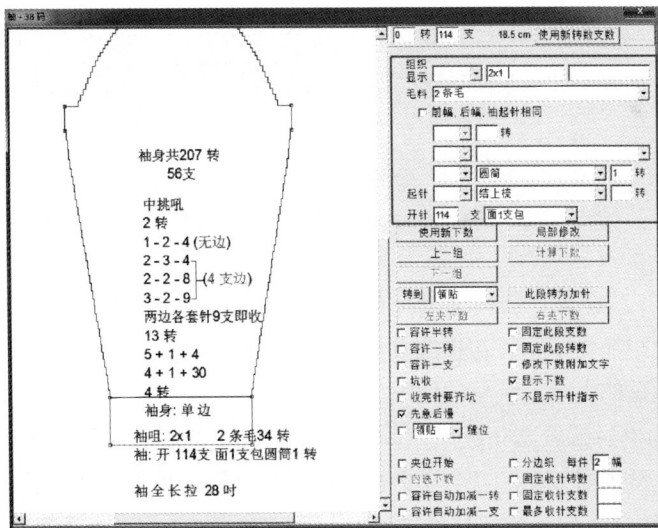

图4-43 下脚吓数工艺调整

袖缝位吓数工艺参数不用调整，按照系统默认。

第二步：袖山弧线吓数工艺调整。袖山弧线吓数工艺调整解决的问题是袖山弧线的收针处理，通过合理的收针使袖山弧线的造型符合袖子基本结构要求，同时袖山弧线光滑圆顺，这样做出来的袖子才显得美观。袖山弧线部位64转65支针。通常的做法是，先以"套针"的方式先收到9支针，然后织1转后再接着收针，具体收针的方式如图4-44所示。

第三步：袖尾平位吓数工艺调整。袖尾平位收56支针，设置"中挑孔"（对位记号），便于袖子与袖窿缝合时能够准确对位，确保袖子缝好后造型美观，收完针后，开始用废纱（间纱）进行编织进行落布。具体吓数工艺参数设置如图4-45所示。

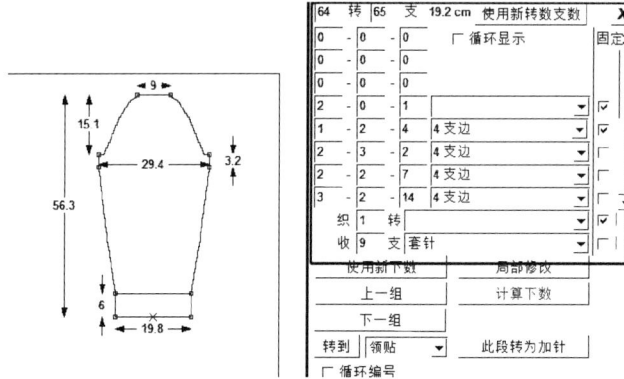

图4-44　袖衫弧线吓数工艺调整

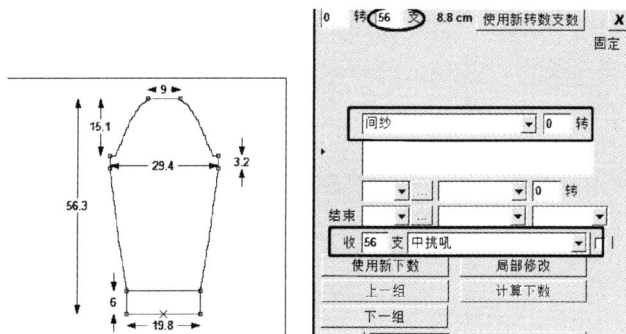

图4-45　袖尾平位吓数工艺调整

（4）领贴吓数工艺调整。领贴是指与衣身缝合的衣领结构，就是机织服装中常说的衣领。毛织服装中领贴的造型非常丰富，包括圆领、立领、翻领、西装领等。领贴吓数工艺调整的内容包括领贴的类型、领贴的大小、领贴的编织工艺等，吓数工艺的调整直接影响到衣领的造型。

以2×1罗纹贴为例讲解领贴吓数工艺调整，领贴长为54.9cm，开针数为384。按照吓数工艺调成步骤，我们从下往上对领贴的吓数工艺进行调整，具体吓数工艺参数设置如图4-46所示。其中，"放眼1转"是指缝合位置的那1转度目调大，线圈放松，便于缝盘。毛1转用来做缝份，间纱1转进行挑孔，其中"挑孔"属于前、后领贴长度按比例分配的记号，"间纱"是指废纱。

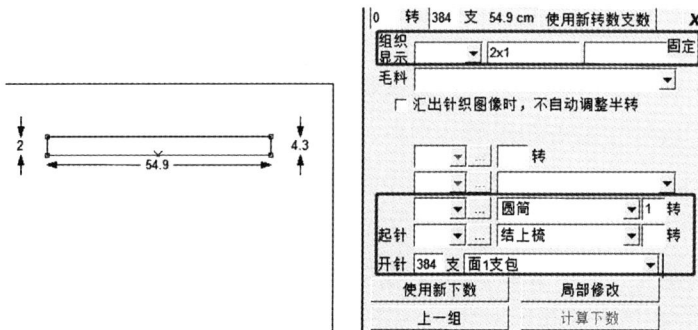

(a) 领贴起针位置吓数工艺调整

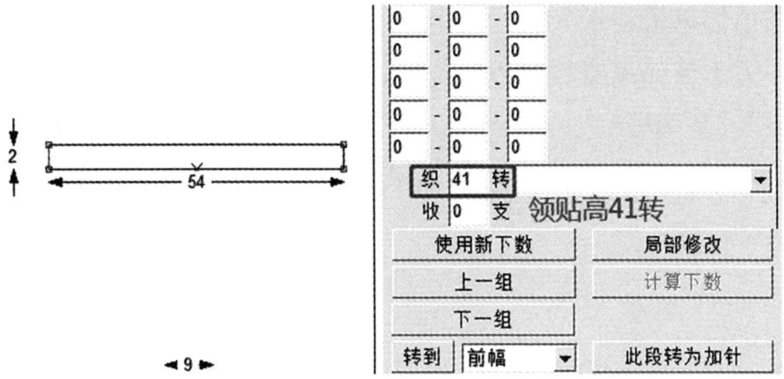

(b) 领贴高吓数工艺调整

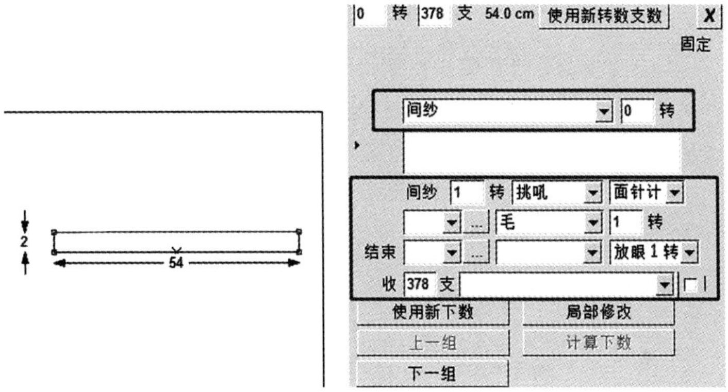

(c) 领贴缝合位置吓数工艺调整

图4-46　领贴吓数工艺调整

吓数工艺调整完后，将自动生成制板工艺单，如图4-47所示。

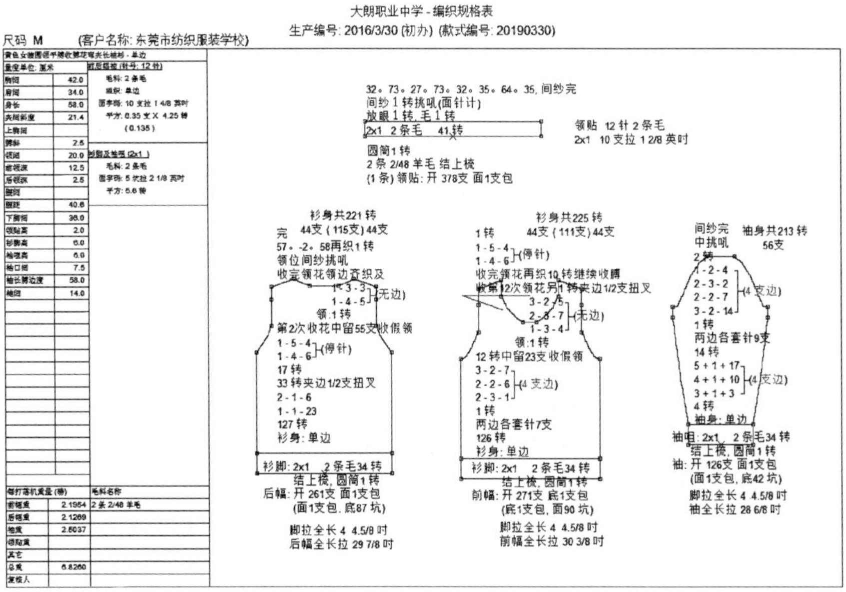

图4-47　吓数工艺单

三、吓数工艺单信息资料录入

（一）后幅吓数工艺信息资料录入

打开琪利制板系统，新建文件，点击工艺单图标 ✂，弹出"成衣设计"界面，按照衣身吓数工艺单的详细资料逐一进行录入，首先录入衣身后幅的相关吓数信息资料，后幅吓数信息资料如图4-48所示。

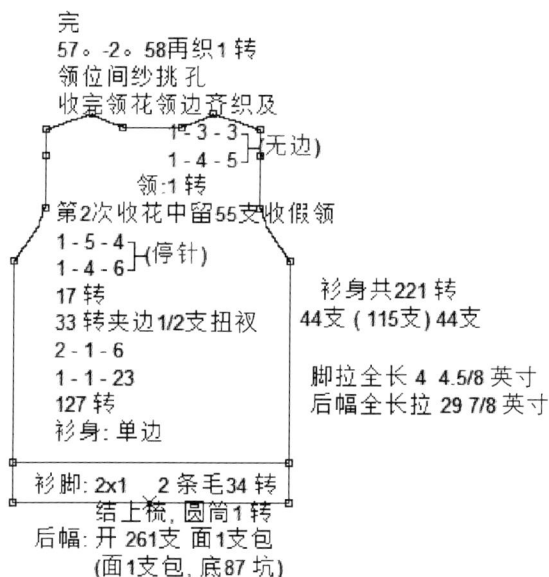

完
57。-2。58再织1转
领位间纱挑孔
收完领花领边齐织及
1-3-3（无边）
1-4-5
领:1转
第2次收花中留55支收假领
1-5-4
1-4-6（停针）
17转
33转夹边1/2支扭袜
2-1-6
1-1-23
127转
衫身:单边

衫身共221转
44支（115支）44支

脚拉全长 4 4.5/8 英寸
后幅全长拉 29 7/8 英寸

衫脚:2x1 2条毛34转
结上梳，圆筒1转
后幅: 开261支 面1支包
(面1支包，底87坑)

图4-48 后幅吓数工艺信息资料

后幅吓数信息资料包括衫脚（下摆罗纹）、衫身（衣身直位）、袖窿、肩斜、衣领五个部分。在录入相关的信息资料时，同样遵循"从下至上"的原则，即首先录入衫脚的吓数信息，然后往上逐一将相关的信息资料录入，并按照编织工艺要求，选择相关的工艺参数。在录入相关信息资料时，一定要注意检查，确保每一项信息资料无误，否则将直接影响毛织服装的成型。在检查相关信息资料时，首先核对衣身的总开针数和总转数是否正确，相关信息可以从右边"预览"对话框显示的信息中查阅到。接下来检查编织工艺参数的选择是否合理。检查准确无误之后，才能保存资料，如图4-49所示。

后幅衫脚、衣身吓数信息资料录入无误后，接下来我们开始录入后幅衣领的吓数信息资料，如图4-50所示。

（二）前幅吓数工艺信息资料录入

如图4-51、图4-52所示，前幅吓数工艺信息资料录入主要包括两部分：衣身吓数信息资料录入（图4-51）和衣领吓数信息资料录入（图4-52）。

（三）袖子吓数工艺信息资料录入

袖子吓数工艺信息资料录入，如图4-53所示。

（四）领贴吓数工艺信息资料录入

领贴的做法有很多种，包括单边包贴、罗纹包贴、罗纹贴、罗纹+圆筒贴、卣毛贴等，该处选择罗纹贴，如图4-54所示。

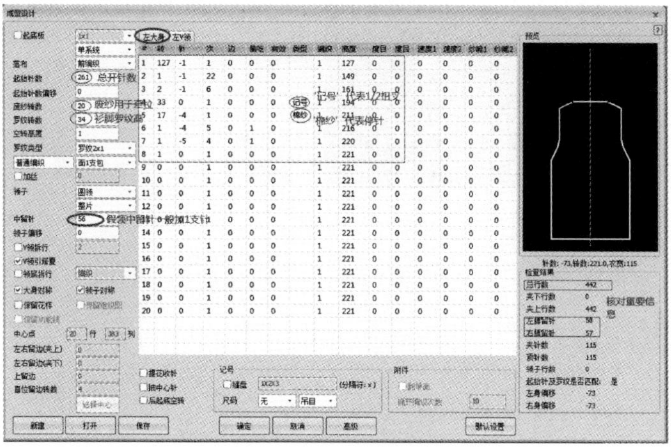

图4-49　后幅衫脚罗纹、后衣身吓数信息资料录入

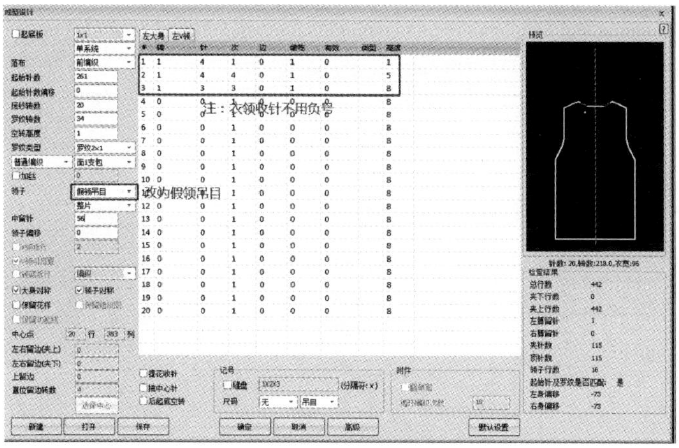

图4-50　后衣领吓数信息资料录入

四、毛衫制板

吓数工艺单相关信息资料录入到"成衣设计"信息栏后，点击【确定】，将自动进入到制板界面，并生成制板图。

（一）毛衫前幅制板

1.制板工艺自动生成

前幅吓数工艺单相关信息资料录入完毕后，点击【确定】，将自动生成制板图，如图4-55所示。

2.编织工艺调整

电脑自动生产的制板图在编织工艺上可能还存在不合理的地方，因此必须对编织工艺进行调整。前幅主要对袖窿弧线收针的位置进行工艺调整，一般的情况下，为了确保收针质量，同时收2支针"偷吃1支针"，同时收3支针"偷吃2支"，如图4-56所示。

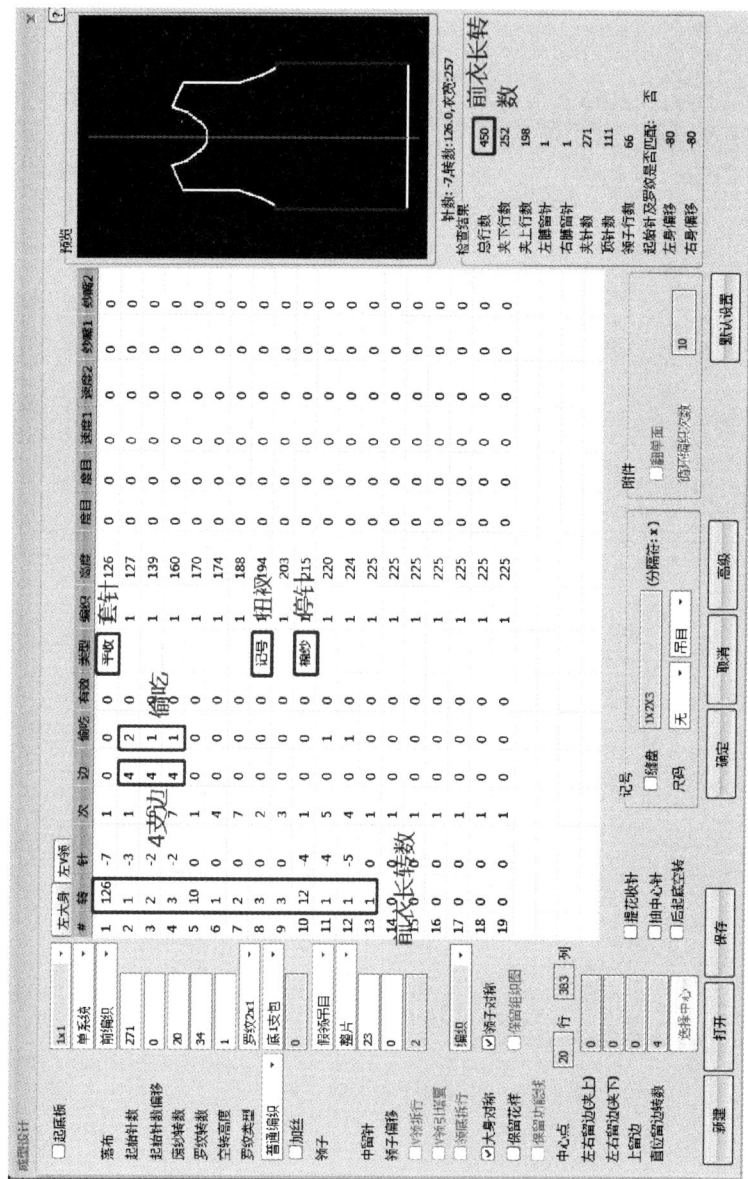

(b) 前幅衣身吓数资料录入与注解

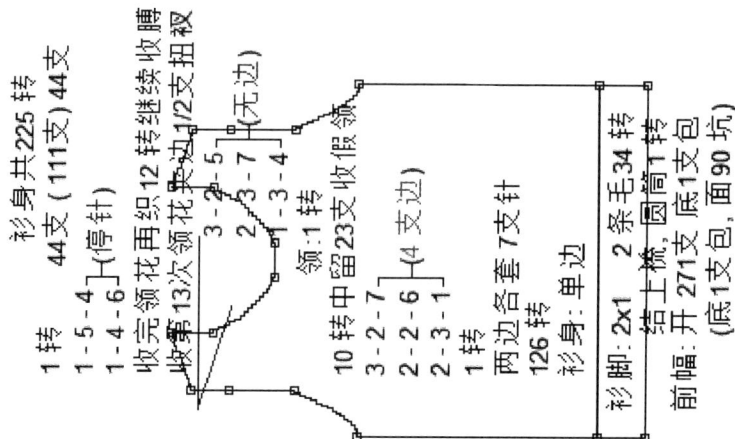

(a) 前幅吓数工艺信息资料

图4-51 前幅衣身吓数工艺信息资料录入

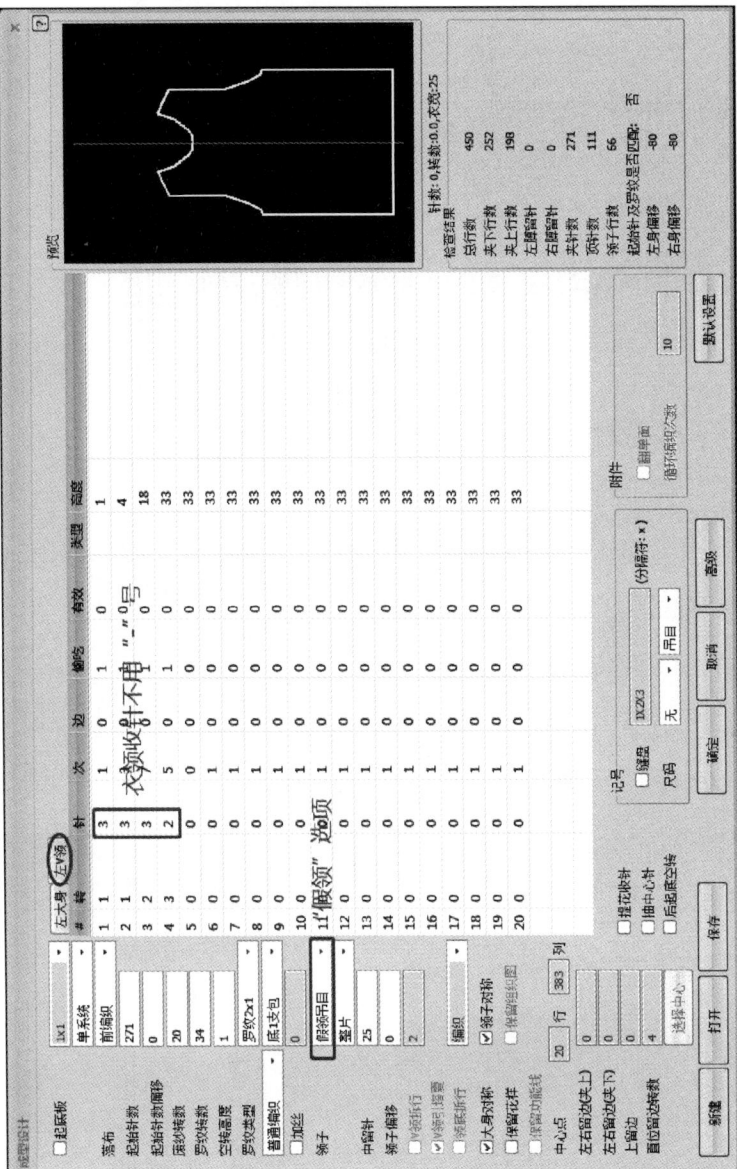

(b) 前幅衣领吓数资料录入与注解

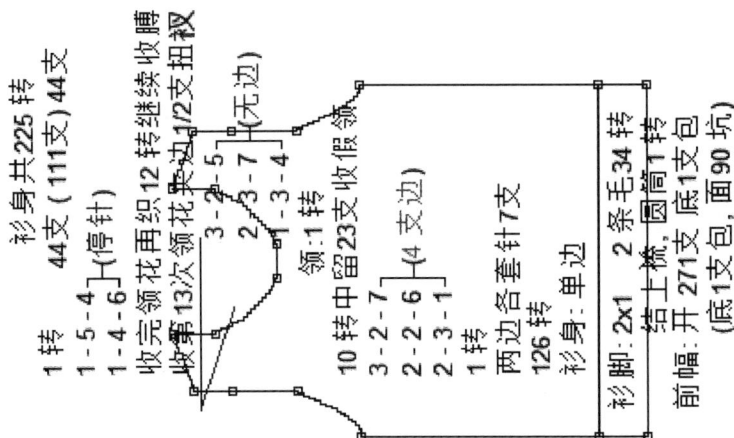

(a) 前幅吓数工艺信息资料

图4-52 前幅衣领吓数工艺信息资料录入

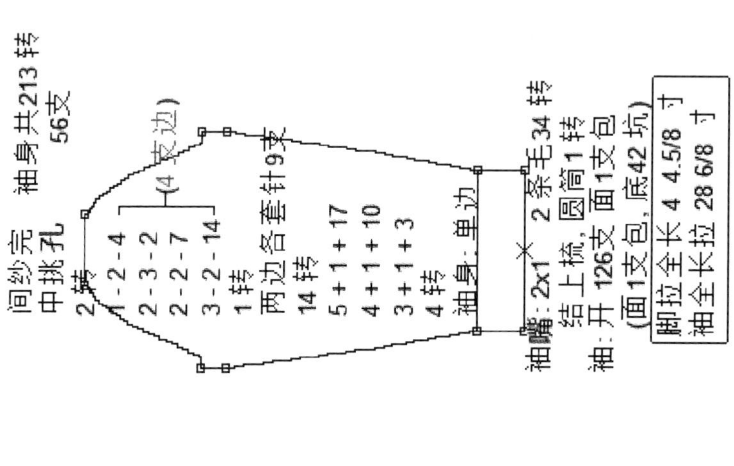

(a) 袖子吓数工艺信息资料

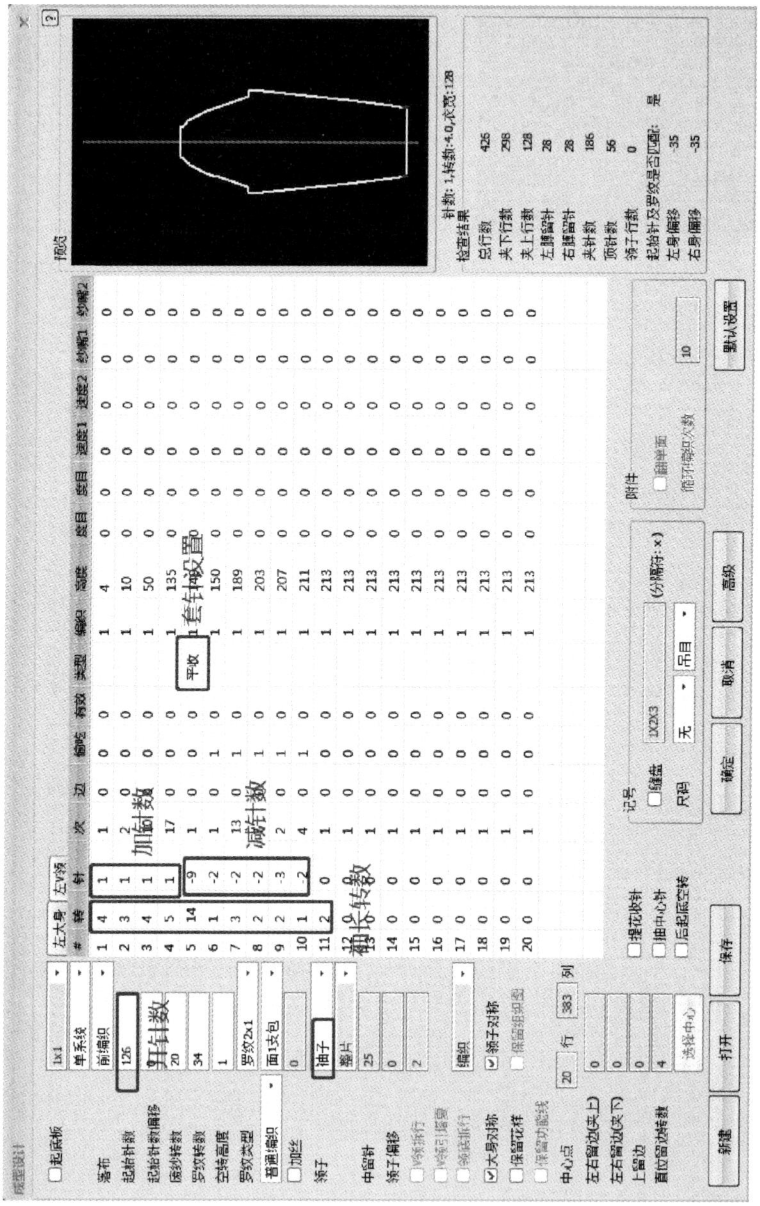

(b) 袖子吓数资料录人与注解

图4-53 袖子吓数工艺信息资料录人

(b) 领贴哔数资料录入与注解

图4-54　领贴哔数工艺信息资料录入

(a) 领贴哔数工艺信息资料

领贴 12 针 2 条毛
2×1 10 支拉 12/8 英寸

同纱完
32。73。27。73。32。35。64。35
同纱 1 转挑孔(面针计)
放眼 1 转 毛 1 转

2×1 2 条毛　41 转

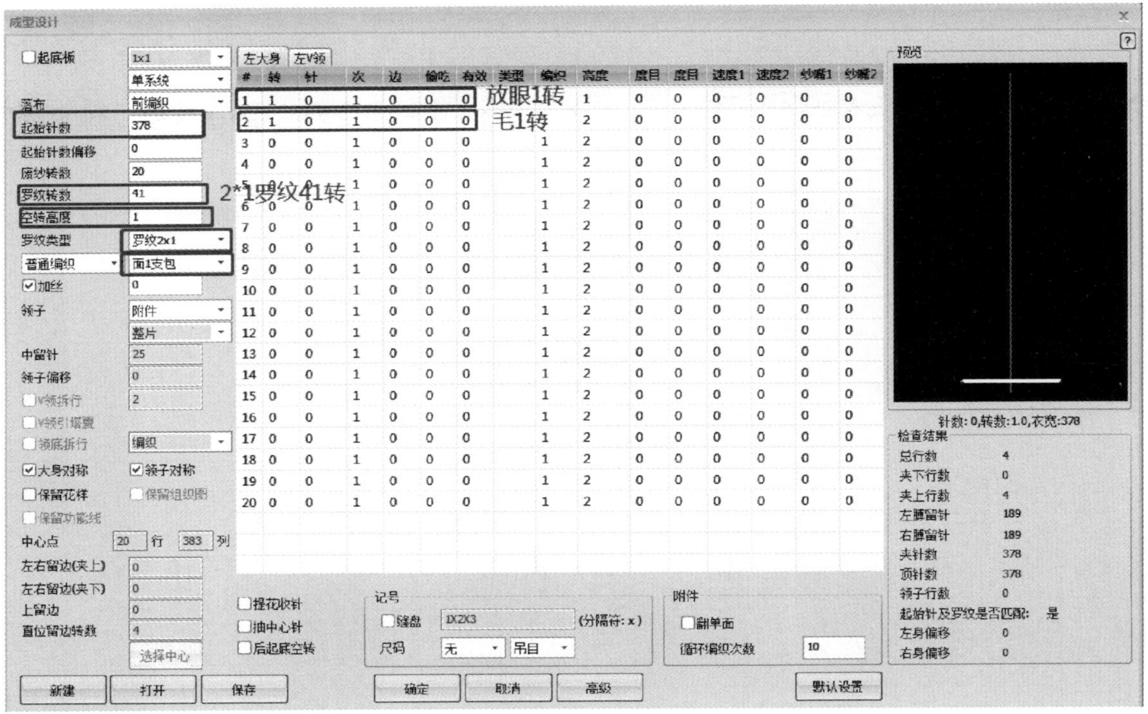

圆筒 1 转
2 条 2/48 羊毛 结上梳
(1条)领贴:开 378支 面1支包

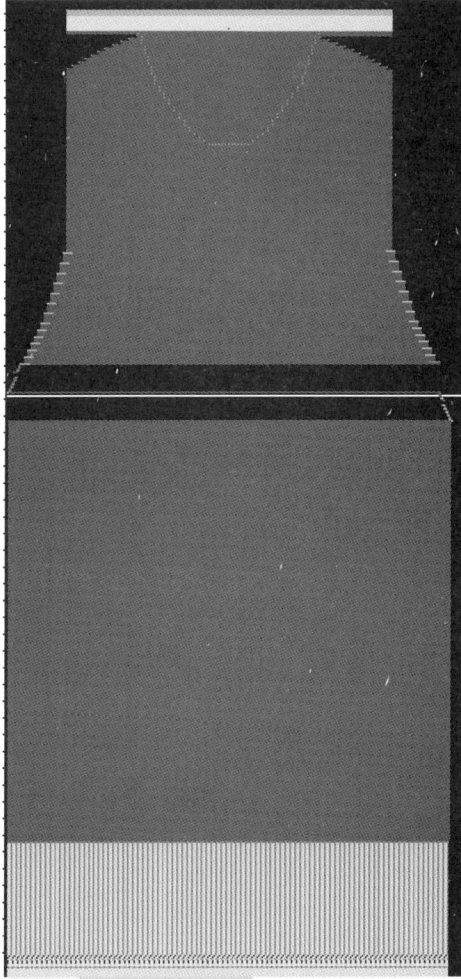

图4-55　毛衫前幅制板示意图

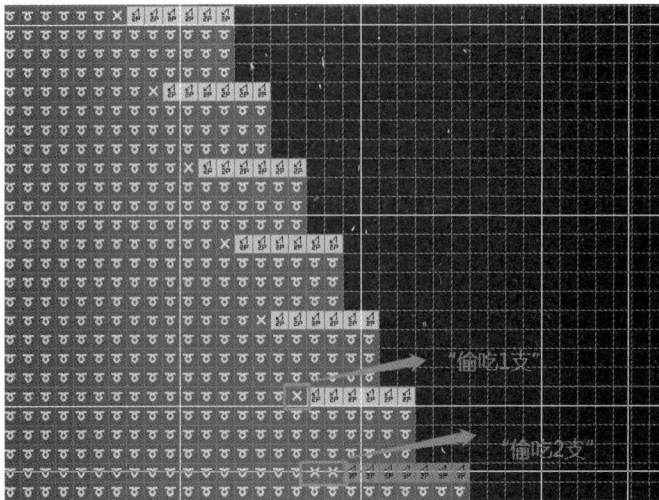

图4-56　毛衫袖窿收针部位工艺调整

3. 编织工艺解析

（1）废纱及下摆部位编织工艺解析。起底通常用假四平组织，也称"鸟眼"，为了方便拆废纱，拆废纱行一般用单边组织，且间隔两列留一列不编织。"空转高度"属于圆筒组织，为使罗纹口更有弹性，系统会自动处理"二隔一"空针，即编2支空1支。下摆罗纹使用2×1罗纹组织，如图4-57所示。

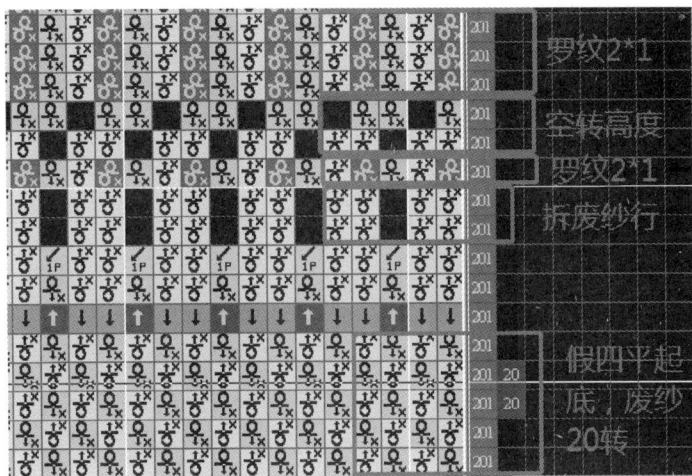

图4-57　废纱及下摆部位工艺解析

（2）袖窿底套针部位编织工艺解析。套针也称为"平收"，按照吓数工艺编织要求，袖窿底平位左右两边各套7支针。在"成型设计"菜单栏，点选【高级】，点击"其他"选项，然后在"套针方式"下拉菜单中，选择"双针（1）"，也就呈现图4-58所示"双针套针"模式，这是常用的做法。在套针过程中，为了放松套针线圈，使套针更容易实现，旁边会加一支针，套完5支针后，然后把新增加的1支针通过"落布"的方式落掉。

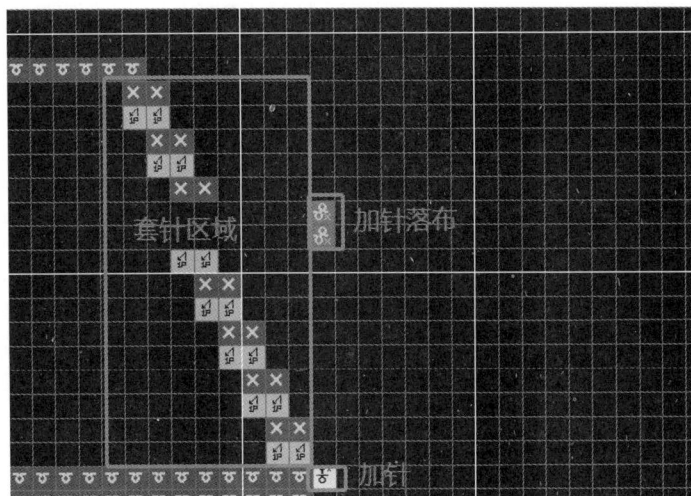

图4-58　袖窿底套针部位编织工艺解析

（3）领口、肩斜部位编织工艺解析。肩斜在铲针过程中，琪利制板系统会自动用208号色（前吊目）补一支针，以避免上下两行之间差2支针而出现"小洞"的现象，尤其使用粗针编织时，"小洞"会更明显。铲针结束后再编织（齐织）1转，便于缝盘，后续用废纱进行落布。领口部位因为有领贴做包缝，所以做"假领"，用208号色（前吊目）作记号就可以了，作记号的目的是标识领口裁剪线，如图4-59所示。如果领口没有领贴，则不能做"假领"，而必须通过收针的方式来制作领口的造型。

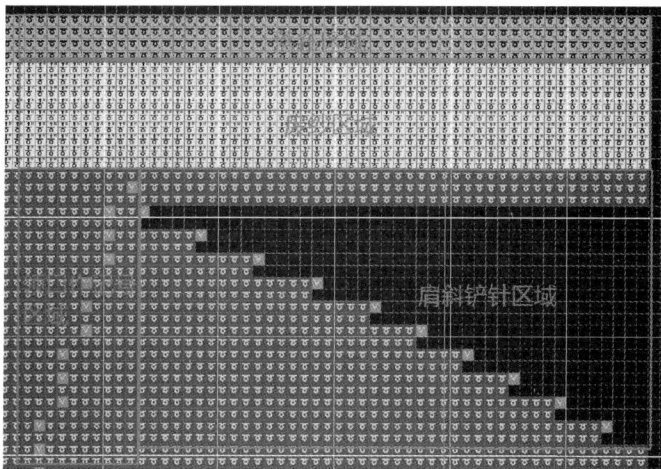

图4-59　领口、肩斜部位编织工艺解析

（二）毛衫后幅制板

跟前幅一样，后幅吓数工艺信息资料在"成型设计"菜单栏中输入结束后，点击"确定"，将会自动生成制板工艺，如图4-60所示。后幅的编织工艺与前幅相同，没有特别的工艺需进行解析。

（三）毛衫袖子制板

录入完袖子吓数工艺信息资料后，点击确定，系统将自动生成袖子制板工艺图。袖子在编织过程中，存在加针、减针、套针三种不同的工艺变化。在计算吓数的时候，可以知道袖子从袖口到袖肥由窄变宽，是一个不断加针的过程，在加针过程中，为了使边缘紧密不起"浪边"，系统会默认用"偷吃"的方式进行工艺处理。从袖肥到袖尾平位由宽变窄，是一个不断减针的过程，减针在2支以上，一般也要用"偷吃"。同时，一般情况下加针的部位不用留边，所以在吓数工艺单中没有选择"4支边"，如图4-61所示。

（四）毛衫领贴制板

毛衫领贴有很多种做法，包括单边包贴、罗纹包贴、罗纹贴、罗纹+圆筒贴、冚毛贴等，毛衫领贴可以根据客户需求和款式造型要求进行选择。该处选择罗纹+圆筒贴。在琪利制板系统"成型设计"菜单栏中，输入罗纹+圆筒贴吓数工艺信息后，点击【确定】，将自动生成罗纹+圆筒贴的制板图。如图4-62所示。

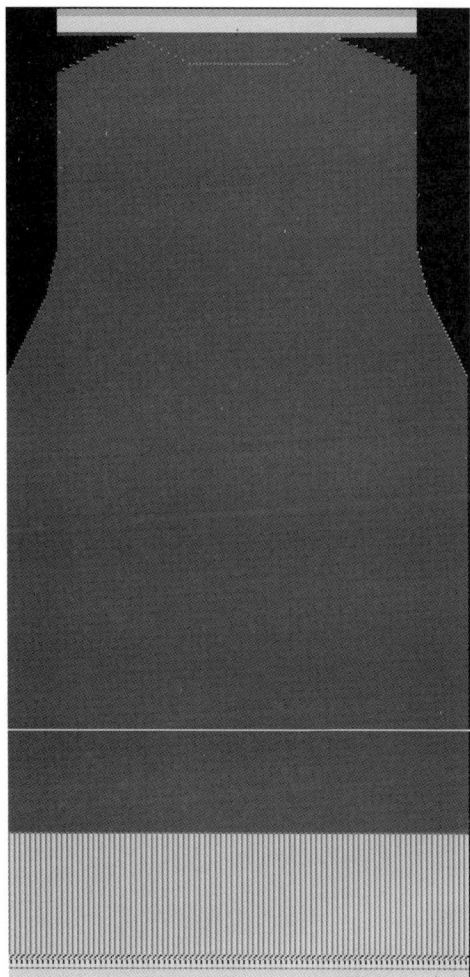

图4-60　毛衫后幅制板示意图

五、功能线设置

制板结束后，必须对"功能线"进行设置，"功能线"常用设置的项目包括：节约、度目、速度、纱嘴、结束等。

（一）节约设置

"节约"通常表示编织重复的次数，用数字表示。如图4-63所示，"节约"设置的参数为"20"，表示旁边的"假四平组织"连续编织20次。一般情况下系统会进行默认设置。

（二）度目设置

"度目"是指在编织过程中线圈松紧程度，度目数值越大，线圈越松，度目数值越小，线圈越紧。在琪利制板系统中，一般根据编织的具体要求，对编织行的度目进行分段设置，每一段代表不同的度目值，在电脑横机的操作面板中分别给每一段度目设置具体的数值。度目分段设置如图4-64所示，图右的数字"1、3、4、5、6"分别代表不同编织行度目分段，"1"代表第1段，在电脑横机操作面板中，可以分别给第1段、第3段、第4段、第5段、第6

段设定制定度目数值，数字"23"表示翻针度目，也可以在电脑横机操作面板中，给"第23段"度目设置相应的翻针度目数值。

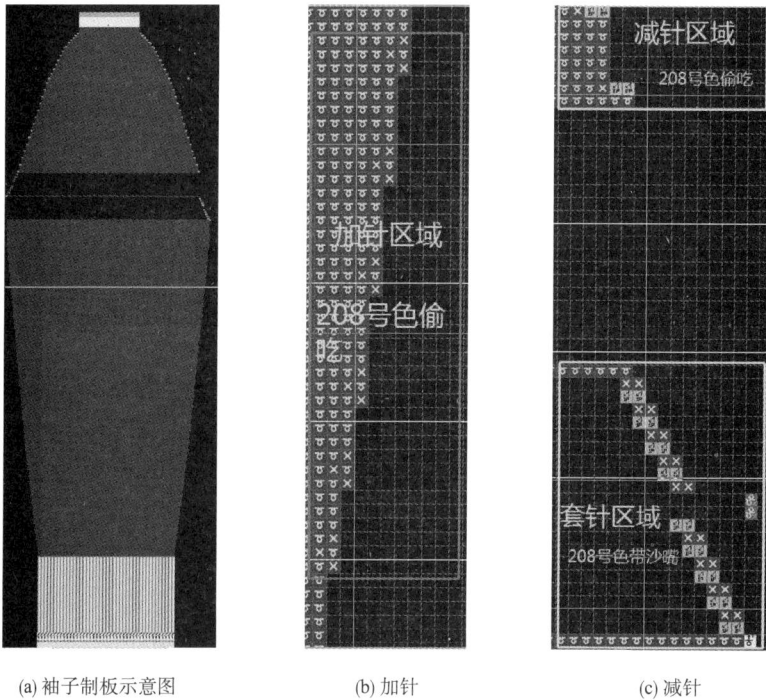

(a) 袖子制板示意图   (b) 加针   (c) 减针

图4-61 毛衫袖子制板示意图

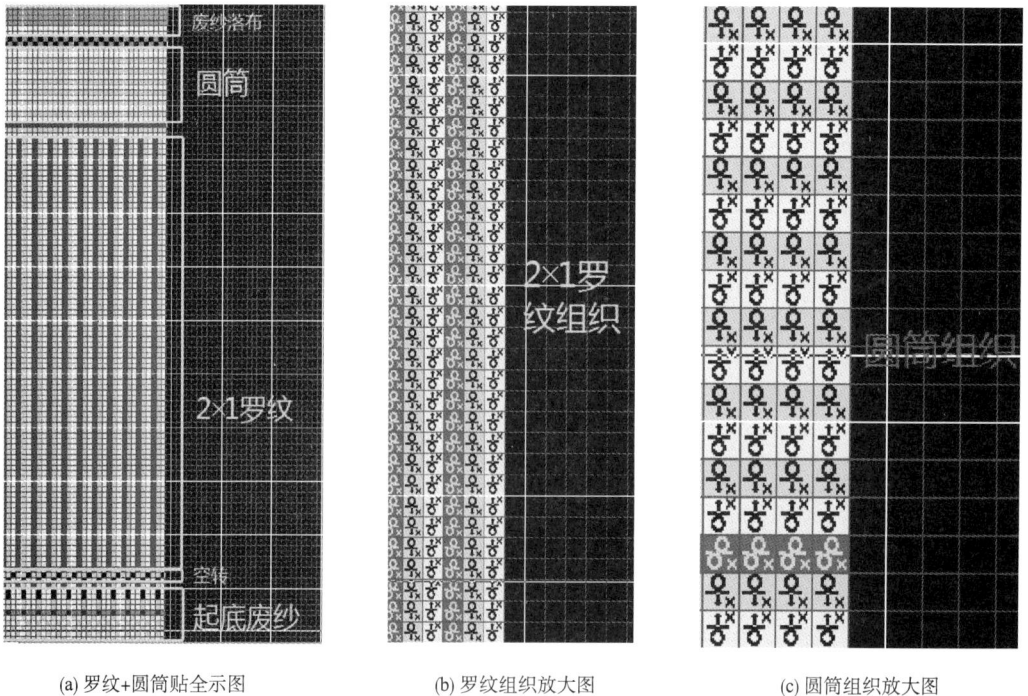

(a) 罗纹+圆筒贴全示图   (b) 罗纹组织放大图   (c) 圆筒组织放大图

图4-62 毛衫罗纹+圆筒贴制板示意图

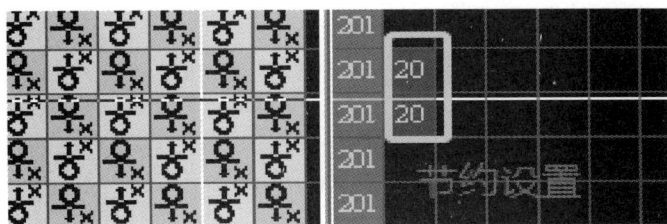

图4-63　节约设置

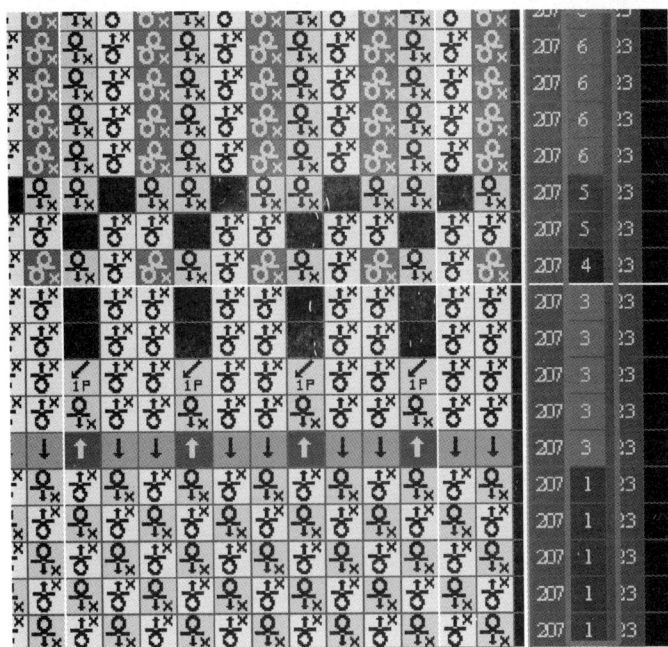

图4-64　度目设置

（三）速度设置

"速度"表示电脑横机编织的速度，一般在电脑横机操作面板上直接进行设置。在慈星电脑横机中通常用"兔子符号"表示快速，"乌龟符号"表示慢速，当在电脑横机操作面板上点选"兔子符号"时，编织速度明显会加快，当点选"乌龟符号"时，编织速度明显会降下来。

（四）纱嘴设置

"纱嘴"也称为导纱器，常用电脑横机一般有16把纱嘴，不同的纱嘴带不同的纱线。如图4-65所示，数字"1和3"分别表示第1把纱嘴和第3把纱嘴，通常情况下系统默认第1把纱嘴带废纱，第3把纱嘴带主纱，具体纱嘴的设置在"纱嘴系统设置"菜单栏中完成。

（五）结束设置

"结束"表示编织结束行的设定，结束行设定好之后，电脑横机编织完结束后将会自动停止编织。结束行设定一般在结束行右边添加1号色码表示，如图4-66所示。

常用"功能条"参数设置好后，接下来进行编译，如果编译没什么问题就可以从电脑中拷出制板文件输入电脑横机，然后进行制作。

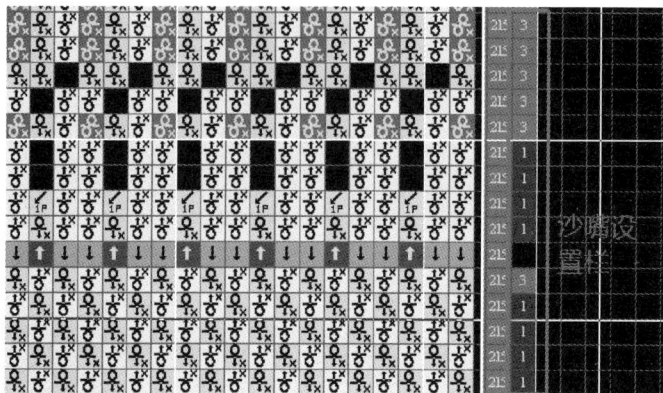

图4-65　纱嘴设置

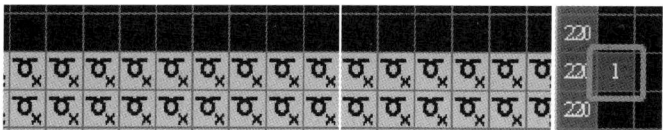

图4-66　结束设置

第二节　多花型组织毛衫生产工艺实操案例

一、款式特点分析

图4-67所示，是一款女式圆领插肩袖毛衫，款式立体感强、较为宽松，衣身花型组织丰富，主要的花型组织包括：5×5绞花组织、3×3绞花组织、挑孔组织、3×2坑条组织、单面组织。毛料使用4/48公支包芯纱，用7号针电脑横机编织。

二、毛衫尺寸

这款女士圆领插肩袖毛衫跟普通羊毛衫的尺寸有所差别，因为款型较为宽松，袖长比普通毛衫要长，具体尺寸见表4-2。

三、吓数工艺单制作

（一）制单资料输入

这款圆领插肩袖毛衫属于粗针（7号针），要用4条48支的纱线进行编织，同时衣身花型组织较多，款式较为宽松。所以在输入制单资料时跟前面的款式有所不同，主要的区别在于织针型号选择、毛料、尺寸、字码平方等方面的信息资料有所变化，具体制单资料变化如图4-68所示。

1. 针号、毛料选择

针织型号、缝盘针号、毛料的选择与设置，如图4-68所示。

表4-2 毛衫各部位尺寸

毛衫部位	尺寸（cm）
胸阔（$\frac{胸围}{2}$）	47
肩阔（肩宽）	40
身长（衣长）	58
夹阔斜度（袖窿斜长）	22
膊斜（肩斜垂直高度）	3
领阔（领宽）	25
前领深	13
后领深	3
腰距（背长）	40.6
下脚阔（下摆宽）	38
领贴高（领口罗纹宽）	2.5
衫脚高（下摆罗纹宽）	6
袖嘴高（袖口罗纹宽）	6
袖口阔（袖口宽）	8
袖长领边度（袖长）	68
袖阔（$\frac{袖肥宽}{2}$）	17

图4-67 多花型组织毛衫

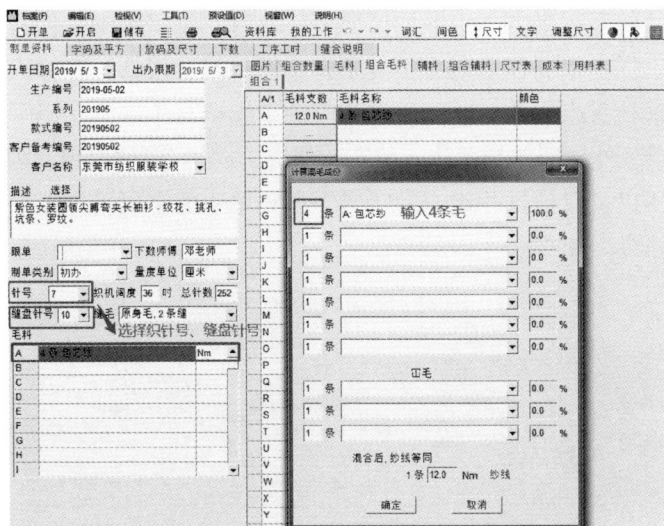

图4-68 针织型号、缝盘针号、毛料的选择与设置

2. 毛衫尺寸资料输入

毛衫的原始尺寸根据具体的款式来定，不同的款式大小、长短、宽松程度、细节的变化

可能存在较大的差异性。所以，在输入尺寸时，要认真测量，或者对尺寸进行合理设计，然后根据实际情况输入准确的尺寸。本款毛衫尺寸如图4-69所示。

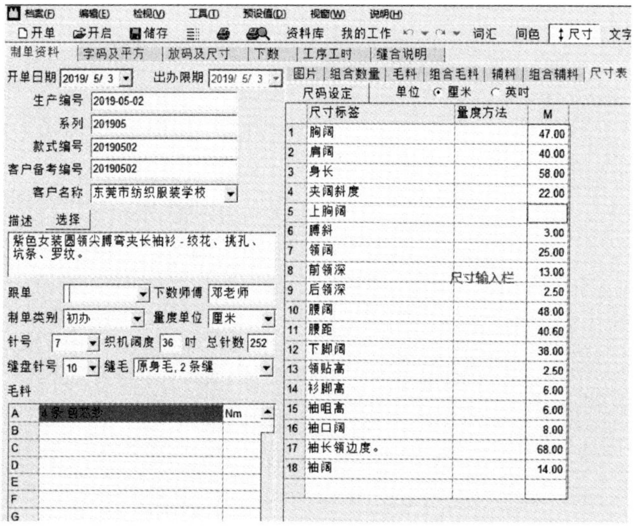

图4-69　毛衫尺寸资料输入

3. 字码平方设置

字码平方可以选择常用的信息资料填写，包括毛衫的横向密度、纵向密度、10支拉、坑拉、粒拉、行拉尺寸等方面的信息资料，字码平方直接影响到毛衫的手感。不同花型组织字码平方不同，所以在确定字码平方时，首先要制作30cm×30cm不同花型组织的样片，进行洗水处理后计算出样片的字码平方。一般的情况下，衣身花型组织的纵向密度要保持一致，不然会涉及加减针，这样一来制作工艺会很复杂，编织效率会很低。在输入字码平方信息资料时，一定要记得选择衫身组织数目，然后在相应的组织填写不同的字码平方。本款毛衫衣身的花型组织除罗纹组织外，还包括单边、绞花（扭绳）、挑孔3种组织。因挑孔组织在衫身中占的面积比较小，所以可以把挑孔组织的字码平方和单边的字码平方设置成一致。本款毛衫具体字码平方设置如图4-70所示。

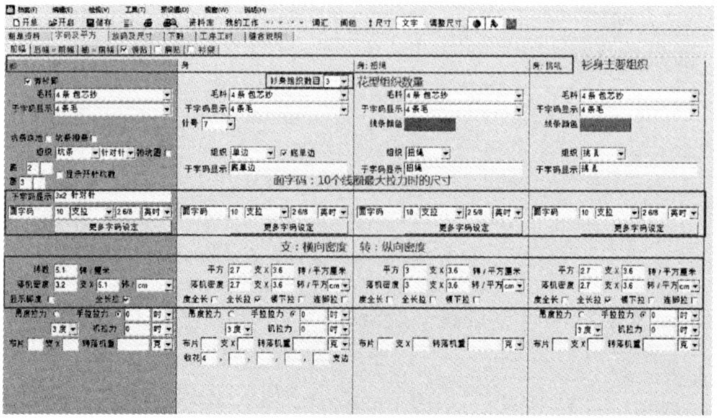

图4-70　字码平方信息资料输入

（二）衫型范本设置

衫型范本必须根据实际款式特征来点选，点击"工具"下拉菜单，选择"修改衫型范本"，如图4-71所示，进行衫型设置。

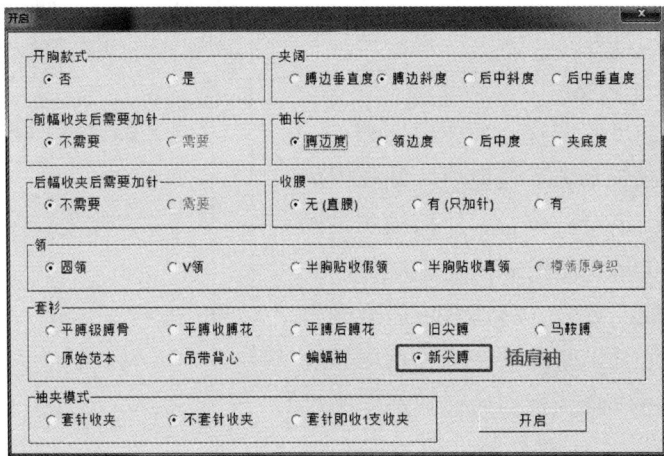

图4-71　衫型范本点选

（三）吓数工艺尺寸调整

毛衫因洗水、整烫，或因衫身重力等方面的影响，一些部位的尺寸会发生变化，为了使毛衫最终效果达到理想状态，还应对毛衫的原始尺寸进行工艺化调整。

1. 前幅吓数尺寸调整

前幅横向需调整的尺寸包括前胸宽、前领宽、前领底平位，纵向需调整的尺寸包括夹阔斜度（袖窿深）、袖尾走前高度（插肩袖袖尾所在前幅的高度），在调整尺寸时同样按照先调整横向尺寸、后调整纵向尺寸的顺序进行。调整的方法和步骤跟"案例一"相同：将光标放在尺寸标识的起始点上，当起始点变成红色时，单击鼠标右键，选择"新增横向方程式"或"新增直向方程式"，然后将光标指示线连接需调整尺寸的两个点，弹出"方程式设定"对话框，输入正确的尺寸调整方程式，点击【确定】就完成了。具体操作步骤前文已经讲过，这里不加累述，直接在图示中给出方程式，大家可以按照方程式对具体的尺寸进行调整，其中"*"号表示乘号，如图4-72所示。

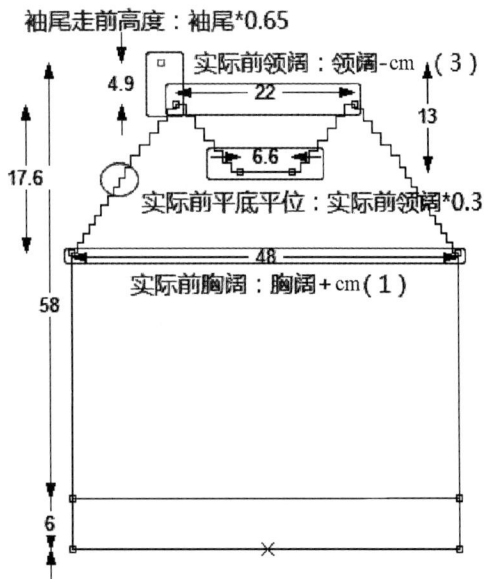

图4-72　前幅吓数尺寸调整方程式图解

2. 后幅吓数尺寸调整

后幅需要调整的尺寸比较少，横向尺寸调整包括胸阔（胸宽）、领阔（领宽），纵向尺寸调整包括夹阔斜度、袖尾走后高度。具体尺寸调整方程式图解，如图4-73所示。

3. 袖子吓数尺寸调整

袖子需进行吓数尺寸调整的部位包括袖长、袖尾弧线，其他可按照系统默认数值。袖长因为重力的作用一般情况下会被拉长，所以袖长在调整过程中一般乘以0.96，袖尾弧线左边对应前夹阔斜度（前袖窿弧线）缝合，右边对应后夹阔斜度（后袖窿弧线）缝合，所以，在调整袖尾弧线吓数尺寸的时候，可以直接将前后夹阔斜度的尺寸作为"直向尺寸"，分别复制给袖尾左右弧线，如图4-74所示。

（四）吓数工艺调整

一般情况下，软件系统会自动生成吓数工艺，但为了提高编织效率，使毛衫在制作过程中更加合理，会对毛衫吓数工艺进行调整，在调整之前首先要取消调整尺寸。取消调整尺寸的方法为：将光标分别放在吓数工艺图上，点击鼠标右键，选择"取消此幅片有关调整尺寸"，然后在下拉菜单中选择"所有调整尺寸"，这样吓数尺寸不会被系统自动调整。关于吓数工艺调整的方法和步骤在"案例一"已经做了详解。图4-75中红色指示线表示调整的位置，右图表示吓数工艺调整参数设置。调整好后点击【使用新吓数】，然后点击【上一组】，继续调整其他部位的吓数工艺。

1. 后幅吓数工艺调整

第一步：下摆（下脚）吓数工艺调整，如图4-75所示。

第二步：夹阔斜度吓数工艺调整，如图4-76所示。

第三步：后领宽（领阔）吓数工艺调整，如图4-77所示。

2. 前幅吓数工艺调整

第一步：下摆吓数工艺调整，如图4-78所示。

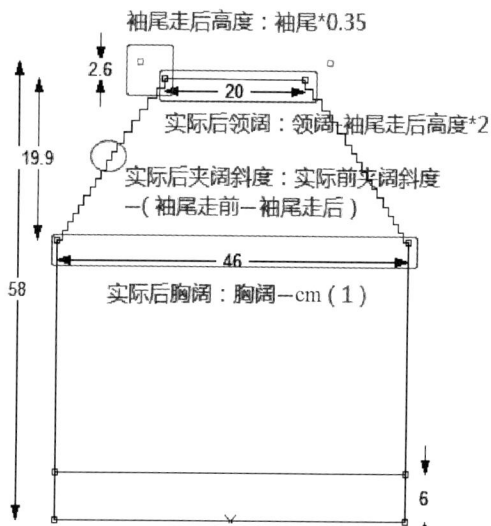

图4-73　后幅吓数尺寸调整方程式图解

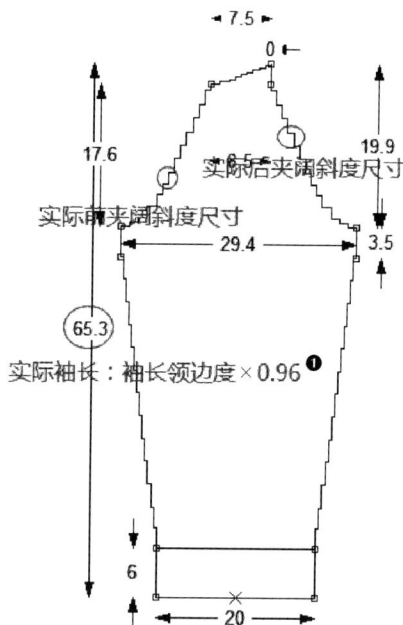

图4-74　袖子吓数尺寸调整方程式图解

---

❶ 专业术语，指预测点到袖口的长度。

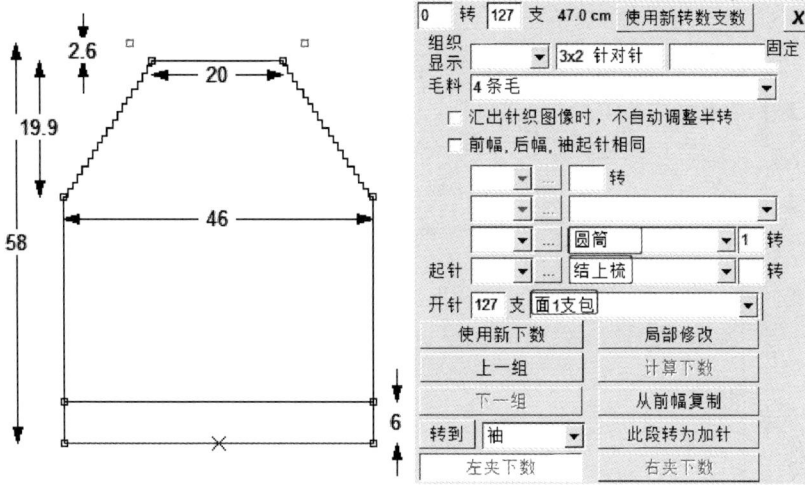

图4-75　下摆吓数工艺调整

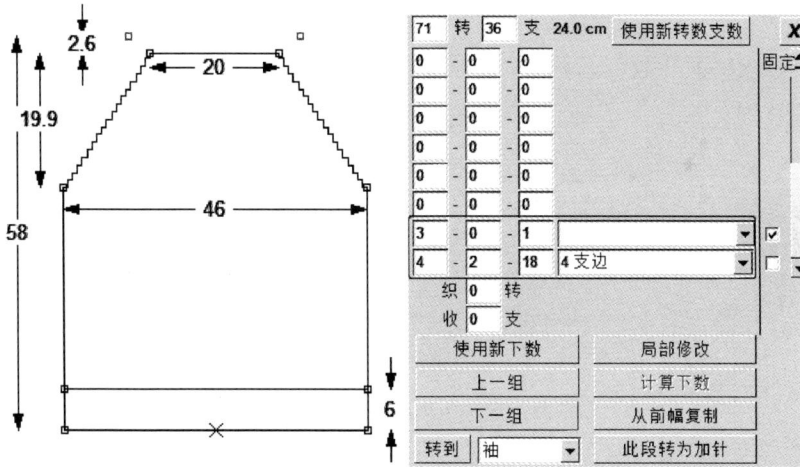

图4-76　夹阔斜度吓数工艺调整

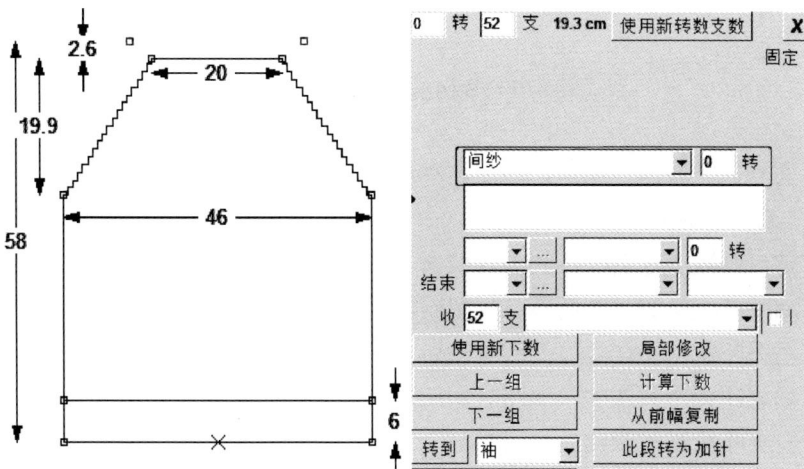

图4-77　后领宽吓数工艺调整

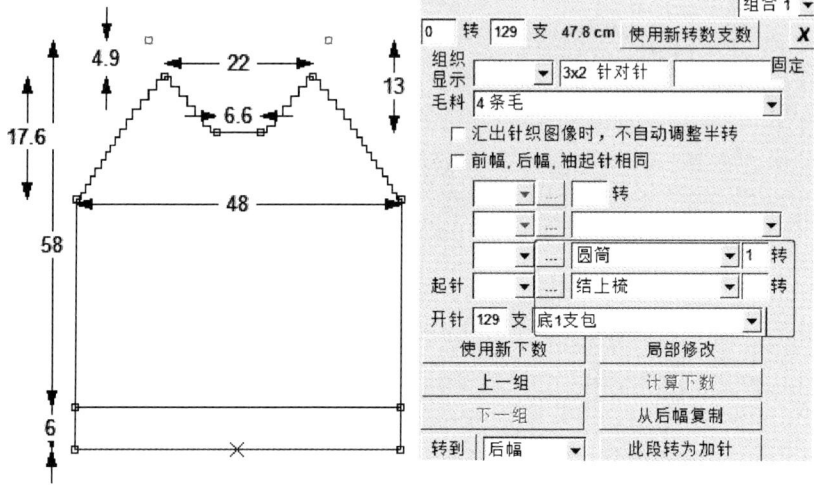

图4-78　下摆吓数工艺调整

第二步：夹阔斜度吓数工艺调整，如图4-79所示。

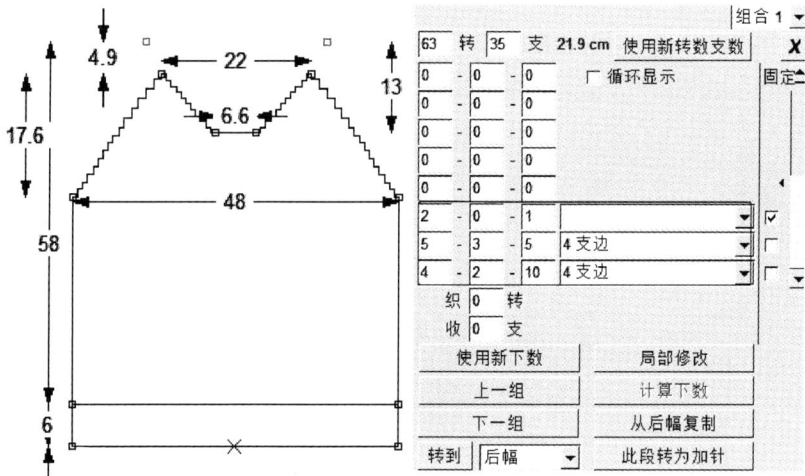

图4-79　夹阔斜度吓数工艺调整

第三步：前衣领吓数工艺调整，如图4-80所示。

3. 袖子吓数工艺调整

第一步：袖口吓数工艺调整，如图4-81所示。

第二步：袖子缝位吓数工艺调整，如图4-82所示。

第三步：左夹吓数工艺调整，如图4-83所示。

第四步：袖尾吓数工艺调整，如图4-84所示。

第五步：右夹吓数工艺调整，如图4-85所示。

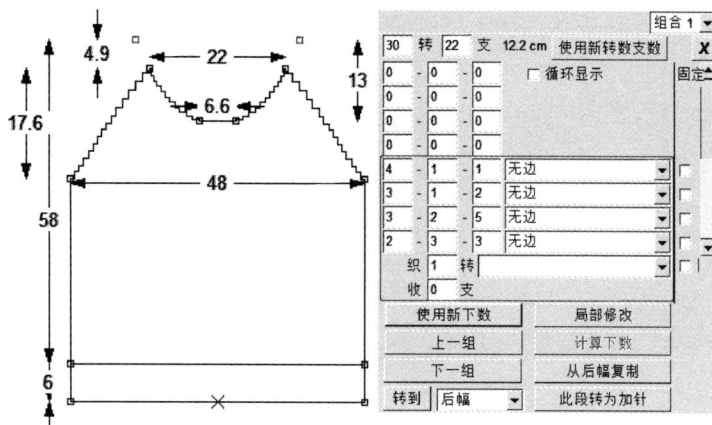

图4-80　前衣领吓数工艺调整

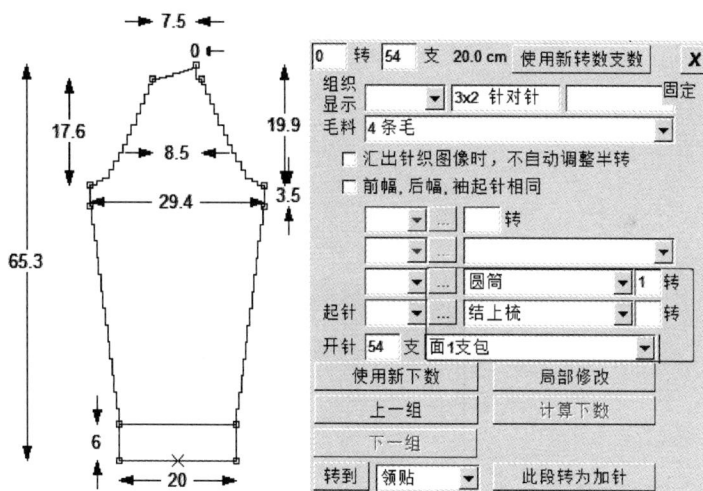

图4-81　袖口吓数工艺调整

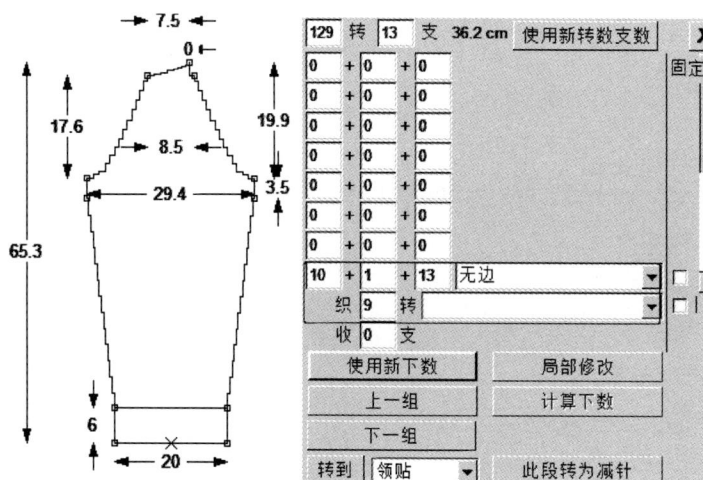

图4-82　袖子缝位吓数工艺调整

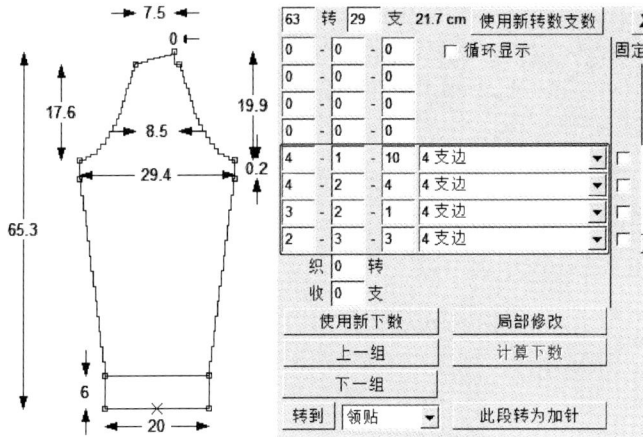

图4-83　左夹吓数工艺调整

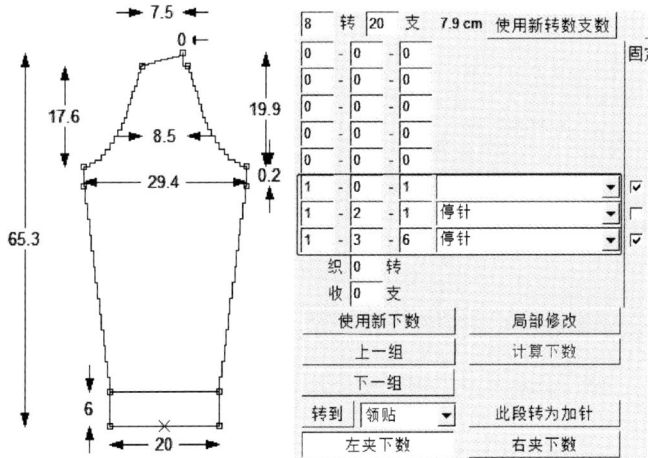

图4-84　袖尾吓数工艺调整

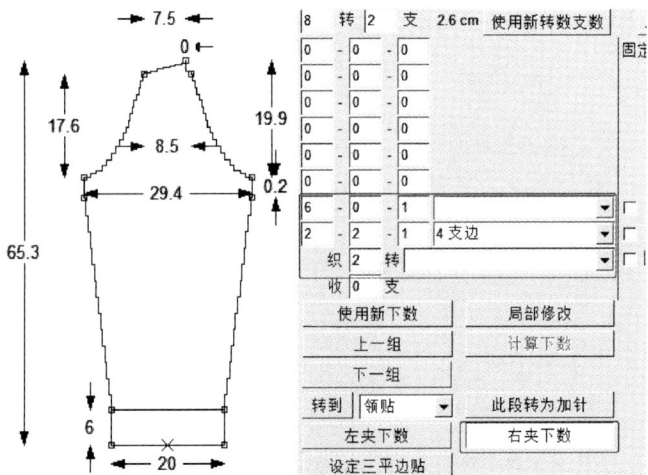

图4-85　右夹吓数工艺调整

4. 领贴吓数工艺调整

第一步：领边吓数工艺调整，如图4-86所示。

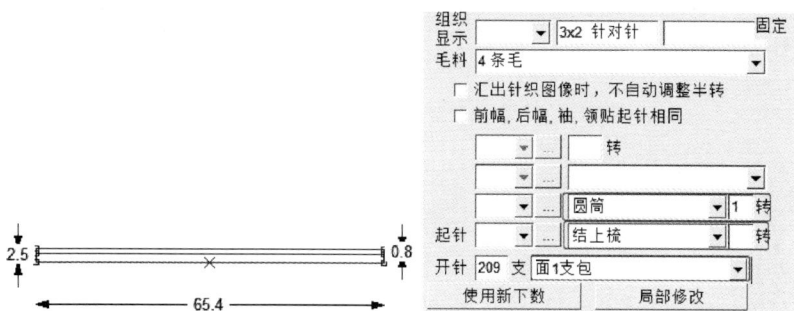

图4-86 领边吓数工艺调整

第二步：领高吓数工艺调整，如图4-87所示。

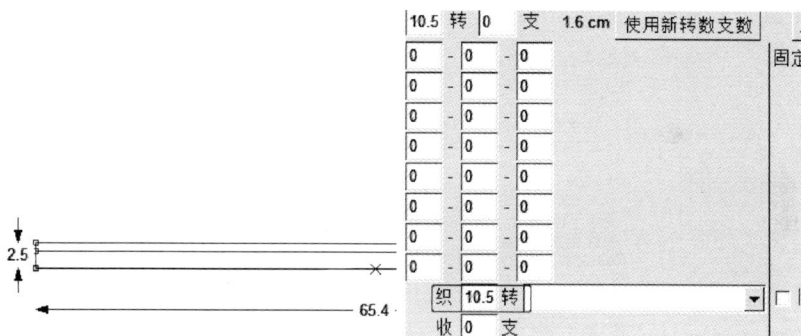

图4-87 领高吓数工艺调整

第三步：过衫身位置吓数工艺调整，如图4-88所示。

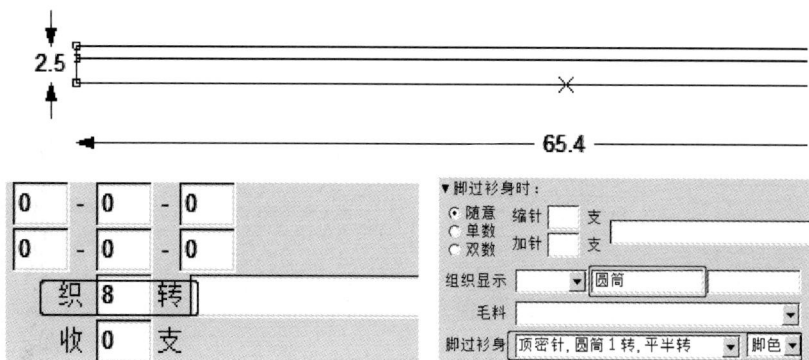

图4-88 过衫身位置吓数工艺调整

第四步：缝合位置吓数工艺调整，如图4-89所示。

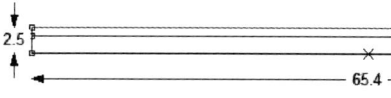

图4-89 缝合位置吓数工艺调整

5. 完整吓数工艺单

在所有吓数工艺调整完毕后，点击"吓数"选项，系统将自动生成完整的吓数工艺单，如图4-90所示。

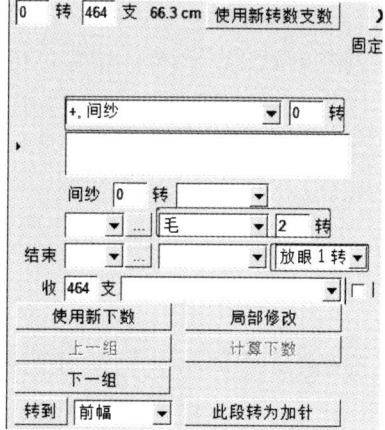

图4-90 完整吓数工艺单

6. 缝合说明

缝合说明，如图4-91所示。

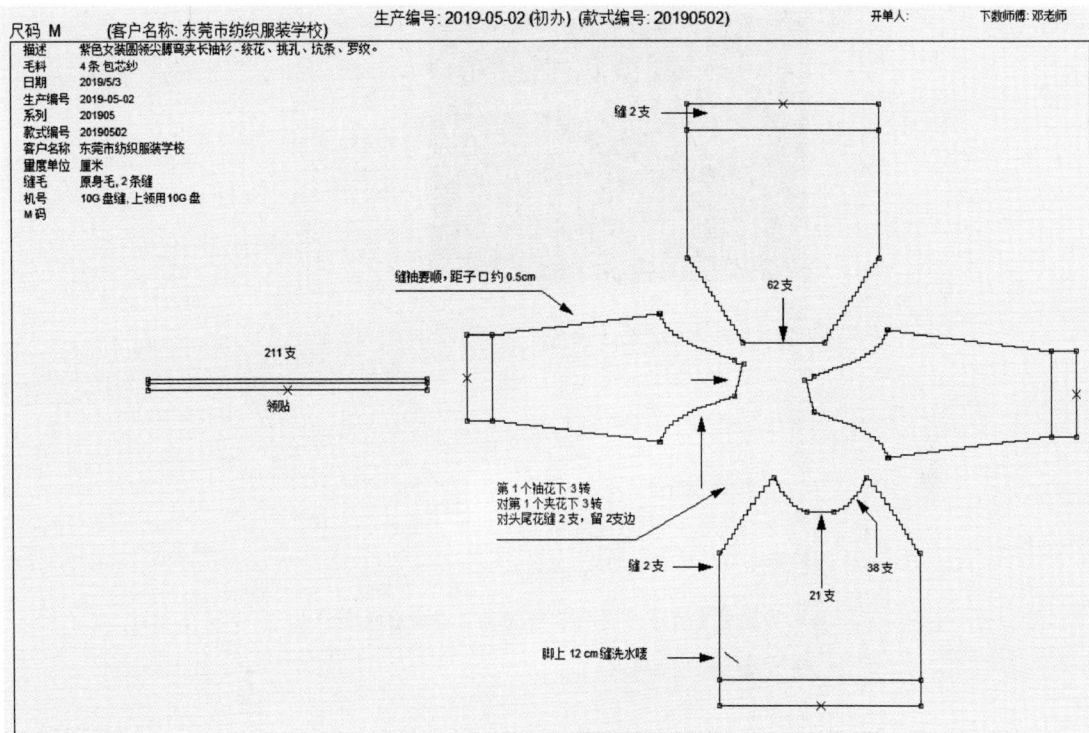

图4-91 缝合说明

四、毛衫制板

（一）前幅制板

1. 吓数工艺资料录入

前幅吓数工艺资料录入，如图4-92所示，衣领吓数工艺资料录入，如图4-93所示，前幅高级选项参数设置，如图4-94所示。

2. 制板图生成与色码替换

从款式上看，衣身主要以底针（2号色码）为主，绞花列为面针（1号色码），所以首先要把系统自动生成的制板中的面针换成底针，然后将绞花列圈选用1号色码填充，以方便进行花型组织设计，如图4-95所示，红色代表1号色码，绿色代表2号色码。

3. 花型组织绘制

通过色码替换分好区域后，开始在花型列添加花型组织。衣身的主要花型组织包括3×3绞花、5×5绞花、挑孔、单面，其中底针单面组织通过色码替换已经实现，接下来需要添加的花型组织包括3×3绞花、5×5绞花、挑孔组织三种。其中3×3绞花组织和5×5绞花组织在编织过程中涉及4股纱线同时编织，所以需要分步完成，必须画小图。小图画在制板图的上方，不同小图同行功能线设置不一样，不能并排放在一起，否则无法识别不能进行正常编织，所以应该放在另一个小图的上方。小图使用的色码范围为120～166号色码。下面具体讲解小图的画法。

（1）3×3绞花小图的画法。绞花时织针的动作包括：翻针至后—移针—翻针至前。

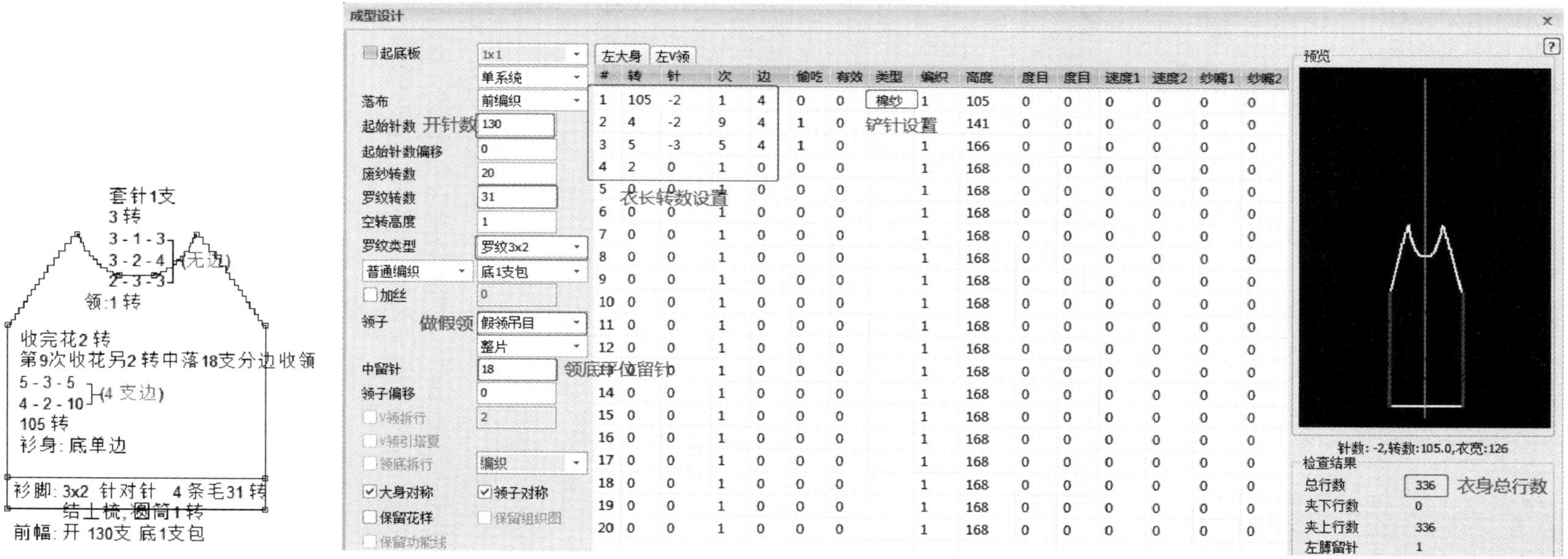

图4-92 前幅吓数工艺资料录入

套针1支
3转
3-1-3
3-2-1 (无边)
2-3-5 转
领:1转
收完花2转
第9次收花另2转中落18支分边 收领
5-3-5 转
4-2-10 (4支边)
105转
衫身:底单边
杉脚: 3x2 针对针 4条毛31转
结上捩.圈筒十转
前幅 开 130支 底1支包

成型设计

左大身	左V领	#	转	针	次	边	输陷	有效	类型	高度
		1	1	3	1	0	0	0		1
		2	2	3	2	0	0	0		5
		3	3	4	3	衣领转数	0	0		17
		4	4	3	3	注:减针不用"–"号				26
		5	5	0	0	0	0	0		29
		6	0		1	0	0	0		29
		7	0		1	0	0	0		29
		8	0		1	0	0	0		29
		9	0		1	0	0	0		29
		10	0			0	0	0		29
		11	0		1	0	0	0		29
		12	0		1	0	0	0		29
		13	0		1	0	0	0		29
		14	0		1	0	0	0		29
		15	0		1	0	0	0		29
		16	0			0	0	0		29
		17	0		1	0	0	0		29
		18	0		1	0	0	0		29
		19	0		1	0	0	0		29
		20	0		1	0	0	0		29

底布　单系统　1x1
起始针数　前偏织　130
起始针数偏移　0
密织转数　20
罗纹转数　31
空转高度　1
罗纹类型　罗纹3x2
普通编织　底I夹包
　加栓
领子
中简针　18
领子偏移　0
　V领新行
　V领引塔置
　领底折行
　大身对称　假领吊目
　保留花样　整片
　保留起底线　编织　2
中心点　　领子对称
左右留边(夹上)　20　行　383　列
左右留边(夹下)　0
上回头　0
直位留边转数　4

提花收针
抽中心针
后起底空转

新建　打开　保存　选择中心

预览

针床:-2　转数:105.0,衣宽:126

检查结果
总行数　　　336
夹下行数　　0
夹上行数　　336
左膊留针　　1
左膊留针　　1
夹针数　　　60
额针数　　　60
领子行数　　58
起始针及罗纹是否匹配:是
左身偏移　　-35
右身偏移　　-35

附件
记号　□缝盘　□尺码
　　（分隔符:x)
1X2X3　无　吊目
　□翻单面
循环编织次数
默认设置　10

确定　取消　高级

套针1支
3转
3-1-3
3-2-4
2-3-3
领1转 (无边)
收完花2转 针对针 (4支边)
第9次收花另2转中落18支分边收领
5-3-5
4-2-10
105转
衫身:底单边
衫脚:3x2 针对针 4 条毛31转
结上机圈高1转
前幅:开 130支 底1支包

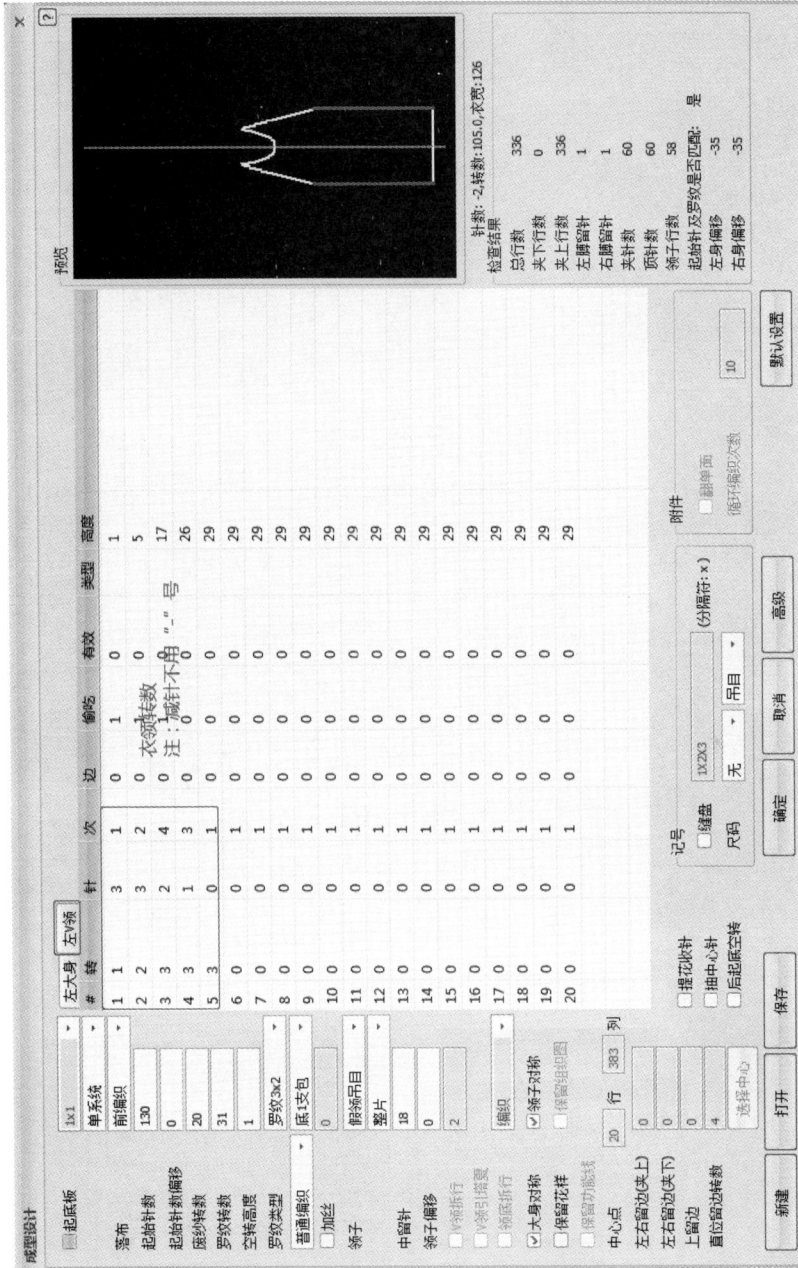

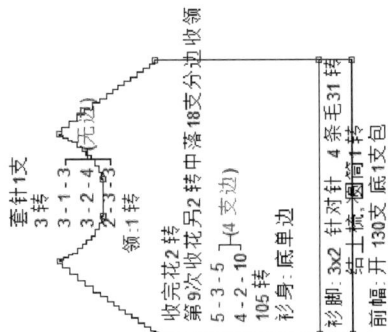

图4-93　衣领吓数工艺资料录入

成型高级设置

前编织
后编织
纱嘴和段数
其他

常用套针方式

有效针数	7
套针方式	双针(1)
领子套针方式	双针(1)
吊针的最小针数	5
棉纱转数	5
偷吃色码	16
废纱编织	直接编织
收针方式	左边先收
假(吊目)色码	吊目
假(吊目)高度	2
铲针方式	吊目

☑V领底绣花
☐V领铲针
☑起底板自动压线使用废纱纱嘴
☑起底板自动压线
☐常出字布片边缘
☐分别翻针

5:收针分离

常用收针方式

领子收针方式(3)	阶梯
大身收针方式(3)	阶梯
领子收针方式(2)	普通
大身收针方式(2)	普通
加针方式	偷吃1次(2)
自动偷吃	偷吃1针
夹线高度(行数)	61
常纱回踢针数	10
常纱不处理针数	3
开衫领底平收方式	双针(1)
齐加转数	20

设置偷吃　更好编织

☑两系统夹边平收插入一行
☑带纱打结
☑废纱落布
☑废纱一把纱嘴
☐小图模式

恢复默认值

确定　　取消

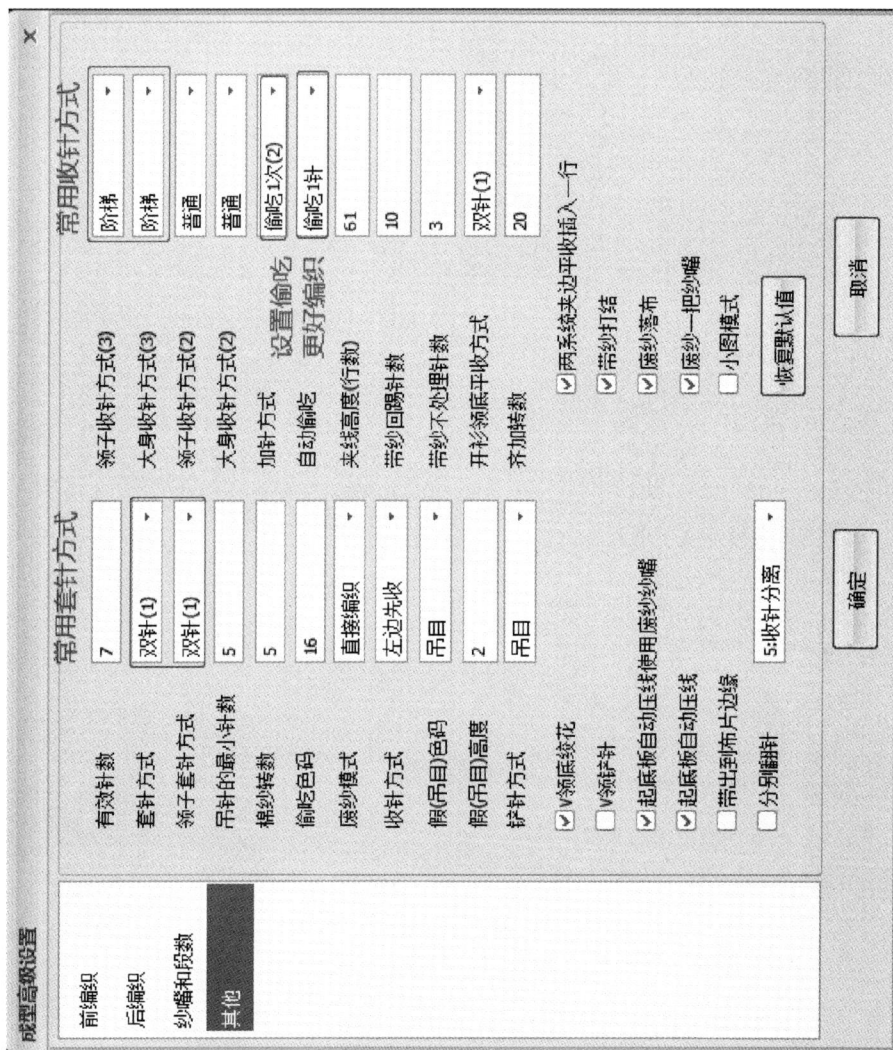

图4-94　前幅"高级选项"参数设置

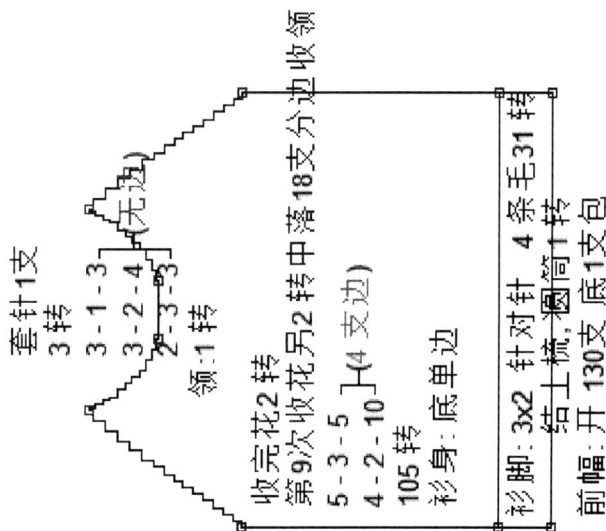

套针1支
3转
3-1-3
3-2-4
2-3-3
领:1转
(无边)
(4支边)

收完花2转
第9次收花另2转中落18支分边收领
5-3-5
4-2-10
105转
衫身:底单边

衫脚:3x2 针对针 4条毛31转
结上梳,圈高1转
前幅:开130支 底1支包

分边收领

3×3绞花如果3个线圈直接移3支针的位置，容易出现脱圈、断纱、断针的现象，所以我们首先移两个线圈，然后移一个线圈，分两步进行。3×3绞花小图画法如4-96所示。

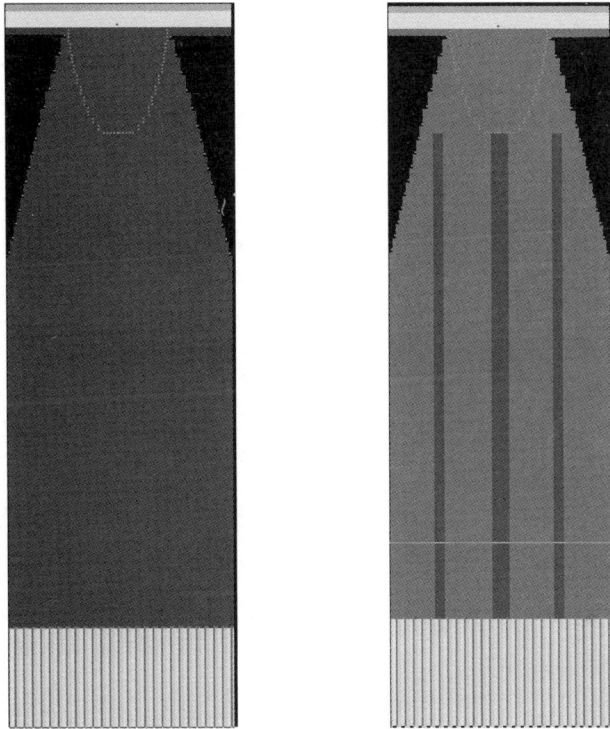

图4-95　色码替换

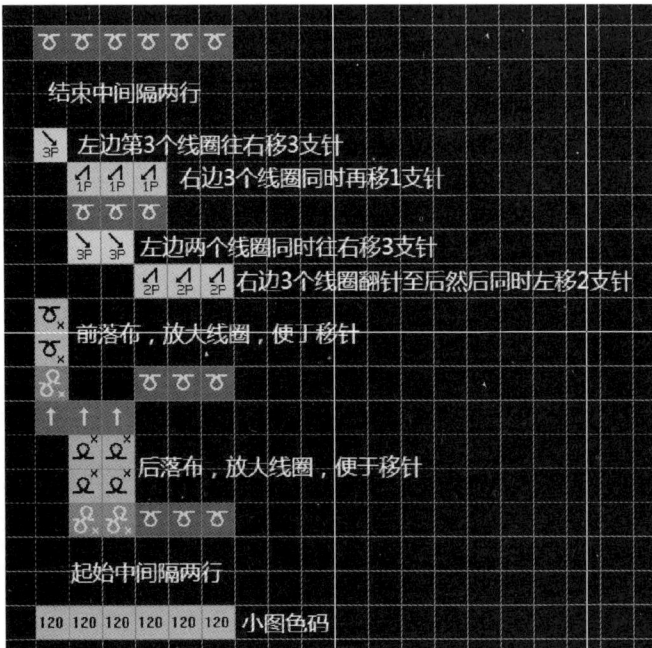

图4-96　3×3绞花小图绘制步骤图解

（2）5×5绞花小图的画法。在画绞花小图的时候，特别要注意左右绞花线圈哪组在前，哪组在后，也就是常说的"左搭右"，还是"右搭左"。哪一组在前，则首先进行翻针和移针动作。5×5绞花小图绘制步骤解析，如图4-97所示。

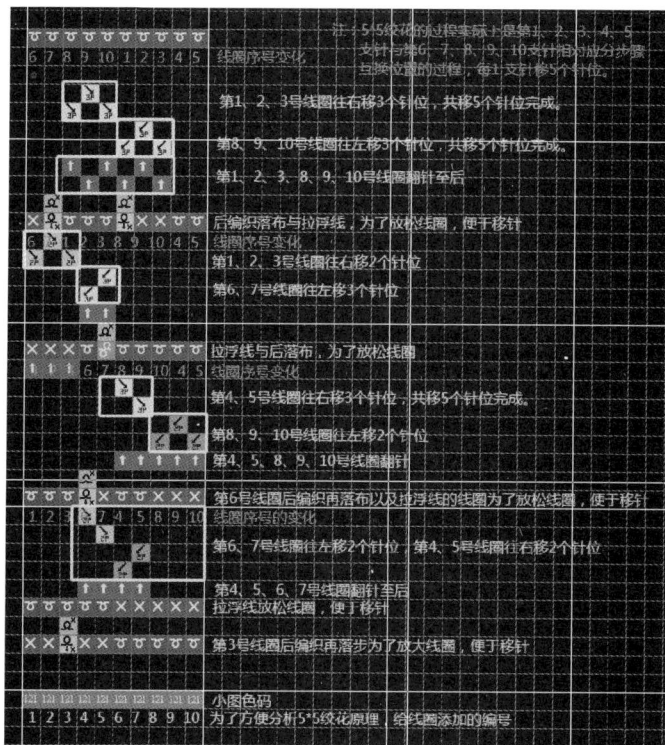

图4-97 5×5绞花小图绘制步骤图解

（3）挑孔组织的画法。款式中的挑孔组织是通过左右分别移针来实现的，编织动作包括：翻针至前—移针—翻针至后。挑孔组织的绘制如图4-98所示：81号色码表示翻针至前左移1针，然后翻针至后；91号色码表示翻针之前右移1针，然后翻针至后，上面"偷吃"1针是为了便于挑孔之后重新起针。

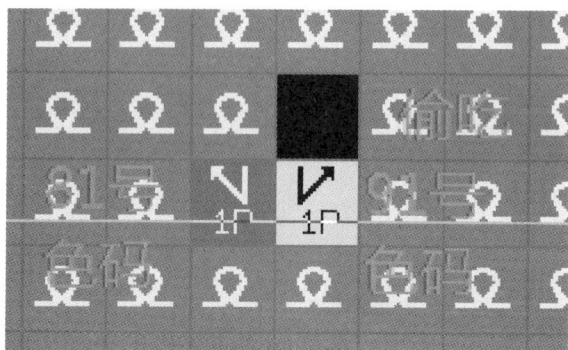

图4-98 挑孔组织绘制

4. 花型组织添加

在添加花型组织时，首先要确定花型组织在衣身中的位置，需要根据行数和针数进行坐标定位，然后画出一个完整单元，选择工具栏中的 工具进行复制性填充，如图4-99、图4-100所示。

图4-99 花型组织原图

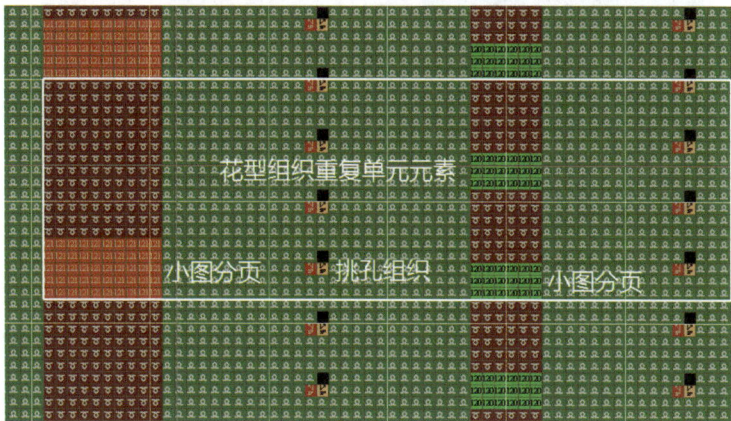

图4-100 花型组织添加

5. 小图分页详解

在绘制小图的过程中，为确保小图编织行与衣身编织行一一对应，避免在编织过程中导纱器引入带过长浮线而影响正常编织，必须对小图进行分页处理：在"节约"功能条中，通过编序号的形式对小图的"编织行"进行分页，如图4-101、图4-102所示。

6. 取消编织设置

在绘制小图过程中，同时带编织和翻针动作的色码时只需要保留翻针动作，所以要在"取消编织"在功能条设置中，点击右键，选择"设定取消编织"，则"取消编织"功能条中会自动添加1号色码表示已取消编织，如果需要撤回，则选择"重置取消编织"，如图4-103所示。

（二）后幅制板

1. 吓数工艺资料录入

后幅吓数工艺资料录入，如图4-104所示。后幅"高级选项"参数设置与前幅相同。

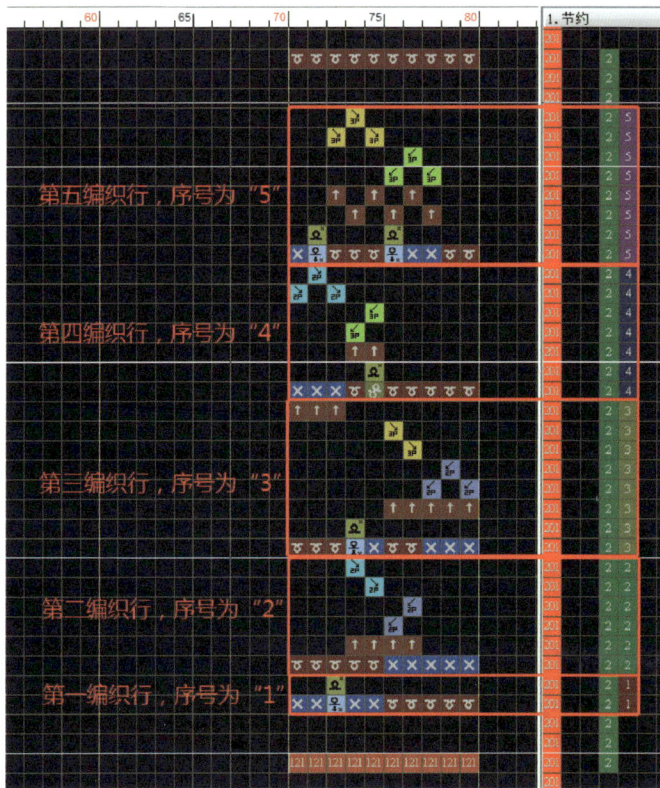

图4-101　小图分页设置

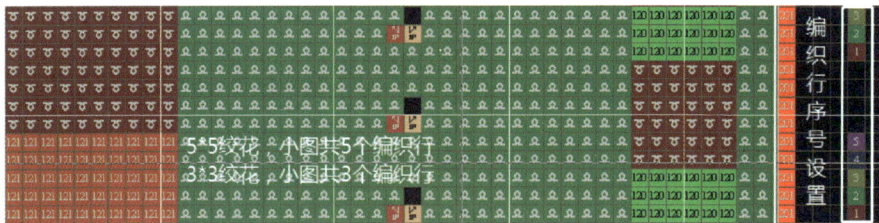

图4-102　衣身小图填充及分页设置

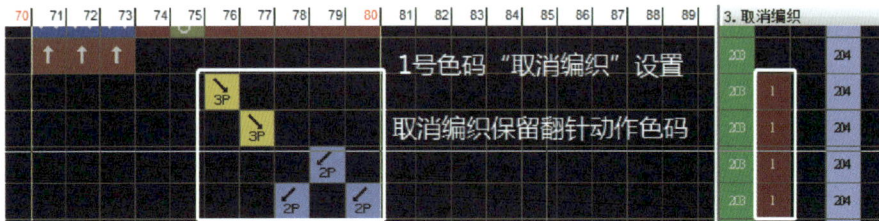

图4-103　衣身小图填充及分页设置

2. 板型生成与色码替换

后幅吓数工艺资料录入完成后，点击【确定】，系统将自动生成制板图，但图中的色码都是前编织色码，但制作的款式主要是后编织，所以必须对色码进行替换，即将前编织1号色码换成后编织2号色码；前吊目208号色码换成后吊目209号色码，绞花列属于前编织，保留1号色码。绞花列定位可以通过使用圈选工具 圈选整个制板图，然后点击中心线工具 ，显示整个制板图中心位置，中心点位置将显示红色，如图4-105所示。这样一来，可以以整个制板图的中心位置为参考，确定绞花、挑孔组织所在列的位置，然后通过数针数找到花型组织的排针规律。

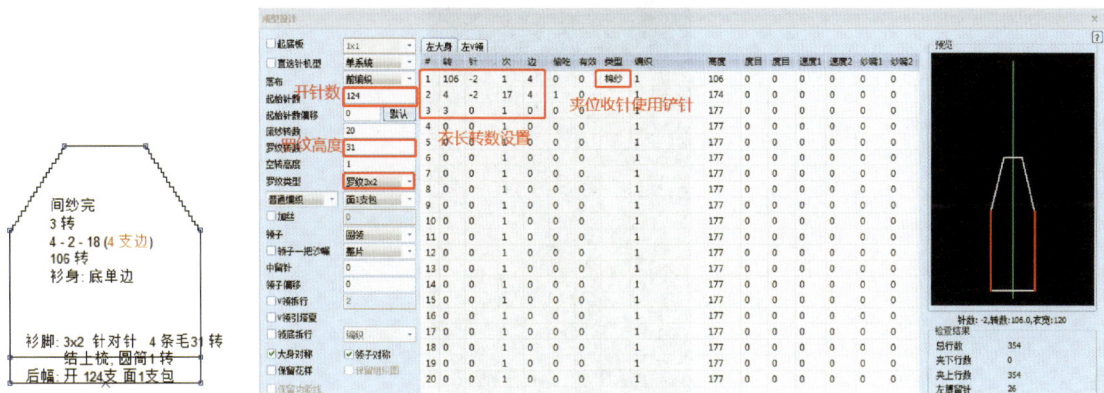

图4-104　后幅吓数工艺资料录入

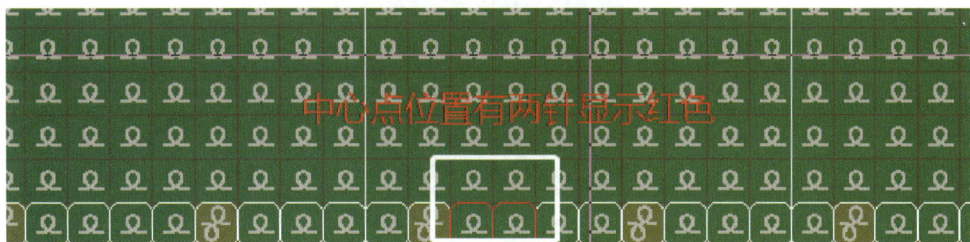

图4-105　制板图中心点位置显示示意图

3. 花型组织添加

在后幅花型组织定位之后，可以用前面的小图进行花型组织添加，添加的方法与前幅相同，效果如图4-106所示。

（三）袖子制板

1. 吓数工艺资料录入

插肩袖左、右两边不对称，所以在录入吓数工艺资料时要分左大身、右大身两部分分别录入，如图4-107、图4-108所示。

2. 制板图生成

在录入吓数工艺信息资料时，在"编织"栏直接设置2号色码编织，系统将会自动生成后编织相关工艺参数，从而减少用手动的方法进行色码替换。相关吓数工艺信息资料设置好后，点击【确定】，系统将自动生成袖子制板图，如图4-109所示。

3. 花型组织添加

制板图形生成之后，接下来按照上面的方法添加花型组织，花型组织添加好后，在"节约"功能条上进行分页设置。花型组织添加效果图如图4-110所示。

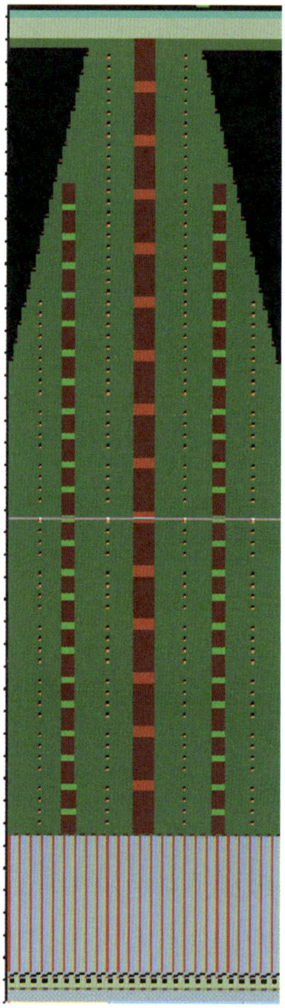

图4-106　花型组织添加后的效果图

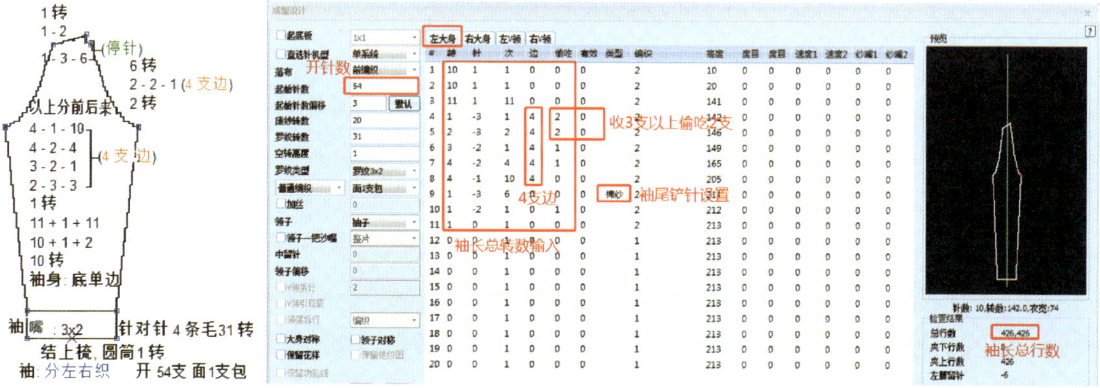

图4-107　袖子左大身吓数工艺资料录入

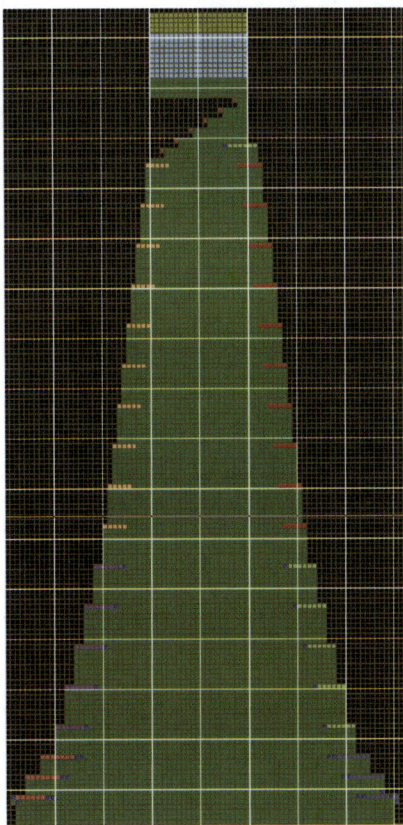

图4-108　袖子右大身吓数工艺资料录入

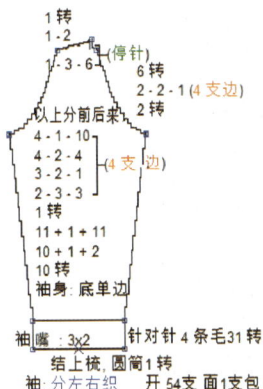

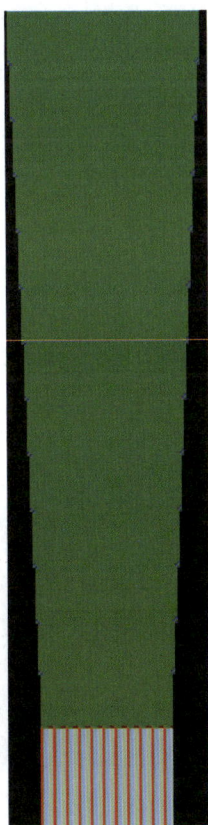

(a) 袖身部分　　　　　　　　　　　(b) 袖尾部分

图4-109　袖子制板分解图

(a) 袖身部分

(b) 袖尾部分

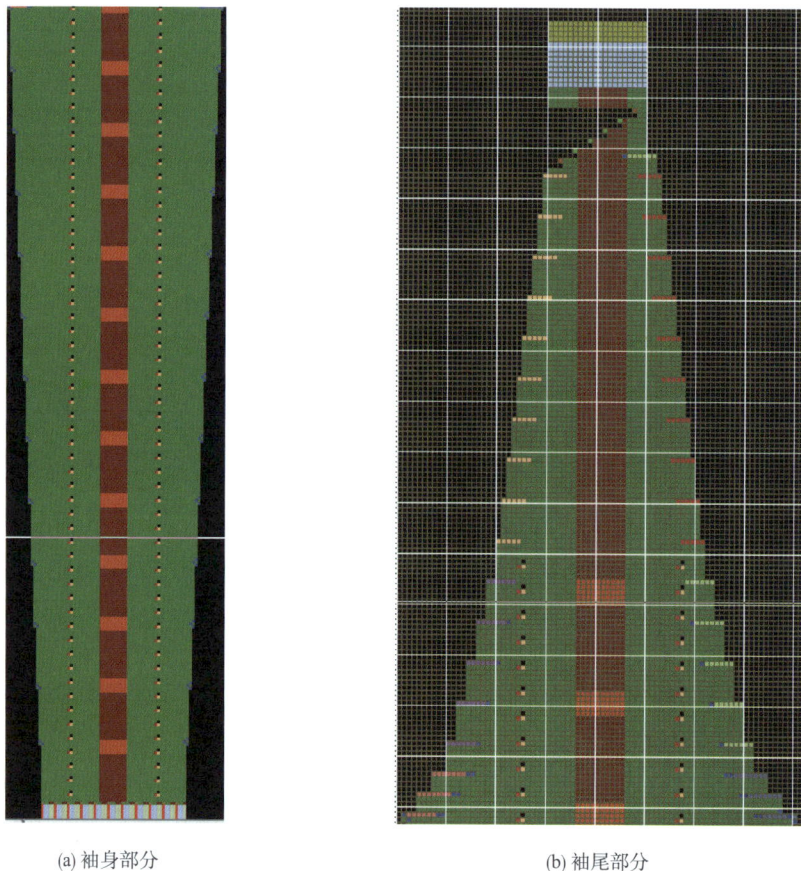

图4-110　袖子花型组织添加效果图

（四）领贴制板

1. 吓数工艺资料录入

领贴吓数工艺资料录入，如图4-111所示。

图4-111　领贴吓数工艺资料录入

2. 板型生成与解析

领贴吓数工艺信息资料录入完毕后，点击【确定】，将自动生成制板图，接下来进行相关参数设置，对进行"放眼（度目放松）"的行重新设置度目段，以便在上机前调整度目。每一段的度目值设置好后，就可以进行上机编织了，如图4-112所示。

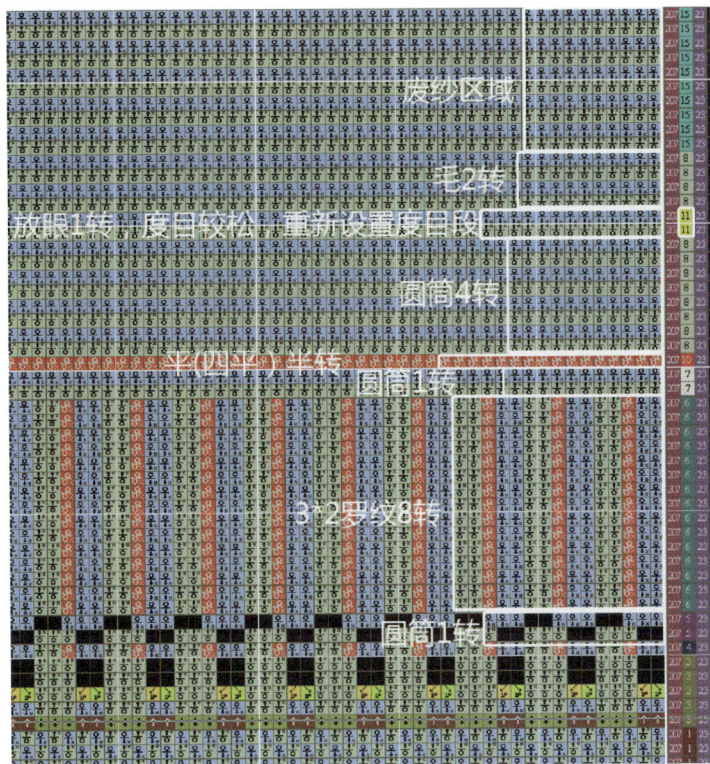

图4-112 领贴板型示意图

附录 琪利制板系统色码表

色码	图标	动作	色码	图标	动作
0		无操作	14		前后吊目
1		前编织（有连结）	15		前床落布（无连结）
2		后编织（有连结）	16		前板无选针
3		前后编织（有连结）	17		后床落布（无连结）
4		前吊目（无连结）	18		（下索股1）翻针至前
5		后吊目（无连结）	19		（下索股2）翻针至前
6		前编织后吊目（有连结）	20		前编织翻针至后（无连结）
7		前吊目后编织（有连结）	21		前编织左移1针翻针至后
8		前编织无连结	22		前编织左移2针翻针至后
9		后编织无连结	23		前编织左移3针翻针至后
10		前后编织无连结	24		前编织左移4针翻针至后
11		前粗目	25		前编织左移5针翻针至后
12		后粗目	26		前编织左移6针翻针至后
13		前后粗目	27		前编织左移7针翻针至后

续表

色码	图标	动作	色码	图标	动作
28		前编织下索股1	46		后编织左移6针翻针至前
29		前编织上索股1	47		后编织左移7针翻针至前
30		前编织翻针至前（无连结）	48		前编织下索股2
31		前编织右移1针翻针至后	49		前编织上索股2
32		前编织右移2针翻针至后	50		后编织翻针至后（无连结）
33		前编织右移3针翻针至后	51		后编织右移1针翻针至前
34		前编织右移4针翻针至后	52		后编织右移2针翻针至前
35		前编织右移5针翻针至后	53		后编织右移3针翻针至前
36		前编织右移6针翻针至后	54		后编织右移4针翻针至前
37		前编织右移7针翻针至后	55		后编织右移5针翻针至前
38		后编织下索股1	56		后编织右移6针翻针至前
39		上索股1	57		后编织右移7针翻针至前
40		后编织翻针至前（无连结）	58		后编织下索股2
41		后编织左移1针翻针至前	59		上索股2
42		后编织左移2针翻针至前	60		前编织翻针至后再翻针至前
43		后编织左移3针翻针至前	61		前编织翻针至后再左移1针翻针至前
44		后编织左移4针翻针至前	62		前编织翻针至后再左移2针翻针至前
45		后编织左移5针翻针至前	63		前编织翻针至后再左移3针翻针至前

色码	图标	动作	色码	图标	动作
64		前编织翻针至后再左移4针翻针至前	82		后编织翻针至前再左移2针翻针至后
65		前编织翻针至后再左移5针翻针至前	83		后编织翻针至前再左移3针翻针至后
66		前编织翻针至后再左移6针翻针至前	84		后编织翻针至前再左移4针翻针至后
67		前编织翻针至后再左移7针翻针至前	85		后编织翻针至前再左移5针翻针至后
68		前后编织翻针至后	86		后编织翻针至前再左移6针翻针至后
69		前后编织翻针至前	87		后编织翻针至前再左移7针翻针至后
70		翻针至前编织（有连结）	88		前编织右移1针翻针至后再翻针至前
71		前编织翻针至后再右移1针翻针至前	89		前编织右移2针翻针至后再翻针至前
72		前编织翻针至后再右移2针翻针至前	90		翻针至后后编织（有连结）
73		前编织翻针至后再右移3针翻针至前	91		后编织翻针至前再右移1针翻针至后
74		前编织翻针至后再右移4针翻针至前	92		后编织翻针至前再右移2针翻针至后
75		前编织翻针至后再右移5针翻针至前	93		后编织翻针至前再右移3针翻针至后
76		前编织翻针至后再右移6针翻针至前	94		后编织翻针至前再右移4针翻针至后
77		前编织翻针至后再右移7针翻针至前	95		后编织翻针至前再右移5针翻针至后
78		翻针至后前后编织	96		后编织翻针至前再右移6针翻针至后
79		翻针至前前后编织	97		后编织翻针至前再右移7针翻针至后
80		后编织翻针至前再翻针至后	98		前编织右移3针翻针至后再翻针至前
81		后编织翻针至前再左移1针翻针至后	99		前编织右移4针翻针至后再翻针至前

续表

色码	图标	动作	色码	图标	动作
100	100	翻针至后无编织	117	117	前度目增加左移1针翻针至前
101	101	前编织左移1针翻针至后再翻针至前	118	118	后度目增加右移1针翻针至后
102	102	前编织左移2针翻针至后再翻针至前	119	119	后度目增加左移1针翻针至后
103	103	前编织左移3针翻针至后再翻针至前	120	120	使用者巨集
104	104	前编织左移4针翻针至后再翻针至前	121	121	使用者巨集
105	105	后编织右移1针翻针至前再翻针至后	122	122	使用者巨集
106	106	后编织右移2针翻针至前再翻针至后	123	123	使用者巨集
107	107	后编织右移3针翻针至前再翻针至后	124	124	使用者巨集
108	108	后编织右移4针翻针至前再翻针至后	125	125	使用者巨集
109	109	后编织左移1针翻针至前再翻针至后	126	126	使用者巨集
110	110	翻针至前无编织	127	127	使用者巨集
111	111	前度目增加	128	128	使用者巨集
112	112	后度目增加	129	129	使用者巨集
113	113	后编织左移2针翻针至前再翻针至后	130	130	使用者巨集
114	114	后编织左移3针翻针至前再翻针至后	131	131	使用者巨集
115	115	后编织左移4针翻针至前再翻针至后	132	132	使用者巨集
116	116	前度目增加右移1针翻针至前	133	133	使用者巨集

续表

色码	图标	动作	色码	图标	动作
134	134	使用者巨集	150	150	使用者巨集
135	135	使用者巨集	151	151	使用者巨集
136	136	使用者巨集	152	152	使用者巨集
137	137	使用者巨集	153	153	使用者巨集
138	138	使用者巨集	154	154	使用者巨集
139	139	使用者巨集	155	155	使用者巨集
140	140	使用者巨集	156	156	使用者巨集
141	141	使用者巨集	157	157	使用者巨集
142	142	使用者巨集	158	158	使用者巨集
143	143	使用者巨集	159	159	使用者巨集
144	144	使用者巨集	160	160	使用者巨集
145	145	使用者巨集	161	161	使用者巨集
146	146	使用者巨集	162	162	使用者巨集
147	147	使用者巨集	163	163	使用者巨集
148	148	使用者巨集	164	164	使用者巨集
149	149	使用者巨集	165	165	使用者巨集

续表

色码	图标	动作	色码	图标	动作
166	165	使用者巨集	182	182	使用者巨集 后压针（不带连接）
167	167	使用者巨集	183	183	使用者巨集 前后压针（不带连接）
168	168	使用者巨集	184	184	前编目后假目
169	169	使用者巨集	185	185	后编目前假目
170	170	使用者巨集	186	186	前吊目后假目
171	171	使用者巨集 前编织翻针至后（带连接）	187	187	后吊目前假目
172	172	使用者巨集 后编织翻针至前（带连接）	188	188	后面提花
173	173	使用者巨集	189	189	打褶 左1
174	174	使用者巨集	190	190	打褶 左2
175	175	使用者巨集	191	191	前编织，前后左翻1针
176	176	使用者巨集	192	192	前编织，前后左翻2针
177	177	使用者巨集 前后编织、后编织2段（紧）	193	193	前编织，前后左翻1针
178	178	使用者巨集 前后编织、前编织2段（紧）	194	194	前编织，前后左翻2针
179	179	使用者巨集 前后吊目、后吊目2段（紧）	195	195	前编织，前后右翻1针
180	180	使用者巨集 前后吊目、前吊目2段（紧）	196	196	前编织，前后右翻2针
181	181	使用者巨集 前压针（不带连接）	197	197	前编织，前后右翻1针

续表

色码	图标	动作	色码	图标	动作
198	198	前编织，前后右翻2针	214	214	嵌花（前编织）
199	199	打褶 右1	215	215	嵌花（前编织）
200	200	打褶 右2	216	216	嵌花（前编织）
201	201	嵌花（后编织）	217	217	嵌花（前编织）
202	202	嵌花（后编织）	218	218	嵌花（前编织）
203	203	嵌花（后编织）	219	219	嵌花（前编织）
204	204	嵌花（后编织）	220	220	单面提花（右）
205	205	嵌花（后编织）	221	221	嵌花（双面）
206	206	嵌花（后编织）	222	222	嵌花（双面）
207	207	前后吊目（带连接）	223	223	嵌花（双面）
208	208	前吊目（带连接）	224	224	嵌花（双面）
209	209	后吊目（带连接）	225	225	嵌花（双面）
210	210	单面提花（左）	226	226	嵌花（双面）
211	211	嵌花（前编织）	227	227	前编织2段（紧）
212	212	嵌花（前编织）	228	228	后编织2段（紧）
213	213	嵌花（前编织）	229	229	前后编织2段（紧）

续表

色码	图标	动作	色码	图标	动作
230		未定义	243		提花（前编织）
231		提花（前编织）	244		提花（前编织）
232		提花（前编织）	245		提花（前编织）
233		提花（前编织）	246		提花（前编织）
234		提花（前编织）	247		提花（前编织）
235		提花（前编织）	248		提花（前编织）
236		提花（前编织）	249		提花（前编织）
237		提花（前编织）	250		前吊目2段（紧）
238		提花（前编织）	251		后吊目2段（紧）
239		提花（前编织）	252		前后吊目2段（紧）
240		未定义	253		前编织后吊目2段（紧）
241		提花（前编织）	254		前吊目后编织2段（紧）
242		提花（前编织）	255		未定义

参考文献

［1］福州琪利软件有限公司. 睿能琪利0518制板系统使用说明书. 2008.

［2］丁钟复. 羊毛衫生产工艺［M］. 北京：中国纺织出版社，2017.

［3］李华，张伍连. 羊毛衫生产实际操作［M］. 北京：中国纺织出版社，2015.

［4］宋广礼. 电脑横机实操手册［M］. 北京：中国纺织出版社，2013.

［5］姜晓慧，王智. 电脑横机花型设计实用手册［M］. 北京：中国纺织出版社，2014.